Kompetenz im Studium und in der Arbeitswelt
Competence in Higher Education and the Working Environment

Berufliche Bildung in Forschung, Schule und Arbeitswelt
Vocational Education and Training: Research and Practice

Herausgegeben von Matthias Becker und Georg Spöttl

Band 12

Zur Qualitätssicherung und Peer Review der vorliegenden Publikation

Die Qualität der in dieser Reihe erscheinenden Arbeiten wird vor der Publikation durch externe, von der Herausgeberschaft benannte Gutachter im Blind Verfahren geprüft. Dabei ist der Autor der Arbeit den Gutachtern während der Prüfung namentlich nicht bekannt.

Notes on the quality assurance and peer review of this publication

Prior to publication, the quality of the work published in this series is blind reviewed by external referees appointed by the editorship. The referees are not aware of the author's name when performing their review.

Frank Musekamp / Georg Spöttl (Hrsg./eds.)

Kompetenz im Studium und in der Arbeitswelt
Competence in Higher Education and the Working Environment

Nationale und internationale Ansätze zur Erfassung von Ingenieurkompetenzen

National and International Approaches for Assessing Engineering Competence

Bibliografische Information der Deutschen Nationalbibliothek
Die Deutsche Nationalbibliothek verzeichnet diese Publikation in der
Deutschen Nationalbibliografie; detaillierte bibliografische Daten sind
im Internet über http://dnb.d-nb.de abrufbar.

Library of Congress Cataloging-in-Publication Data
Kompetenz im Studium und in der Arbeitswelt : nationale und internationale
Ansätze zur Erfassung von Ingenieurkompetenzen = Competence in higher
education and the working environment : national and international approaches
for assessing engineering competence / Frank Musekamp, Georg Spöttl,
Hrsg.-eds.
  pages cm. – (Vocational education and training : research and practice,
1865-844x ; Band 12)
  Parallel title: Competence in higher education and the working environment
  Parallel text in German and English.
  ISBN 978-3-631-65104-9
  1. Engineering–Study and teaching. 2. Engineering–Vocational guidance.
3. Engineers. I. Musekamp, Frank, 1978- editor. II. Spöttl, Georg, editor.
III. Title: Competence in higher education and the working environment.
  TA157.K646 2014
  620.0071–dc23
                                                    2015001869

Dieses Buch wird aus Mitteln des Bundesministeriums für Bildung und
Forschung unter dem Förderkennzeichen 01PK11012A gefördert.
Die Verantwortung für den Inhalt dieser Veröffentlichung liegt bei den Autoren.

Gedruckt auf alterungsbeständigem,
säurefreiem Papier.

ISSN 1865-844X
ISBN 978-3-631-65104-9 (Print)
E-ISBN 978-3-653-04168-2 (E-Book)
DOI 10.3726/978-3-653-04168-2

© Peter Lang GmbH
Internationaler Verlag der Wissenschaften
Frankfurt am Main 2014
Alle Rechte vorbehalten.
Peter Lang Edition ist ein Imprint der Peter Lang GmbH.

Peter Lang – Frankfurt am Main · Bern · Bruxelles · New York ·
Oxford · Warszawa · Wien

Das Werk einschließlich aller seiner Teile ist urheberrechtlich
geschützt. Jede Verwertung außerhalb der engen Grenzen des
Urheberrechtsgesetzes ist ohne Zustimmung des Verlages
unzulässig und strafbar. Das gilt insbesondere für
Vervielfältigungen, Übersetzungen, Mikroverfilmungen und die
Einspeicherung und Verarbeitung in elektronischen Systemen.

Diese Publikation wurde begutachtet.

www.peterlang.com

Inhaltsverzeichnis / Table of Contents

Frank Musekamp, Georg Spöttl
Einleitung 7

Frank Musekamp, Georg Spöttl
Introduction 13

Teil 1: Allgemeine Aspekte der akademischen Kompetenzforschung
Part 1: General aspects of academic competence research 19

Niclas Schaper
Validitätsaspekte von Kompetenzmodellen
und -tests für hochschulische Kompetenzdomänen 21

Georg Spöttl
Lernen und Kompetenzentwicklung in einem
ingenieurwissenschaftlichen Fach – eine didaktische
Grundlegung 49

Teil 2: Anforderungen an (angehende) Ingenieure
und Kompetenzmodelle
Part 2: Requirements for (prospective) engineers
and corresponding competence models 63

Frank Musekamp, Georg Spöttl, Mostafa Mehrafza
„Modellierung und Messung von Kompetenzen der Technischen
Mechanik in der Ausbildung von Maschinenbauingenieuren
(KOM-ING)" – Forschungsdesign 65

Florina Ştefănică, Stefan Behrendt, Elmar Dammann,
Reinhold Nickolaus, Aiso Heinze
Theoretical Modelling of Selected Engineering Competencies 92

Jan Breitschuh, Albert Albers
Teaching and Testing in Mechanical Engineering 107

**Teil 3: Instrumente zur Kompetenzerfassung
und deren Validierung
Part 3: Instruments to assess competence and their validation** 131

Sebastian Brückner, Olga Zlatkin-Troitschanskaia, Manuel Förster
Relevance of Test Adaptation and Validation for International
Comparative Research on Competencies in Higher Education –
A Methodological Overview and Example from an International
Comparative Project within the KoKoHs Research Program 133

Jacob Pearce
Ensuring quality in AHELO item development
and scoring processes 153

**Teil 4: Ergebnisse von Kompetenzmessungen
und deren Interpretation
Part 4: Results of competence measurement
and their interpretation** 179

Frank Musekamp, Britta Schlömer, Mostafa Mehrafza
Fachliche Anforderungen an Ingenieure in der Technischen
Mechanik – eine empirische Analyse von Aufgabenmerkmalen 181

Andreas Saniter
Wie falsch ist falsch? Ausgesuchte halbrichtige Lösungen eines Tests
in der technischen Mechanik und ihr didaktisches Potenzial 205

*Benjamin Anders, Rebecca J. Pinkelman,
Manfred Hampe, Augustin Kelava*
Development, assessment, and comparison of social, technical,
and general (professional) competencies in a university
engineering advanced design project – A case study 217

Autorinnen und Autoren / Authors 239

Frank Musekamp, Georg Spöttl
Einleitung

In jüngster Zeit hat die Lehre an deutschen Hochschulen durch die umfangreiche, meist öffentliche Finanzierung von Projekten in der akademischen Landschaft erheblich an Bedeutung gewonnen. Als Beispiele zu nennen sind etwa das von der Hochschulrektorenkonferenz initiierte Nexus-Projekt, das Gemeinschaftsvorhaben TeachING/LearnING (betrieben u. a. von der RWTH Aachen) oder der milliardenschwere durch Bund und Länder geförderte „Qualitätspakt Lehre". Diese und andere Initiativen machen es sich zur Aufgabe, die Qualität der akademischen Lehre zu fördern. Dazu setzen sie auf die unterschiedlichsten Ansätze auf allen Ebenen der akademischen Lehre, die sich von der Lehr-/Lernaktivität im Seminarraum (z. B. Ansätze zum problembasierten Lernen) über die Studienorganisation (z. B. Orientierungsangebote für Studierende zu Beginn ihres Studiums) bis hin zur institutionellen Ebene erstrecken (etwa durch zusätzliche Professoren und Professorinnen[1]).

Scheinbar unabhängig von diesen Aktivitäten zur Verbesserung der Lehre gibt es im kleineren Rahmen Bestrebungen, die Leistungsfähigkeit des akademischen Lehrbetriebs durch Kompetenzassessments messbar zu machen. In der BMBF-Förderlinie „Kompetenzmodellierung und Kompetenzerfassung im Hochschulsektor (KoKoHs)" sollen „Grundlagen für eine Evaluation der Kompetenzentwicklung und des Kompetenzerwerbs" geschaffen werden, die Bildungssteuerung nicht nur auf struktureller und organisatorischer, sondern auch auf individueller Ebene ermöglichen. „Evaluation" bezieht sich im KoKoHs-Programm in erster Linie auf „Assessment", worunter im Allgemeinen jegliche Art von Einschätzung bzw. Bewertung der Leistungen oder Arbeiten von Lernenden verstanden wird. Assessment kann formativ sein, wenn gewonnene Informationen unmittelbar zur Lernprozesssteuerung herangezogen werden, oder summativ, wenn es bilanzierenden Zwecken in größeren Zeiträumen dient. Ob und in welchem Ausmaß formatives Assessment durch systematisches Assessment unterstützt werden kann, ist derzeit ein zentrales Forschungsdesiderat der empirischen Bildungsforschung. Und auch wenn die auf Assessments beruhende Bildungssteuerung derzeit in der Allgemeinbildung sehr präsent ist – man beachte die systematische

---

1   Im gesamten deutschsprachigen Teil dieses Bandes werden weitgehend geschlechtsneutrale Formulierungen gewählt. Sollte dies aus Gründen besserer Lesbarkeit nicht möglich sein, wird die männliche Form gewählt. In diesen Fällen sind jedoch ausdrücklich immer beide Geschlechter gemeint.

Etablierung von Vergleichsarbeiten durch das eigens dafür geschaffene Institut zur Qualitätsentwicklung im Bildungswesen (IQB) – so ist doch der Nutzen von Assessments zur Beurteilung von Bildungssystemen und zur bildungspolitischen Steuerung zumindest nicht unumstritten. Zugleich scheinen in der Hochschulbildung wiederum die internationalen Vergleichsstudien eine Vorreiterrolle einzunehmen (siehe den dritten Teil dieses Bandes), wie es schon in der Allgemeinbildung bei TIMSS und PISA zu beobachten war.

Innerhalb dieses Gesamtrahmens findet auch die Lehre in den *Ingenieurwissenschaften* eine zunehmende Beachtung. Deren strategische Bedeutung für die weit entwickelten Volkswirtschaften wird zwar immer wieder hervorgehoben, zugleich kämpfen aber gerade Studierende in dieser Studienrichtung überproportional häufig mit Lern-, Leistungs- und Motivationsproblemen. Insofern überrascht es nicht, dass auch in den Ingenieurwissenschaften Projekte zur Verbesserung der Lehre angesiedelt sind.

Die Kompetenzdiagnostik als Instrument zur Beurteilung von qualitätsverbessernden Maßnahmen ist in den Ingenieurswissenschaften jedoch mehr als nur ein Forschungsdesiderat. Mit Ausnahme von einigen Pilotfällen existieren derartige Forschungsaktivitäten nicht und sie werden von manchen Dozenten auch nicht als erforderlich betrachtet. Es dominiert in den meisten ingenieurwissenschaftlichen Fachdisziplinen die Durchführung von fachbezogenen Prüfungen zur Leistungsfeststellung, die von den jeweiligen Dozenten erarbeitet werden und sich eng an die Forderungen anlehnen, die über die Lehrveranstaltungen und deren Inhalte definiert wurden. Dieser Sachverhalt geht in der Regel auch konform mit den Anforderungen von Prüfungsordnungen, die Bestandteil von Akkreditierungsverfahren sind. Insofern sind diese Verfahren formal abgesichert.

Für die Prüfung werden von den Dozenten in der Regel die ihnen bekannten Instrumente benutzt. Ein theoretischer Rahmen für die Bewertung der Ergebnisse spielt dabei nur ganz selten eine Rolle. Das ist deshalb der Fall, weil bisher kein theoretischer Rahmen für die Kompetenzdiagnostik in den Ingenieurswissenschaften entwickelt wurde. Im besten Falle gibt es pilotartig evaluierte Ansätze. Diese Situation hat auch zur Folge, dass den Dozenten dann, wenn sie Defizite im Lernfortschritt der Studierenden feststellen, kaum Hilfestellungen dahin gehend bekommen können, was sie in der Lehre ändern oder verbessern sollen, um den Lernfortschritt zu unterstützen. Letzteres wäre ein wichtiger Ansatzpunkt zur Verringerung der Abbruchquoten.

Um das Thema der Kompetenzmessung in den Ingenieurwissenschaften mit Bezug zur Lehre zu bearbeiten, wurde im November 2013 an der Universität Bremen ein Workshop mit internationaler Beteiligung durchgeführt. Dies geschah im Rahmen des Projekts zur Modellierung und Messung von Kompetenzen in der Technischen Mechanik (KOM-ING), welches in der KoKoHs-Initiative gefördert wurde. Teilnehmer und Vortragende waren

Lehrende in den ingenieurwissenschaftlichen Fachdisziplinen, Akteure aus der Hochschuldidaktik und Mitarbeiter aus Forschungsprojekten wie der KoKoHs-Initiative. Ziel des Workshops war es, verschiedene Ansätze der Modellierung, der Messung und der Interpretation der Kompetenz von (angehenden) Ingenieuren vorzustellen, zu vergleichen und eventuelle Forschungsdesiderate herauszuarbeiten. Wesentliche Erkenntnisse des Workshops werden im vorliegendem Herausgeberband verarbeitet und in die vier Teile *Allgemeine Aspekte der akademischen Kompetenzforschung (1), Anforderungen an (angehende) Ingenieure und Kompetenzmodelle (2), Instrumente zur Kompetenzerfassung und deren Validierung (3)* sowie *Ergebnisse von Kompetenzmessungen und deren Interpretation (4)* diskutiert.

Im *ersten Teil* dieses Buches geht es um studienübergreifende Aspekte der Kompetenzmessung bzw. des Kompetenzerwerbs in den Ingenieurwissenschaften. Darin skizziert Georg Spöttl die Grundzüge einer Didaktik für die Lehre in den Ingenieurwissenschaften und entwickelt ausgehend vom Ansatz „Scholarship of Teaching and Learning" acht Eckpfeiler einer Didaktik für die ingenieurwissenschaftlichen Fächer. Dabei wird deutlich, dass zur Verbesserung der Lehre in Hochschulen grundlegendere didaktische Arbeiten erforderlich sind, um Erkenntnisse aus der Kompetenzmessung mit Ansätzen zur Weiterentwicklung der Lehre zu kombinieren.

Nicklas Schaper gibt einen Überblick zum aktuellen Validitätsverständnis in der Psychologie und der empirischen Bildungsforschung, dem sich die Kompetenzmessung im Allgemeinen und die folgenden Beiträge im Speziellen grundsätzlich zu stellen haben. In Anlehnung an Messick ist es angemessener von der Gültigkeit der Testwertinterpretationen vor dem Hintergrund des jeweiligen Zwecks des Assessments zu sprechen, anstatt Validität als die Eigenschaft eines Tests an sich zu betrachten. Schaper stellt die verschiedenen Validierungsaspekte des Messick'schen Ansatzes vor und erörtert diese anhand von Beispielen hinsichtlich ihrer Relevanz für die Validierung von Kompetenzmodellen und -tests.

Die drei Beiträge im *zweiten Teil* behandeln das Thema der Anforderungen, welche typischerweise an Studierende in den Ingenieurwissenschaften gestellt werden. Frank Musekamp, Georg Spöttl & Mostafa Mehrafza präsentieren dazu die theoretischen Überlegungen, die im Vorfeld des Projekts zur „Modellierung und Messung von Kompetenzen in der Technischen Mechanik (KOM-ING)" angestellt wurden. Ausgehend vom Forschungsstand im Bereich der naturwissenschaftlichen Allgemeinbildung sowie von verschiedenen Ansätzen der Anforderungsbeschreibung in den Ingenieurwissenschaften formulieren sie ein Kompetenzmodell für die Technische Mechanik und stellen das Forschungsdesign zu dessen Modellierung vor. Im Anschluss präsentieren Florina Ștefănică, Stephan Behrendt, Elmar Dammann, Reinhold Nickolaus & Aiso Heinze die Inhaltsanalysen von

Modulbeschreibungen zahlreicher deutscher Hochschulen und leiten daraus ihre Kompetenzmodelle für die Domänen Ingenieurmathematik und Konstruktionslehre ab. Die anschließenden Forschungsfragen betreffen einerseits die strukturelle Validierung der Modelle und legen andererseits einen Schwerpunkt auf die Unterschiede zwischen verschiedenen institutionellen Settings der Ingenieurausbildung.

Während der Ausgangspunkt der zukünftigen Kompetenzassessments bei Musekamp et al. und Ştefănică et al. in der theoretischen Aufarbeitung des Forschungsstandes liegt und die Gestaltung der Testinstrumente daraus deduktiv abgeleitet werden, beschreiben Jan Breitschuh und Albert Albers das umgekehrte Vorgehen, wie es typischerweise aus der Lehrpraxis heraus resultiert. An ihrem Institut hat sich das Karlsruher Lehrmodell für Produktentwicklung (KaLeP) seit vielen Jahren als besonders erfolgreich erwiesen, insbesondere weil es die Kompetenzentwicklung in der Maschinenkonstruktionslehre in ganzheitlichen Anforderungssituationen erfordert. Die Autoren widmen sich der Herausforderung, ein solch komplexes Kompetenzkonstrukt theoretisch zu untermauern und zeigen Möglichkeiten auf, die Güte der Messinstrumente empirisch zu prüfen.

Im *dritten Teil* zum Thema Messinstrumente und deren Validierung werden im Rahmen zweier Beiträge internationale Forschungsprojekte und deren Methodik dargestellt. Der Beitrag von Sebastian Brückner, Olga Zlatkin-Troitschanskaia & Manuel Förster greift dazu den von Schaper eingeführten Validitätbegriff auf und konkretisiert ihn einerseits mit Blick auf das KoKoHs-Forschungsprogramm und andererseits in Bezug auf die besonderen Herausforderung der Validierung von Instrumenten, die internationale Gültigkeit beanspruchen. Der Validitätsbegriff für das KoKoHs-Programm muss einerseits international anschlussfähig sein und über alle Einzelprojekte hinweg Vergleichbarkeit schaffen. Andererseits muss er ausreichend umfassend bestimmt werden, um konkrete Validierungsstrategien für Instrumente aus den unterschiedlichsten Disziplinen und für unterschiedlichste Einsatzzwecke ableiten zu können.

Im Beitrag von Jacob Pearce steht die Entwicklung von qualitativ hochwertigen Items für die OECD Machbarkeitsstudie „Assessing Higher Education Learning Outcomes in Civil Engineering" im Mittelpunkt. Diese stellt vor dem Hintergrund zahlreicher Partner aus den unterschiedlichsten Teilen der Welt eine große Herausforderung dar. Dabei wird deutlich, wie der gesamte methodologische Überbau in der Entwicklung der Testaufgaben wirksam werden muss, und welchen enormen konzeptionellen und ökonomischen Aufwand dies für die Entwicklung von Testinstrumenten nach sich zieht, insbesondere wenn es sich um offene Testaufgaben handelt. Pearce berichtet zudem erste Ergebnisse der Machbarkeitsstudie und leitet damit über zum *vierten und letzten Teil* dieses Bandes, in dem es um die Ergebnisse von Kompetenzmessungen und deren Interpretation geht.

Dort werden mit drei Artikeln jeweils exemplarisch die zwei großen Erkenntnisfelder von Kompetenzmessungen thematisiert, die in der differenziellen Beschreibung von Individuen einerseits und in der Beschreibung von Testmerkmalen als Kondensat der relevanten Anforderungen andererseits bestehen. Frank Musekamp, Britta Schlömer & Mostafa Mehrafza präsentieren eine systematische Beschreibung von Anforderungen in der Technischen Mechanik, die der Lehrstoff den Studierenden stellt. Im Rahmen des Beitrags werden diese theoretisch hergeleitet, ausführlich beschrieben und zur Charakterisierung der Testaufgaben herangezogen. Eine Analyse dieser Charakterisierung in Bezug auf die empirischen Itemschwierigkeiten offenbart, dass die identifizierten Merkmale einen relevanten Teil der Anforderungen im Fach der Technischen Mechanik widerspiegeln. Zugleich verdeutlichen die Analysen, dass sich nicht alle aufgestellten Hypothesen wie erwartet stützen lassen und verweisen so auf weiteren Forschungsbedarf.

Benjamin Anders, Rebecca Pinkelman, Manfred Hampe & Augustin Kelava berichten in einer Fallstudie die Zusammenhänge zwischen sozialen und fachlichen Kompetenzen von Studierenden der Ingenieurwissenschaften an der TU Darmstadt. Diese deuten darauf hin, dass die in Gruppenarbeit erbrachten Leistungen im Fach der Konstruktionslehre nicht unabhängig von den sozialen Kompetenzen der Studierenden sind. Sie deuten aber auch darauf hin, dass die Güte insbesondere der fachlichen Erhebungsinstrumente noch nicht zweifelsfrei beurteilt werden kann, insbesondere weil sie wider Erwarten keinen Zusammenhang mit den offiziellen Noten der Lehrveranstaltung aufweisen.

Und so belegt der vorliegende Band bei allen Erkenntnissen und konzeptionellen Fortschritten im Feld der Kompetenzmessung in den Ingenieurwissenschaften vor allem Eines: Die verlässliche Erfassung von Kompetenzen steckt trotz großer Investitionen noch in den Kinderschuhen und bedarf einer systematischen Weiterentwicklung, bevor die Messergebnisse als verlässliche Grundlage für Bildungsentscheidungen herangezogen werden können. Die systematische Herangehensweise, die in den vorgestellten Forschungsvorhaben zum Ausdruck kommt, erlaubt es jedoch Inkonsistenzen und Widersprüche zwischen theoretisch Erwartbarem und empirisch Vorfindbarem gezielt aufzudecken und zu behandeln. Nur so lässt sich die Hochschullehre mittelfristig auf die Beine empirisch gestützter Entscheidungen stellen.

Frank Musekamp, Georg Spöttl

Introduction

Teaching at German universities has recently gained considerably more importance for the academic landscape due to a comprehensive – mostly public – funding of projects. Some examples could be named for this development: the Nexus Project, initiated by the Conference of University Rectors, the joint project TeachING/LearnING (among others driven by RWTH Aachen) or the multibillion "Quality Pact Teaching", funded by the Federal Government and the *Länder*. These and other initiatives are aiming at promoting the quality of academic teaching. They rely on very different approaches on all levels of academic teaching, ranging from teaching and learning activities in the seminar room (e.g. approaches to problem-based learning), the organization of study courses (e.g. orientation courses offered to first-year students) up to the institutional level (e.g. by employing additional professors[1]).

Apparently independent of these activities for a better way of teaching, minor frameworks are attempting to render the performance of academic teaching measurable with the aid of competence assessments. The Federal Ministry of Education (BMBF) research program "Modelling and Assessment of Competences in the University Sector (KoKoHs)" aims at creating the "foundation for an evaluation of competence development and acquisition" allowing for the steering of education not only on a structural and organizational but also on an individual level. Within the KoKoHs program the term "evaluation" refers first and foremost to "assessment" which generally defines any kind of appraisal and/or evaluation of the students' performance or work. Assessment can be formative if gained information will be directly used to steer learning processes, or summative as long as it serves for balancing purposes within a longer period of time. If and to which extent formative assessment can be supported by systematic assessment is currently a central research desideratum of empirical educational research. Although educational steering based on assessments is currently very dominant in general education – just consider the systematic establishment of comparative works by the German Institute for Educational Quality Improvement (IQB), created for this very task – the benefit of assessments for the evaluation

---

1 The formulations in the entire German part of this volume are to a large extent gender-neutral. In some parts the male form has been preferred for the sake of better readability. However, both genders are always expressively meant in these cases.

of educational systems and for educational political steering is at least not indisputable.

At the same time international comparative studies seem to be the cutting edge in university teaching (cf. the third part of the volume). This has already become evident in general education with TIMSS and PISA.

Within this overall framework teaching in *engineering sciences* is also witnessing increasing attention. Its strategic importance for mature economies is continuously underlined. At the same time, however, students of this study specialization are disproportionately often facing problems in terms of learning, performance, and motivation. It is therefore not surprising that the engineering sciences also host projects to enhance an improvement of teaching.

However, competence diagnostics in engineering sciences as an instrument for the assessment of quality-enhancing measures is more than a research desideratum. With the exception of some pilot cases, such research activities are inexistent and some of the lecturers do not deem them necessary. Most specialist disciplines of engineering sciences are dominated by conducting exams related to a specific field to determine the students' achievements. These tests are prepared by the lecturers in charge and are closely related to the requirements defined during the teaching courses and their contents. As a rule, this practice is also consistent with the requirements of examination regulations which form part of the accreditation procedure. This is why these procedures are formally safeguarded.

The lecturers usually apply their familiar instruments. A theoretical framework for the assessment of the results is only very rarely playing a role as no theoretical framework for the diagnosis of competences in engineering sciences has sofar been developed. At best there are evaluated pilot approaches. This situation also results in the fact that lectures who realize deficits in the learning progress of their students cannot count on assistance with how they should change or improve their teaching in order to support the learning progress. The latter would be an important approach towards reducing the drop-out rates.

In order to discuss the topic of competence measurement in engineering sciences with reference to teaching, the University of Bremen staged a workshop with international participants in November 2013. This event was initiated within the project on Modeling and Measurement of Competences in Engineering Mechanics (KOM-ING), funded by the KoKoHs research program.

Participants as well as presenters were lecturers of the engineering scientific specialist disciplines, actors from university didactics and members of research projects such as the KoKoHs initiative. The workshop aimed at presenting and comparing different approaches of modeling, measurement, and interpretation of the competence of engineers-to-be and to work out possible research desiderata. The most important findings of the workshops will be presented in this edited volume and discussed in four thematic sections: *General aspects of academic competence research (1), Requirements for (prospective) engineers and competence models (2), Instruments to assess competence and their validation (3)* as well as *Results of competence measurement and their interpretation (4)*.

The *first part* of this volume deals with interdisciplinary aspects of competence measurement and/or competence acquisition in engineering sciences. Georg Spöttl sketches the basics of a didactical approach for teaching engineering sciences. Based on the approach "Scholarship of Teaching and Learning" he develops eight corner posts for didactics of engineering science subjects. It begins to show that more fundamental didactical work is necessary to improve teaching at universities in order to combine findings of competence measurement with approaches to a further development of teaching.

Niclas Schaper gives an overview of the current conception of validity in psychology and empirical educational research, a concept which challenges both, competence measurement in general and the subjects of the following articles. Based on Messick it seems to be more appropriate to speak of the validity of test value interpretations against the backdrop of the individual purpose of the assessment rather than regarding validity as the characteristic of a test *per se*. Schaper presents the different validation aspects of Messick's approach and discusses them with the aid of examples in terms of relevance for the validation of competence models and tests.

The three articles in the *second part* of the volume deal with the issue of demands typically made on students of engineering sciences. Frank Musekamp, Georg Spöttl & Mostafa Mehrafza present the theoretical considerations formulated prior to the launch of the project "Modeling and Measuring Competencies of Engineering Mechanics within the Training of Mechanical Engineers (KOM-ING)". Based on the state of research in the field of pre-academic science education as well as on different approaches to a description of prerequisites in engineering sciences, they formulate a competence model for Technical Mechanics and subsequently introduce the research design for its validation.

Florina Ştefănică, Stephan Behrendt, Elmar Dammann, Reinhold Nickolaus & Aiso Heinze present content analyses of module descriptions applied in numerous German universities and deduce their competence models for the domains engineering mathematics and construction design. The subsequent research questions aim at the structural validation of the models on the one hand and focus on the differences between the various institutional settings of engineering education on the other hand.

Musekamp et al. and Ştefănică et al. approach the forthcoming competence assessments from a theoretical examination of the state of the research and derive the shaping of test instruments in a deductive way. Jan Breitschuh and Albert Albers describe the opposite approach which typically results from teaching practice. The Karlsruhe Teaching Model for Product Development (KaLeP) developed at their institute has been very successful since many years, above all as it requires competence development in machine construction in holistic challenging situations. The authors are working on the challenge to theoretically underpin such a complex competence construct and present possibilities for an empirical quality check of the measuring instruments.

Two articles in the *third part* on the issue of measuring instruments and their validation will focus on international research projects and their methodology. The article by Sebastian Brückner, Olga Zlatkin-Troitschanskaia & Manuel Förster refers to the term of validity introduced by Schaper. It is concretized with a view to the KoKoHs research program as well as with reference to the special challenges of the validation of instruments which are claiming international validity. The term of validation for the KoKoHs program must be internationally compatible and should create comparability across all individual projects. On the other hand the term must be comprehensively determined in order to allow for deductions of concrete validation strategies for instruments from many different disciplines and for different purposes of use.

The article by Jacob Pearce concentrates on the development of high-quality items for the OECD feasibility study „Assessing Higher Education Learning Outcomes in Civil Engineering". This study represents a great challenge against the background of numerous partners from different parts of the world. It will be shown how the entire methodological superstructure during the development of the test items must come into effect and which huge conceptional and economic expenditure this entails for the development of test instruments, above all if they are open test items. In addition Pearce reports first results of the feasibility study and leads on to the *fourth and last part* of this volume dealing with the results of competence measurements and their interpretation.

In three articles, examples of the two large fields of insight with regard to competence measurement are thematized, consisting of a differential description of individuals on the one hand and the description of test characteristics as a condensate of relevant requirements on the other hand. Frank Musekamp, Britta Schlömer & Mostafa Mehrafza present a systematic description of requirements of engineering mechanics curricula faced by the students. Within this article, these requirements are theoretically deduced, comprehensively described and applied for the characterization of test items. The analysis of this characterization in terms of the empirical item difficulties underlines that the identified characteristics reflect a relevant part of the requirements of the discipline of engineering mechanics. At the same time the analyses explain that not all hypotheses can be supported and thus indicate a further need for research.

Andreas Saniter chooses a qualitative approach for the analysis of misconceptions in the field of statics. Based on empirical answers to open test items, recorded within the framework of competence measurement, he identified frequent semi-correct solutions which could be ascribed to typical misconceptions in students. Thus they provide content-oriented suggestions for shaping teaching in engineering mechanics.

In a case study, Benjamin Anders, Rebecca Pinkelman, Manfred Hampe & Augustin Kelava report about the interrelationship between social and technical competences of students of engineering sciences at the Technical University Darmstadt. It is presumed that group achievements in the subject of construction design are not independent from the students' social competences. However, they point at the fact, that the quality above all of the specialist research instruments cannot yet be assessed beyond doubt as there is – contrary to expectations – no correlation with the official marks of the course.

Apart from all findings and conceptual progress in the field of competence measurement, the present volume underpins above all one important fact: In spite of great investments, the reliable assessment of competences is still in its infancy and needs a systematic further development prior to applying the measurement results as a reliable foundation of educational decision making. However, the systematic methods discussed in the presented research projects allow for purposefully uncovering and dealing with inconsistencies and contradictions between the theoretically expectable and the empirically existing. This is the only way to lift teaching at universities on a platform of empirically supported decisions.

Teil 1:
Allgemeine Aspekte der akademischen Kompetenzforschung

Part 1:
General aspects of academic competence research

Niclas Schaper

Validitätsaspekte von Kompetenzmodellen und -tests für hochschulische Kompetenzdomänen

Vor dem Hintergrund von Problemen bei der Validitätsbestimmung im Kontext von Ansätzen zur Kompetenzmodellierung und -messung im Hochschulsektor wird begründet, warum ein erweitertes Validitätsverständnis, dass sich an dem Konzept der argumentbasierten Validierung nach Messick bzw. Kane orientiert, bei entsprechenden Modellierungs- und Messansätzen für sinnvoll und angemessen gehalten wird. Die verschiedenen Validierungsaspekte des Messick'schen Ansatzes: (1) Inhaltliche Validität, (2) Kognitive Validität, (3) Strukturelle Validität, (4) Verallgemeinerbarkeit, (5) Externe Validität und (6) Konsequentielle Validität werden anschließend vorgestellt und hinsichtlich ihrer Relevanz für die Validierung von Kompetenzmodellen und -tests erörtert sowie anhand von Beispielen verdeutlicht.

Based on a description of problems concerning the analysis of validity of approaches of competence modelling and measurement it is substantiated why it is reasonable and adequate to refer to the concept of "argument based validity" according to Messick resp. Kane in this context. Following, the different validity aspects of the Messick approach are introduced: (1) content validity, (2) cognitive validity, (3) structural validity, (4) generalizability, (5) external validity, and (6) consequential validity. These validity aspects are discussed concerning their relevance for this context and examples of an argument based analysis of validity of competence models and tests are given.

1 Probleme der Validitätsbestimmung bei der Kompetenzmodellierung und -messung im Hochschulsektor

Den Kompetenzerwerb bzw. die Kompetenzentwicklung von Akademikern im Kontext verschiedener hochschulischer Bildungsinstitutionen zu erfassen, stellt eine theoretische und methodische Herausforderung dar. Zum einen liegen kaum theoretische Vorarbeiten bezüglich des Kompetenzerwerbs in akademischen Kontexten vor (Schaper, 2012). Zum anderen ist eine valide und zuverlässige Modellierung und Erfassung akademisch vermittelter Kompetenzen sowie ihrer Bedingungen und Wirkungen aufgrund ihrer Multidimensionalität und -kausalität mit hohen Ansprüchen an die Forschungsmethodik verbunden (Blömeke & Zlatkin-Troitschanskaia, 2011). Das vorhandene Forschungsdefizit ist zudem in Teilen auf die besondere Komplexität zurückzuführen, die akademisch erworbene Kompetenzen von Studierenden und Promovierenden aufgrund der Vielfalt an Studienmodellen,

Ausbildungsstrukturen und Lehrangeboten auszeichnet. Die Wahl angemessener Kriterien, anhand derer der Kompetenzerwerb eingeschätzt werden kann (z. B. beruflicher Erfolg oder Bewältigung ausgewählter Berufsanforderungen), stellt ebenfalls ein bisher nur unzureichend gelöstes Problem dar. Berufliche Einsatzfelder und Anforderungen an Akademiker sind in vielen Fachdomänen (z. B. geistes- oder sozialwissenschaftlichen Fächern) nur schwer erfassbar bzw. definierbar und unterliegen einer dynamischen Wandlung. Aber auch Fragen wie akademische Kompetenzen bezüglich ihrer inhaltlichen Validität und Konstruktvalidität überprüft werden können, sind allenfalls in Ansätzen gelöst (Blömeke, 2013).

Eine zentrale Frage in diesem Zusammenhang betrifft außerdem das Validitätsverständnis, das bei der Modellierung und Messung akademischer Kompetenzen zugrunde gelegt wird. Das klassische Validitätsverständnis, das darauf beruht, dass Validität als statistisch quantifizierbare Eigenschaft eines Tests angesehen wird, greift gerade bei der Beurteilung und Überprüfung der Aussagefähigkeit eines Kompetenztests zu kurz (Blömeke, 2013). Bei dem klassischen Validitätsverständnis stehen die statistischen Zusammenhänge mit konstruktnahen oder kriteriumsbezogenen Variablen im Vordergrund (vgl. z. B. Lienert & Raatz, 1994). Solche Kennwerte sagen allerdings wenig aus über die Angemessenheit der theoretischen Annahmen, die dem Test zugrunde liegen, die Konvergenz von Testleistungen und dem theoretischen Kompetenzmodell oder auch die Passung von Kompetenzmodell und gewähltem psychometrischem Modell. Weiterhin greifen die klassischen Validitätsbetrachtungen zu kurz, wenn es um die Verallgemeinerbarkeit der diagnostischen Ergebnisse über bestimmte Aufgaben- und Personengruppen hinaus geht oder um die Angemessenheit der praktischen Schlussfolgerungen, die aus den diagnostischen Ergebnissen einer Person gezogen werden. Die genannten Validitätsaspekte sind insbesondere für die Modellierung und Messung von Kompetenzen in akademischen Ausbildungskontexten von Bedeutung. Bezüglich der Entwicklung valider Modelle und Messinstrumente zur Diagnose akademischer Kompetenzen besteht generell noch erheblicher Forschungsbedarf. Dieser wird zurzeit in einem umfangreichen Forschungsprogramm des BMBF in 23 Verbundprojekten unterschiedlicher Fachrichtungen angegangen, um Grundlagen für eine theoretisch fundierte und valide Messung akademischer Kompetenzen von Studierenden zu erarbeiten (Blömeke & Zlatkin-Troitschankaja, 2013). Damit soll eine grundlagenorientierte Kompetenzforschung im Bereich der Hochschulen in Deutschland voran gebracht werden und die Anschlussfähigkeit an internationale Forschungsansätze der empirischen Bildungsforschung gewährleistet werden.

Im Folgenden wird zunächst kurz begründet, warum ein erweitertes Validitätsverständnis gemäß dem sog. argument based approach zur Validierung von Kompetenzmodellen und -tests für sinnvoll gehalten wird. In weiteren Kapiteln werden vor diesem Hintergrund die verschiedenen Validierungsaspekte des Messick'schen Ansatzes vorgestellt und hinsichtlich ihrer Relevanz für die Validierung von Kompetenzmodellen und -tests erörtert sowie anhand von Beispielen verdeutlicht.

2 „Argument based approach" als angemessene Validierungsstrategie für Kompetenzmodelle und -tests

Validität ist in der psychologisch-pädagogischen Diagnostik – neben der Objektivität und der Reliabilität – ein zentrales Gütekriterium eines Testverfahrens zur Erfassung eines psychologischen Merkmals. Es wird oft mit der Formulierung beschrieben, dass Validität ein Kriterium dafür darstellt, „ob ein Test tatsächlich das misst, was er messen soll" (Bortz & Döring, 2006). Validität bezieht sich also darauf, ob ein Test eine gewisse ‚Gültigkeit' besitzt, um Aussagen über die Ausprägung eines bestimmten Merkmals einer Person treffen zu können. Sie bezieht sich daher nicht auf ein Testverfahren ‚an sich', sondern auf Aussagen und Interpretationen, die auf der Basis von Ergebnissen aus diesem Verfahren vorgenommen werden. Dieses Verständnis von Validität bezieht sich also auch auf die mit einem Testverfahren verbundenen theoretischen Annahmen, die Interpretationen von Ergebnissen und die Schlussfolgerungen, die aus diesen Ergebnissen gezogen werden (Messick, 1995). Um die Validität eines Verfahrens einschätzen zu können, müssen daher auch Evidenzen bzw. Erkenntnisse ermittelt werden, die die Interpretation von Testergebnissen und die daraus gezogenen Schlussfolgerungen plausibel stützen.

Es müssen also Argumente dafür gefunden werden, ob eine Interpretation als plausibel, sinnvoll bzw. angemessen angenommen werden kann. Diese Argumente sollten sich sowohl auf empirische Evidenzen als auch auf theoretisch-rationale Begründungen und Prinzipien beziehen. Dabei können verschiedene Testverfahren bezüglich unterschiedlicher Aussagen unterschiedliche Grade der Validität besitzen, also unterschiedlich ‚valide sein'. Kane (2013, S. 3) drückt diesen Zusammenhang folgendermaßen aus: „Interpretations and uses that make sense and are supported by appropriate evidence are considered to have high validity (or for short, to be valid), and interpretations or uses that are not adequately supported, or worse, are contradicted by the available evidence are taken to have low validity (or for short, to be invalid). The scores generated by a given test can be given different interpretations, and some of these interpretations may be more plausible than others".

Dieses Verständnis von Validität als Argumente für die ‚Angemessenheit einer Testinterpretation' wird als „argument based approach to validation", der Prozess des Findens und der Prüfung solcher Argumente dementsprechend als Validierung bezeichnet (Kane, 1992 bzw. Messick, 1995). Demnach ist es auch sinnvoll, von der Validität eines Kompetenzmodells zu sprechen, wie es in der deutschsprachigen Lehrerbildungsforschung häufig getan wird (z. B. Borowski et al., 2010; Schaper, 2009), da sich Validitätsargumente im Sinne von Interpretationen auch auf theoretische Annahmen und Begründungen beziehen.

Neben diesem übergeordneten Validitätsverständnis existieren verschiedene Konzeptionen, Klassen und Begriffe von Validität, die sich im Wesentlichen darin unterscheiden, welche Art von Evidenzen sie zu einem Validitätsargument beitragen, welche davon überhaupt als ‚angemessen' angenommen werden und mit Hilfe welchen Vorgehens solche Evidenzen ermittelt werden können. Diese Konzeptionen basieren dabei teilweise auf unterschiedlichen, historisch gewachsenen Forschungstraditionen und beinhalten daher auch unterschiedliche implizite Annahmen. Bspw. wird in der pädagogisch-psychologischen Forschung häufig auf das Konzept der Konstruktvalidität zurückgegriffen (Cronbach & Meehl, 1955). Dabei wird versucht, Argumente für die Validität eines Verfahrens dadurch zu finden, dass „aus den Annahmen für das [zu messende] Konstrukt Vorhersagen abgeleitet werden, wie Messwerte des Konstrukts mit anderen Variablen zusammenhängen sollten" (Hartig & Jude, 2007). Diese Vorhersagen bilden ein zusammenhängendes nomologisches Netzwerk von Aussagen, die empirisch dadurch überprüft werden können, indem neben Messungen des eigentlich interessierenden Konstrukts mit dem zu prüfenden Verfahren zeitgleich Messungen mit anderen Verfahren vorgenommen werden, die Variablen erfassen, mit denen das Konstrukt gemäß des Netzwerks zusammenhängt (a.a.O.).

Grundsätzlich gilt, dass auch bei Kompetenzmodellen und -tests die klassischen Gütekriterien ihre Relevanz behalten (vgl. z. B. Schaper, 2009); dies gilt sowohl für inhalts-, konstrukt- und kriterienbezogene Validitätsaspekte. Der Argument basierte Ansatz richtet den Fokus bei der Validierung allerdings auf zusätzliche Aspekte, die für die Validität von Kompetenzmodellen und -tests eine zentrale Bedeutung haben, jedoch häufig in diesem Zusammenhang vernachlässigt werden. Dies betrifft z. B. die Frage, welche theoretischen Annahmen dem Kompetenztests in Bezug auf den Zusammenhang von bestimmten Kompetenzfacetten und ihre Relevanz für die Handlungsbefähigung für bestimmte Professionskontexte bzw. -aufgaben zugrunde liegen und ob diese vor dem Hintergrund kognitionspsychologischer oder handlungstheoretischer Konzepte tatsächlich plausibel und angemessen sind (z. B. die Frage, inwieweit Wissen tatsächlich eine relevante Voraussetzung für effektives Handeln darstellt und wie man sich den Zusammenhang von Wissen und Handeln vorstellen kann; siehe hierzu z. B. Vogelsang, 2014 für die Validierung eines Kompetenztests in der Physiklehrerausbildung).

Auch die Frage, ob die Testitems des Kompetenztests tatsächlich auch die Leistung bzw. die kompetenzrelevanten Leistungsvoraussetzungen erfassen, die gemäß einem (theoretisch fundierten) Kompetenzmodell relevant sind, ist insbesondere bei komplexen szenario- bzw. simulationsgestützten Erfassungsformaten nicht ohne entsprechende kognitive Aufgabenanalysen sicher beantwortbar und daher unter Validitätsgesichtspunkten gesondert zu prüfen (siehe hierzu auch Kap. 3.2). Weiterhin ist bei Kompetenztests oftmals die Frage, für welches Aufgaben- bzw. Fähigkeitsspektrum der Test Aussagen erlaubt, da die Items bzw. Leistungsanforderungen situationsspezifisch ausgestaltet sind und damit sowohl theoretisch als auch empirisch geklärt werden sollte, auf welche Anforderungen bzw. Aufgaben die gezeigten Leistungen verallgemeinert werden können oder auch auf welche Leistungen in anderen Bereichen extrapoliert werden kann. Schließlich werden auf der Basis der Testergebnisse bei Kompetenztest auch Entscheidungen über das Erreichen bestimmter Bildungsziele bzw. die Zertifizierung von erfolgreich bestandenen Bildungsmaßnahmen sowie den Bedarf von Fördermaßnahmen getroffen. Es gilt somit auch theoretische und empirische Evidenzen über die Angemessenheit solcher Schlüsse zu generieren, die bedeutungsvollen individuellen und sozialen Konsequenzen der Testanwendung verbunden sind. Die angeschnittenen Fragen bzw. Probleme bei der Entwicklung und Verwendung von Kompetenztests betreffen Validitätsaspekte, die im Rahmen der klassischen Validitätsanalysen allenfalls am Rande betrachtet werden. Der Ansatz von Messick (1995) bzw. Kane (2001) greift diese Lücken der Validitätsbetrachtung allerdings gezielt auf und vermittelt Hinweise, wie sie effektiver bei der Testkonstruktion und -überprüfung berücksichtigt werden können.

3 Aspekte eines umfassenden Validitätsverständnisses nach Messick und Kane

Die Grundidee von Messick (1995), die Validität einer diagnostischen Messung nicht allein als einen numerischen Koeffizienten zu betrachten, sondern vielmehr als theoretisch und empirisch fundiertes Argument für die Gültigkeit von Testwertinterpretationen, folgen mittlerweile eine ganze Reihe von Vereinigungen der pädagogisch-psychologischen Forschung (z. B. American Educational Research Association (AERA) oder American Psychological Association (APA)).

Validität ist für Messick (1995) bzw. Kane (2001) – wie oben bereits ausgeführt wurde – die allgemeine Bewertung des Grades, in dem empirische und theoretische Evidenz für Angemessenheit von Interpretationen und Handlungen, die auf diagnostischen Messungen beruhen, vorliegt. Das heißt, dass vor allem die Bedeutung, die Interpretation und die daraus abgeleiteten

Handlungen von diagnostischen Ergebnissen valide sein müssen. Das Ausmaß, in dem die Bedeutung von Testwerten und den daraus abgeleiteten Schlussfolgerungen über verschiedene Personen, Gruppen und Situationen stabil ist, ist jedoch eine nicht abschließend beantwortbare empirische Frage.

In seinem Modell greift Messick (1989) die klassische Einteilung von Validität in Inhalts-, Konstrukt- und Kriteriumsvalidität auf und entwickelt sie zu einem umfassenderen Validitätsverständnis weiter, das anhand von sechs Aspekten definiert wird. Nach Messick (1989) stellen diese sechs Aspekte generelle Validitätskriterien bzw. Standards für alle diagnostischen Messungen im Bereich von Bildung dar. Validität ist daher zu verstehen als Argument für die Gültigkeit von Testwertinterpretationen auf Grundlage von Evidenzen bzw. Erkenntnissen in diesen sechs Bereichen. Der Ansatz von Messick (1989, 1995) markiert damit in besonderer Weise die Abwendung vom klassischen Validitätsverständnis als einer Reihe von Eigenschaften eines Messinstruments und eine Hinwendung zu einem integrativen Konzept von Konstruktvalidität als fortwährendem Prozess der argumentativen und empirischen Verteidigung miteinander verbundener Validitätsaspekte. Vor dem Hintergrund dieses veränderten Validitätskonzepts wird im Folgenden Validität als die Gesamtbewertung der theoretischen Argumente und empirischen Evidenzen für die Angemessenheit einer Leistungsmessung und zwar sowohl ihrer Interpretation als auch der Konsequenzen ihrer Anwendung verstanden. Diese Sicht von Validität erstreckt sich sowohl auf die Grundlagenforschung zu diagnostischen Verfahren als auch auf deren Anwendung in der Praxis und ist daher angemessen für die Analyse entsprechender Ansätze der Kompetenzmodellierung und -messung, die dieses Einsatzspektrum für sich beanspruchen (Klieme & Leutner 2006). Nach Messick (1995) werden folgende sechs Validitätsaspekte unterschieden und beschrieben:

1) Inhaltliche Validität: Curriculare und theoretische Absicherung des modellierten Bereichs (content aspect)
2) Kognitive Validität: Passung der kognitiven Prozesse bei der Kompetenzerfassung zum postulierten theoretischen Kompetenzmodell (substantive aspect)
3) Strukturelle Validität: Passung von theoretischem Kompetenzmodell und gewähltem psychometrischem Messmodell (structural aspect)
4) Verallgemeinerbarkeit: Angemessenheit einer über die Aufgaben- und Personengruppe hinausgehenden Interpretation (generalizability aspect)
5) Externe Validität: Angemessenheit mit Blick auf konvergente, diskriminante und prädiktive Zusammenhänge mit anderen Konstrukten (external aspect)

Die genannten Validitätsaspekte erlauben eine systematische, sämtliche Schritte einer Kompetenzmodellierung durchdringenden Analyse von

Validität, die dabei hilft, die für jeden Schritt spezifischen Bedrohungen der Validität zu erkennen und zu bewältigen. Die genannten Validitätsaspekte sind dabei nicht unabhängig, sondern bedingen sich gegenseitig (z. B. die kognitive Validität und der Aspekt der Verallgemeinerbarkeit der Testergebnisse; wenn die Items nicht sorgfältig in Anlehnung an bestimmte theoretische Annahmen bzw. in Abhängigkeit von der Konstruktbedeutung operationalisiert werden, können auch keine weitreichenden Schlüsse über die Verallgemeinerbarkeit der erfassten Kompetenzen gezogen werden). Validität findet somit ihren Ausdruck nicht im additiven Vorliegen einzelner Eigenschaften, sondern in der Passung der Validitätsaspekte auf verschiedenen Ebenen, die im Prozess der Konstruktion und Anwendung eines Verfahrens von Bedeutung sind und miteinander interagieren.

Validität wird in der Regel als zentrales Qualitätskriterium herausgestellt. Sie ist aber nicht reduzierbar auf in Kennwerten ausdrückbare Eigenschaften eines Messinstrumentes, sondern stellt einen fortwährenden argumentativen Prozess dar. Dieser umfasst insbesondere auch die (tatsächlichen oder potenziellen) individuellen und sozialen Konsequenzen beim Einsatz eines (Kompetenz-) Tests: „[…] to appraise how well a test does its job, one must inquire whether the potential and actual social consequences of test interpretation and use are not only supportive of the intended testing purposes, but also at the same time consistent with other social values" (Messick, 1995, S. 165). Dies hat, angesichts ihrer Bedeutung in der Steuerung von Bildungssystemen, für moderne Kompetenzmodellierungen besonderes Gewicht. Im Folgenden werden die beschriebenen sechs Validitätsaspekte auf ausgewählte Ansätze der Modellierung von Kompetenzen bezogen. Die folgenden Ausführungen zu den verschiedenen Validitätsaspekten nach Messick (1995) lehnen sich eng an die Darstellung des Ansatzes von Leuders (2014) an.

3.1 Inhaltliche Validierung

Inhaltsvalidität liegt bei Evidenzen über die Relevanz eines gemessenen (Test-)Inhaltes und dessen Repräsentativität für das interessierende Konstrukt im Allgemeinen vor (Messick, 1989). Letzteres bezieht sich auf die Frage, ob die Test- und Aufgabeninhalte den interessierenden Merkmals- oder Verhaltensbereich, der das zu messende Konstrukt definiert, gut repräsentieren. Inhaltsvalidität wird in der Regel mithilfe so genannter Expertenbefragungen erfasst, wobei die Experten gebeten werden, die Inhalte eines Tests bezüglich Relevanz und Repräsentativität zu bewerten (vgl. für ein Beispiel Jenßen et al., 2014). Dies kann aber auch durch eine „Delphi-Befragung", bei der alle Experten miteinander diskutieren, ob ein Item geeignet ist, realisiert werden (Kunina-Habenicht et al., 2012). Ein typisches Problem in diesem Zusammenhang ist zum einen die Festlegung von „Expertentum" anhand von entsprechenden Kriterien und zum anderen die Möglichkeit, dass unterschiedliche Experten zu unterschiedlichen Ergebnissen kommen. Insofern ist auf den Auswahlprozess und das Verfahren zur Aggregierung der Expertenmeinungen besondere Sorgfalt zu legen, soll die Expertenbefragung tatsächlich valide Ergebnisse produzieren. Jenßen et al. (2014) haben bei der Durchführung und Auswertung der Expertenbefragung zur Inhaltlichen Validierung von Testitems fünf Schwierigkeiten bzw. Probleme identifiziert: (a) Beurteilungsfehler durch die gleiche (falsche) Vorstellung des Konstrukts von Testkonstrukteuren und Experten; (b) einseitige Fehlvorstellung des Konstrukts auf Seiten der Testkonstrukteure oder Experten; (c) Transparenz von Projekthintergrund und -vorgehen; (d) Präzision der Kodieranweisungen und (e) Einbindung von Experten in weitere Phasen der Testkonstruktion. Im Beitrag werden zu jedem Problem möglich Ursachen bzw. Hintergründe aber auch Lösungsansätze zur Problembewältigung diskutiert.

Bei der Beurteilung der Inhaltsvalidität eines Tests sind u. a. folgende Quellen mangelnder Validität zu berücksichtigen: (a) Unterrepräsentation des zu messenden Konstrukts und (b) konstruktirrelevante Testvarianz (Messick, 1989). Im Fall einer Unterrepräsentation des Konstrukts ist ein Test zu eng gefasst und lässt wichtige Facetten und/oder Dimensionen des Konstrukts unberücksichtigt. Ein Test zur Messung sprachlicher Kompetenzen in Orientierung am Europäischen Referenzrahmen wäre in diesem Sinne nicht valide, wenn er z. B. den Kompetenzbereich des Leseverstehens nicht berücksichtigen würde. Konstruktirrelevante Varianz liegt hingegen vor, wenn bestimmte Eigenschaften des diagnostischen Verfahrens oder der Zielpopulation, die nichts mit der zu messenden Fähigkeit zu tun haben, eine Aufgabe für bestimmte Probanden(-Gruppen) leichter oder schwerer machen (z. B. die kann die sprachliche Darstellung von mathematischen Anwendungsaufgaben durch die Verwendung von Fremdwörtern ggf. Personen mit weniger elaborierten sprachlichen Kompetenzen bei der Lösung der Mathematikaufgaben benachteiligen).

Am Anfang einer Kompetenzmodellierung wird meist ein inhaltlicher Rahmen erarbeitet, worauf sich die zu beschreibende Kompetenz bezieht. Die Breite und das Auflösungsvermögen (im Sinne von „Granularität", vgl. Rupp & Mislevy, 2007) dieses Rahmens kann erheblich variieren. Durchaus verschiedenartig sind aber auch die konzeptionellen Grundlagen, auf deren Basis solche Rahmensetzungen vorgenommen werden. Diese reichen von theoretisch fundierten Setzungen, worauf sich das jeweilige Kompetenzkonstrukt bezieht, über normativ orientierten Setzungen – insbesondere auf der Grundlage curricularer Dokumente – bis hin zu eher pragmatischen Setzungen anhand des Aufgabenzuschnitts bestimmter Tätigkeiten in Praxisdomänen (vgl. Abs, 2007; Schaper, 2009).

Bei normativ geprägten, breiten Rahmenkonzepten wird die inhaltliche Validität von Kompetenzmodellierungen in der Regel durch eine konsensuelle

Verständigung unter Expertinnen und Experten erarbeitet und abgesichert. Von mittlerer Breite sind curriculare Rahmenkonzepte, die intendierte Lernergebnisse über ein Schuljahr oder über einige Wochen beschreiben. Diesen Weg verfolgt beispielsweise die „curriculum based evaluation" (CBE), welche empiriegestützte Leistungsmessung zur formativen Unterrichtsentwicklung heranzieht (Howell & Nolet, 2000). Die inhaltliche Validität der verwendeten Testverfahren bzw. -formate begründet sich hierbei in der engen Anbindung an ein konkretes Curriculum. Eine noch geringere Breite bzw. engere Fokussierung weisen Kompetenzmodellierungen auf, die sich auf abgrenzbare Aktivitäten bzw. Tätigkeiten beziehen, wie z. B. die schriftliche Subtraktion im Kontext mathematischer Kompetenzen (Lee & Corter, 2011). Als Ausgangspunkt können dabei etwa fachbezogene kognitive Theorien über mentale Modelle oder Erkenntnisse über bereichsspezifische Lösungsstrategien dienen.

3.2 Kognitive Validierung (substanzielle Validität)

Der substanzielle Aspekt von Validität erweitert die Analyse der inhaltlichen Anforderungen um zwei Punkte. Zum einen wird gefordert, dass nicht nur die Inhalte eines diagnostischen Verfahrens repräsentativ sind, sondern auch die Prozesse, die zur Lösung kognitiver Testaufgaben benötigt werden (Messick, 1989). Darüber hinaus wird gefordert, dass es empirische Belege für das Anwenden dieser Prozesse in der konkreten Situation der Leistungsmessung gibt.

Durch die Konkretisierung der Theorieelemente anhand von Aufgabensituationen wird eine Brücke zwischen theoretischen Kompetenzmodellen und ihrer empirischen Erfassung gebildet. Dieser Prozess der Operationalisierung weist beträchtliche Herausforderungen auf (z. B. in der Selektion der Inhalte aus einem breiten Curriculum sowie bei der Auswahl der Itemkontexte, der Itemtypen und der Erfassungssituation) und lässt sich in der Regel nicht mithilfe algorithmisierter Prozeduren bewerkstelligen. Eine mangelnde Passung zwischen den theoretischen Konstrukten und den tatsächlich ablaufenden Kognitionen, die durch die spezifische Operationalisierung angeregt werden, kann eine ernste Bedrohung der Validität darstellen. Der Weg von allgemeinen Situationen, welche als konstitutiv für einen Kompetenzbereich angesehen werden, bis hin zu den konkreten Erfassungssituationen gleicht einem mehrschrittigen Übersetzungsvorgang, bei dem jedes Mal die inhaltliche Bedeutung beeinträchtigt werden kann. Je nach diagnostischem Format können bspw. unterschiedliche kognitive Bearbeitungsformen ein und derselben Aufgabe angeregt werden. So kann in einem diagnostischen Interview oder Prüfungsgespräch sich ein Schüler oder eine Schülerin aufgrund von Feedback durch den Interviewer korrigieren und möglicherweise mehrere Lösungswege eruieren und den angemessensten wählen. Bei der Bearbeitung derselben Aufgabe dargereicht als schriftliche Testaufgabe mit offenem Format wird dieselbe Person sich möglicherweise nur auf die Erarbeitung einer Lösung konzentrieren und vermutlich das Ergebnis nicht mehr an der Realsituation validieren. Wird die Aufgabe schließlich drittens in Form einer geschlossenen Multiple-Choice-Aufgabe gestellt, führt dies möglicherweise dazu, dass die Person die Aufgabe so bearbeitet, indem sie eine Entscheidung durch Ausschließen vorgegebener Ergebnisse aufgrund von Plausibilitätsüberlegungen trifft.

Generell kann man zwischen eher proximalen oder eher distalen Operationalisierungen von Kompetenzen unterscheiden: Die Kompetenz „Schulleistung" wird besonders valide durch Aufgabenformate erfasst, wie sie in der Schule tatsächlich üblich sind. Wählt man als Kompetenzbereich „Leistungen in Abschlussprüfungen" (Büchter & Pallack, 2012), verschwindet die Differenz zwischen Konstrukt und Operationalisierung sogar völlig. Shavelson (2010) sieht in einer situationsnahen Erfassung eine besondere Qualität des Kompetenzkonzeptes, welche aber aus testökonomischen Gründen oft nur beschränkt realisiert wird.

Zur Gewährleistung der kognitiven Validität können sowohl theoretisch als auch empirisch fundierte Argumente herangezogen werden. Ein Verfahren, um die kognitive Validität einer Kompetenzmodellierung bereits in der Phase der Modellkonstruktion zu gewährleisten, ist die von Crandall, Klein und Hoffman (2006) beschriebene cognitive task analysis (CTA). Hierbei handelt es sich um unterschiedliche Analysezugänge, die dazu dienen, die kognitiven, aber auch manuellen Tätigkeiten, Abläufe und das jeweilige Wissen und Denken, das bei der Aufgabendurchführung benötigt wird, zu ermitteln. Ein solches Vorgehen kommt der Modellierung von Kompetenzen besonders entgegen, da diese sich ja qua Definition über typische Anforderungssituationen definieren (Weinert, 2001).

Die Überprüfung der kognitiven Validität bereits generierter Testitems kann darüber hinaus mithilfe der Beurteilungen von Expertinnen und Experten, also von solchen Personen, die umfangreiches und vertieftes Wissen über kognitive Prozesse bei der Aufgabenbearbeitung durch eigene Forschung oder Praxis besitzen, generiert werden (Rubio et al., 2003). Entsprechende Nachweise können aber auch durch eine Untersuchung der Bearbeitungsprozesse unter testnahen Bedingungen erzielt werden. Das geschieht in so genannten „cognitive labs" (Snow & Lohman 1989) mit Hilfe der Methode des Lauten Denkens oder stimulated-recall-Techniken (Ericsson & Simon 1993) oder mit der Aufzeichnung und Analyse von Augenbewegungen (z. B. Cohors-Fresenborg et al., 2003). Leighton und Gokiert (2005) nutzten Laute-Denk-Protokolle während der Aufgabenlösung und in einer retrospektiven Form, um die kognitive Validität von Items zur Messung von Logikkompetenzen bei Studierenden eines Einführungskurses in Wissenschaftstheorie zu überprüfen. Durch die Analysen konnten grundlegende Schwierigkeiten der Studierenden bei der Lösung der Logikaufgaben aufgedeckt werden (z. B. bei der Analyse der Aufgabenanforderungen und der Entwicklung eines mentalen Modells), die zu Anpassungen der Aufgabeninstruktion genutzt werden können.

3.3 Strukturelle Validierung

Der strukturelle Aspekt von Validität nach Messick bezieht sich darauf, ob das bei einer Messung explizit oder implizit zugrunde liegende Messmodell mit den Strukturen des Konstrukts übereinstimmt. Z. B. sollten die Verrechnungsprozeduren, die dazu führen, dass Bewertungen von Qualitätsindikatoren zu einem Gesamtscore zusammengefasst werden, auf Wissen darüber beruhen, wie die an diesen Verhaltensweisen beteiligten Prozesse in ihrem Zusammenwirken den festgestellten Effekt produzieren.

Messick (1995) versteht unter dem strukturellen Aspekt von Validität die Passung des „scoring models" zu den Strukturen des zu erfassenden theoretischen Konstrukts. Das scoring model definiert den Übergang von den Situationen bzw. Aufgaben zu einer zahlenmäßigen Repräsentation des hierbei auftretenden Verhaltens bzw. der auftretenden Lösungen (im Sinne eines Messprozesses). Im Rahmen der klassischen Testtheorie wäre hier also zu überprüfen, ob die Anzahl der Variablen (also die Dimensionalität des Messmodells) und die Bewertung und Gewichtung der Lösungen strukturell valide sind, also eine Passung zur theoretischen Struktur des zu messenden Konstruktes aufweisen. Dies wird meist dadurch geprüft, dass konkurrierende Messmodelle mit unterschiedlichen strukturellen bzw. dimensionalen Annahmen hinsichtlich ihrer Passung bzw. ihres „Fits" zu einem vorhandenen Datensatz und dessen empirischen Zusammenhängen verglichen werden; d. h. das Strukturmodell, dass den besten Fit bzw. die besten Fitkennwerte aufweist wird als valider als die Vergleichsmodelle bzw. als validestes Modell bezeichnet (Embretson & Reise, 2000).

Wenn Kompetenzmodellierung das Paradigma klassischer Testtheorie verlässt und sich probabilistischen Messmodellen mit manifesten und latenten Variablen zuwendet, muss man die Prüfung der strukturellen Validität auf die Charakteristika dieser Art der Messung ausdehnen. Die Frage der strukturellen Validität bezieht sich dann nicht mehr nur auf das scoring model, sondern auch auf das gewählte probabilistische Messmodell.

Psychometrische Ansätze der Kompetenzmodellierung und -messung grenzen sich von klassischen Konzepten der differentiellen Psychologie (z. B. der Intelligenzmessung) durch die Art und Weise ab, in der sie Anforderungen der Situationen einerseits und Eigenschaften von Individuen andererseits betrachten und aufeinander beziehen (McClelland, 1973; Hartig, 2008). Damit stehen solche Ansätze der Kompetenzforschung der Expertiseforschung und der fachdidaktischen Forschung näher als der Intelligenzforschung. Messmodelle, die so etwas leisten, beschreiben das Verhalten (Response) von Individuen bei bestimmten Situationen (Aufgaben, Items) in probabilistischer Abhängigkeit von Anforderungsmerkmalen der Situationen (Itemmerkmale) und Dispositionen der Personen (latente Personenmerkmale). Sie werden auch als „Probabilistische Testmodelle" oder „IRT-(Item-Response-Theory)-Modelle" bezeichnet. Ein solches probabilistisches Messmodell erlaubt die Messung von Aufgabenschwierigkeiten und Personenfähigkeiten auch bei nicht deterministischem Personenverhalten und wird daher grundsätzlich als strukturell passend zu den Grundannahmen der Kompetenzmodellierung angesehen: Eine latente Fähigkeit einer Person führt nicht immer zu demselben Verhalten, wohl aber zu einer Verhaltenstendenz, die durch eine situations- und personenspezifische Erfolgswahrscheinlichkeit beschrieben werden kann.

Das in diesem Zusammenhang beschriebene Rasch-Modell ist aber strukturell so stark vereinfachend, dass man plausibler weise kaum annehmen wird, dass es jegliche Art von Kompetenzen strukturell adäquat abbildet. Das ist auch nicht erforderlich, denn mittlerweile ist dieses Urmodell probabilistischer Kompetenzmessung um eine Vielzahl von Modellvarianten erweitert worden. Dabei werden prinzipiell drei unterschiedliche Typen von Modifikation unterschieden (Rost, 2004; DiBello et al., 2007):

1) Hinzunahme weiterer zu schätzender Parameter, die eine bessere Anpassung an die Daten ermöglichen (z. B. Rateparameter, die rein zufällig richtige Multiple-Choice-Antworten mitberücksichtigen, oder Trennschärfeparameter, die beschreiben, dass Items zwischen Personen hoher und niedriger Kompetenz unterschiedliche gut diskriminieren).
2) Erweiterung auf weitere (insbesondere auch kategoriale) Variablen (z. B. latente Variablen, die das Vorliegen oder Nichtvorliegen bestimmter Teilkompetenzen beschreiben oder die die Zugehörigkeit von Personen oder Aufgaben zu bestimmen Gruppen modellieren; im Sinne von latent-class-Modellen).
3) Strukturelle Modifikationen, z. B. hinsichtlich der Dimensionalität (z. B. als multidimensionales Latent-Variable-Modell) oder hinsichtlich des logischen Zusammenspiels der latenten Fähigkeiten bei der Aufgabenlösung (z. B. als hierarchisches Latent-Variable-Modell).

Mittlerweile stehen verschiedenste Modelle mit einer kaum überschaubaren strukturellen Vielfalt hinsichtlich Skalenniveau sowie Anzahl und strukturellem Zusammenspiel der Variablen zur Verfügung. Die Prüfung der strukturellen Validität bei der Wahl des Messmodells wird dadurch deutlich komplexer bzw. differenzierter; es geht nicht mehr nur um die Frage der Dimensionalität. Vielmehr hat man die Möglichkeit, aus der Vielfalt der Modelle die auszuwählen, die das Verhalten der Probanden auf eine möglichst passende Weise beschreiben und damit eine reliable und valide Messung der zu erfassenden Kompetenzen ermöglichen. Wenn eine solche Passung jedoch nicht exploratorisch durch Anpassung hinreichend vieler Parameter geschehen soll, braucht es a priori eine strukturelle Korrespondenz zwischen gewähltem psychometrischem Modell und dem zu modellierenden Kompetenzbereich (Rupp & Mislevy, 2007).

Hartig (2008) zählt einige wesentliche Kriterien für eine strukturell valide Modellwahl (also theoretische Validitätsargumente im Messick'schen Sinne) auf, welche sich auf die Passung zwischen theoretischem und psychometrischem Modell beziehen:

- Sind die latenten Personenvariablen eher als kontinuierlich (Skalen) oder als kategorial (Typen) anzunehmen?
- Wie viele unabhängig anzunehmende Teilkompetenzen sollen das Verhalten beschreiben, d. h. wie viele Dimensionen sind plausibel?
- Erfordern die Aufgaben jeweils nur eine Teilkompetenz (between-item dimensionality) oder müssen bei einigen Aufgaben Kompetenzen aus mehreren Dimensionen zusammenkommen (within-item dimensionality)?
- Können sich die Teilkompetenzen bei einer Aufgabe gegenseitig ersetzen oder ergänzen (kompensatorische Modelle) oder werden mehrere Teilkompetenzen zugleich benötigt, um die Aufgabe erfolgreich zu bewältigen (nicht-kompensatorische Modelle)?

Die strukturelle Passung zwischen theoretischem Kompetenzmodell und psychometrischem Messmodell ist also nicht primär eine Frage der (An)Passung eines vielparametrigen mathematischen Modells an gegebene Daten, sondern eine theoriegeleitete Entscheidung, die theoretisch wie empirisch auf ihre Validität geprüft werden kann. Ein theoretisches Argument für die strukturelle Validität kann darin bestehen, die Skalenqualität oder das Zusammenspiel der latenten Variablen mit dem Wissen um die kognitiven Prozesse bei der Aufgabenlösung zu begründen: Ist es beispielsweise plausibler anzunehmen, ein Kind habe entweder die Fähigkeit, bei der schriftlichen Addition Überträge zu berücksichtigen oder nicht? Oder gibt es diese Fähigkeit in graduellen Abstufungen? Ein empirisches Argument für die strukturelle Validität kann durch den Vergleich konkurrierender Modelle auf ihre Passung zu empirischen Daten gewonnen werden (siehe oben).

3.4 Verallgemeinerungsbezogene Validierung

Die inhaltliche Repräsentativität eines Tests gewährleistet, dass sich die Interpretation der Testergebnisse nicht nur auf die im Test enthaltenen Aufgaben bezieht, sondern auf das Konstrukt im Ganzen verallgemeinern lässt. Ein Ergebnis in z. B. einem inhaltsvaliden Sprachtest sollte also eine Aussage über die (fremd-)sprachliche Kompetenz im Allgemeinen zulassen. Ein typisches Problem bei einer zeitgebundenen Testung ist immer die Abwägung zwischen der Breite, in der man ein Konstrukt abdeckt, und der Tiefe (Genauigkeit). Für die Generalisierbarkeit der Ergebnisse ist eine Repräsentativität der Inhaltsbereiche, also eine breite Abdeckung, von Bedeutung. Der Aspekt der Generalisierbarkeit behandelt darüber hinaus Verallgemeinerungen der Testergebnisse über verschiedene Zeitpunkte, Situationen und Beurteiler.

Das Ziel einer Kompetenzmodellierung ist die Konstruktion eines möglichst allgemeingültigen Messmodells für einen bestimmten Kompetenzbereich, d. h. eines Instruments, welches eine Aussage treffen kann, die nicht von bestimmten Bedingungen des Konstruktionsprozesses abhängt. Zu diesen Bedingungen zählen unter anderem die Festlegung der Stichprobe, die Auswahl der Items aus einem möglichen Itemuniversum oder das Verfahren der Antwortbewertung (etwa durch Beurteiler). Die so genannte Generalisierbarkeitstheorie (Webb, Shavelson & Haertel, 2007) ermöglicht im Paradigma der klassischen Testtheorie eine Quantifizierung solcher unerwünschter Varianz und liefert so empirische Argumente für die Verallgemeinerbarkeit eines Konstruktes.

Im Zusammenhang mit der Verallgemeinerbarkeit wird oft die Stichprobenunabhängigkeit der Parameterschätzung bei IRT-Modellen genannt (z. B. bei Cavanagh, 2011, S. 112): Wenn das gewählte Modell sich empirisch an einem Datensatz bestätigt, so ergeben sich dieselben Werte für Personenfähigkeiten und Aufgabenschwierigkeiten, auch wenn man nur eine Teilmenge der Personen oder Items zur Schätzung heranzieht. Diese als „spezifische Objektivität" bezeichnete Eigenschaft erweist sich als Argument für die Fairness des Instruments und hat viele praktische Implikationen, wie z. B. die Reduktion von Testbelastungen oder die Erhöhung von Messgenauigkeit durch Multimatrixdesigns oder computeradaptives Testen (Frey, 2007). Es handelt es sich aber gewissermaßen nur um ein Argument für die Verallgemeinerbarkeit innerhalb der Modellierung, das nicht herangezogen werden kann, wenn man über die konkreten Items des Tests oder die Personen der Normierungsstichprobe hinausgeht. Auch die Analyse der Unabhängigkeit der Modellierung von speziellen Untergruppen (also z. B. Geschlecht oder Herkunft), wie sie bei einer IRT-Modellierung beispielsweise durch differential item functioning (DIF)-Analysen umgesetzt werden kann (Holland & Wainer, 1993), ist ein solches empirisches Argument für die Verallgemeinerbarkeit innerhalb der Erhebungspopulation. Es gibt allerdings keine Garantie dafür, dass ein Kompetenzmodell auch bei einer neuen Stichprobe oder bei einem Retest nach einer längeren Lernepisode strukturell stabil bleibt und sich daher für einen Gruppenvergleich oder eine Längsschnittmessung eignet. In der Frage der so genannten Robustheit von Kompetenzmodellen steht die Forschung daher noch am Anfang (vgl. Robitzsch, 2013).

3.5 Externe Validität

Der Aspekt der externen Validität bezieht sich vor allem auf hypothesenkonforme Zusammenhänge der Testergebnisse mit Außenkriterien. Die Zusammenhänge zwischen der Messung und externen Kriterien sollte den theoretisch erwarteten Zusammenhängen entsprechen (Kane, 2006). Dieser Validierungsaspekt entspricht somit der „klassischen" Kriteriumsvalidität, unter der die Vorhersage einer direkt beobachtbaren Verhaltensweise außerhalb der Testsituation – daher auch externe Validität – als Kriterium für die Gültigkeit eines Diagnoseverfahrens verstanden wird (Blickle, 2014). Je nach Verhaltensdomäne bzw. Konstrukt können unterschiedliche Arten an Kriterien herangezogen werden, und zwar Ergebniskriterien (z. B. Schulnoten oder die Anzahl von Vertragsabschlüssen), Verhaltenskriterien (z. B. Ausmaß und Art des Rückmeldeverhaltens von Lehrkräften oder Art und Qualität des kundenorientierten Verhaltens von Servicekräften) und Eigenschaftskriterien (z. B. die Arbeitsmotivation oder das Arbeitsengagement von Mitarbeitern). Ein Beispiel für eine Validierungsstudie im Hochschulsektor stellt die differenzielle Vorhersage von Studienerfolg durch Schulnoten in Abhängigkeit von ihrer Erfassung über Selbstberichte oder eine offizielle Mitteilung durch die Schule dar (Zwick & Himelfarb, 2011).

Im Falle der prognostischen Validität wird geprüft, inwieweit anhand von Testwerten späteres Verhalten oder Leistungen vorhergesagt werden können. Das Kriterium wird dabei zu einem späteren Zeitpunkt erhoben als der Testwert. Ein Beispiel hierfür stellt die Vorhersage von Studienerfolg anhand eines Studieneingangstests dar. Von spezifischem Interesse ist dabei häufig, inwieweit das Testverfahren hilfreich ist, wenn es zusätzlich zu bekannten Maßen eingesetzt wird (inkrementelle Validität). Im Falle von Studieneingangstests würde dann beispielsweise gefragt, inwieweit ihnen inkrementelle Validität in Ergänzung zur Abiturnote zukommt, die vergleichsweise leicht erhoben werden kann und deren prognostische Validität für Studienerfolg vielfach belegt ist.

Liegt externale bzw. kriteriale Validität vor, können also nicht nur Aussagen über die Gültigkeit eines Testverfahrens und die Generalisierbarkeit der mit ihm gewonnenen Ergebnisse gemacht werden, sondern es wird auch möglich, Prognosen oder Diagnosen in Bezug auf das Verhalten oder die Leistungsfähigkeit in zukünftigen Kontexten und Anforderungsbereichen zu machen. Der Grad, mit dem Kriterien aufgrund eines Testergebnisses prädiziert werden können, hängt dabei allerdings von der Objektivität und Reliabilität der Messung des Prädiktors sowie von der Objektivität, Reliabilität sowie Inhalts- und Konstruktvalidität des Kriteriums ab (Blickle, 2014).

Typische Probleme mit der Objektivität einer Kriteriumsmessung sind z. B. subjektive Urteilstendenzen (z. B. Halo-Effekte) von Fremdbeurteilungen.

Bezüglich der Reliabilität eines Kriteriums kann darüber hinaus problematisch sein, dass sich das Kriterium auf Verhaltensmaße bezieht, die nicht stabil sind, sondern im Zeitverlauf oder situationsabhängig variieren (z. B. die Art und Qualität der Klassenführung bei Lehrkräften). Ein typisches Problem der Konstruktvalidität ist schließlich, dass Leistungskriterien wie Schulnoten in der Regel das Resultat eines Zusammenspiels individuellen Leistungsverhaltens mit weiteren (z. B. umgebungsbezogenen) Einflussfaktoren sind und keine Theorie zu deren Zusammenwirken vorliegt.

Mit diesem letzten Problem ist zudem die generellere Herausforderung angesprochen, die inhaltliche Relevanz eines Kriteriums zu sichern. Mit Kriteriumsrelevanz ist das Ausmaß gemeint, in dem das Kriterium einen wichtigen Aspekt des Konstrukts erfasst, wenn beispielsweise die Kundenzufriedenheitsbewertung als Kriterium für die Serviceorientierung von Call-Center-Agenten verwendet wird (Marcus & Schuler, 2006). Ist der Merkmalsbereich durch das Kriterium nicht vollständig abgedeckt, spricht man von Kriteriumsdefizienz (a.a.O.). Ein Beispiel hierfür wäre, dass die angesprochene Kundenzufriedenheitsbewertung nicht erfasst, was der Call-Center-Agent vorbereitend oder im Anschluss an das Gespräch zur Erfüllung der Kundenwünsche tut. Spiegelt das Kriterium andere Merkmalsaspekte wieder als gemeint, indem Kundenzufriedenheitsbewertungen zu einem Call-Center-Agenten möglicherweise auch die Zufriedenheit des Kunden mit dem gesamten Unternehmen beinhalten, spricht man von Kriteriumskontamination (a.a.O.).

Speziell im Bereich der Kompetenzforschung, stellt sich als zusätzliche Herausforderung, dass zwar angenommen wird, Kompetenz unterliege als latente Disposition erfolgreichem Handeln in Realsituationen (Performanz), dass zwischen diesen beiden Merkmalen aber zahlreiche vermittelnde Prozesse stattfinden, die einen direkten Nachweis externaler Validität schwierig machen (Schaper, 2013). Wass et al. (2001) und Albino et al. (2008) haben daher einen vierschrittigen Validierungsprozess vorgeschlagen, der sequentiell Zwischenschritte wie kognitive Umstrukturierungen und unterschiedliche Rahmenbedingungen berücksichtigt und damit erfolgsversprechender zu sein scheint. Dieser Ansatz baut auf dem Konzept der Kompetenzpyramide nach Miller (1990) auf. Dieser Autor hat, aufbauend auf Taxonomien kognitiver Prozesse, den Grad der Authentizität der Kompetenzprüfung methodologisch zwischen vier Assessment-Formaten unterschieden, mit denen professionelle Kompetenz (hier speziell bei Medizinern) untersucht werden kann:

1) Wissentests, in denen die angehenden Mediziner das Vorhandensein von deklarativem Wissen (factual knowledge) demonstrieren (know);
2) Kompetenztests im engen Sinne, in denen das Vorhandensein von anwendungsbezogenem Wissen (applied knowlege) demonstriert werden muss (know how);

3) Performanztests, in denen die angemessene Umsetzung des Wissens situiert in repräsentativen berufsbezogenen Situationen (application of knowledge coupled with skills and the appropriate attitudes) demonstriert werden muss (show how); und
4) handlungsbezogene Tests, in denen die angemessene Umsetzung des Wissens unter Bedingungen des beruflichen Alltags demonstriert werden muss (does).

Diese vier Assessment-Formate können methodisch wie folgt umgesetzt werden (Wass et al., 2001; Albino et al., 2008):

1) In einem ersten Schritt wird kontextfrei das vorhandene, in der universitären Ausbildung erworbene (deklarative) Wissen erfasst (factual recognition). Dies kann mithilfe ökonomisch einsetzbarer Testverfahren, z. B. Multiple-Choice-Items, oder mithilfe schriftlicher bzw. mündlicher Erhebungsformate geschehen.
2) In einem zweiten Schritt geht es um die Untersuchung des Zusammenhangs zwischen deklarativem Wissen und dem stärker prozeduralisierten, anwendungsorientierten Wissen (capacity for context application). Dies kann über Testverfahren geschehen, die – noch immer standardisiert und in Form von Multiple-Choice-Items – die Wissensanwendung in typischen beruflichen Anforderungen situieren oder über das Verfassen freier Essays.
3) Einen weiteren Schritt näher an das tatsächlich zu erwartende Handeln kommen performance assessments in vitro, also Assessments unter kontrollierten Bedingungen. Hier sind Testteilnehmer gefordert, konkrete Lösungen für simulierte Alltagssituationen (zum Beispiel präsentiert in Form von Simulationen, Laborexperimenten oder über Videovignetten mit authentischen Szenen) zu generieren (siehe z. B. Blömeke et al., eingereicht). Hier schließt der Lösungsprozess die Wahrnehmung und Analyse der Situation sowie die Reaktion auf diese ein.
4) Erst im letzten Schritt geht es schließlich um den Zusammenhang zum tatsächlichen Handeln im beruflichen Alltag (performance assessment in vivo). Dabei wird eine holistische Betrachtung dessen vorgenommen, was gekonnt wird, beispielsweise dokumentiert über Videoaufnahmen und daran anschließende standardisierte Kodierungen und Bewertungen der Aufzeichnungen (siehe z. B. Vogelsang, 2014).

Von externer Validität spricht man im Messick'schen Verständnis außerdem dann, wenn ein Konstrukt in eine systematische theoretische und empirische Beziehung mit bestehenden Theorien und anderen Konstrukten gestellt wird (Messick, 1995). Die Überprüfung der so genannten konvergenten und diskriminanten Validität von Kompetenzmodellierungen ist Ausdruck des Bemühens um die Einbindung einer modellierten Kompetenz in ein so genanntes nomologisches Netz (Cronbach & Meehl, 1955). Konvergente Validität bezeichnet in diesem Zusammenhang den Grad, in dem ein Konstrukt von verschiedenen Verfahren übereinstimmend (konvergent) gemessen wird (z. B. durch zwei unterschiedliche Tests zur Erfassung des erziehungswissenschaftlichen Wissens in der Lehrerausbildung, vgl. Seifert & König, 2012). D. h. ein Konstrukt muss mit anderen Verfahren, welche auch dieses Konstrukt erfassen, ähnlich gemessen werden können wie mit dem zu validierenden Verfahren. Die konvergente Validität ergibt sich aus der Korrelation des Zielkonstrukts mit demselben Konstrukt anderer Verfahren, wobei sie somit möglichst hoch ausfallen sollte. Diskriminante Validität bezeichnet hingegen den Grad, in dem ein Verfahren zwischen verschiedenen Konstrukten diskriminiert, also unterscheidet (z. B. die Korrelation zwischen Intelligenz und Gewissenhaftigkeit). Das Kriterium der diskriminanten Validität fordert, dass sich das Zielkonstrukt von anderen Konstrukten unterscheidet (z. B. zwischen Konzentrationsfähigkeit und Intelligenz). Die diskriminante Validität berechnet sich aus der Korrelation zwischen dem Zielkonstrukt und anderen sich theoretisch deutlich unterscheidenden Konstrukten, wobei die entsprechenden Zusammenhänge also möglichst gering sein sollten. Wenn die diskriminante Validität zu hoch ist, ist das Zielkonstrukt daher nicht genügend von anderen Konstrukten abgegrenzt, woraus z. B. geschlossen werden kann, dass die Items des Tests im Sinne einer besseren Abgrenzung der diskriminanten Konstrukte überarbeitet werden sollten. Bei der Einordnung und Überprüfung eines Kompetenz-Konstrukts in ein nomologisches Netz werden somit Annahmen darüber formuliert, mit welchen anderen Variablen das zu erfassende Konstrukt in welchem Zusammenhang stehen sollte (Cronbach & Meehl, 1955). Das entsprechende Netzwerk umfasst somit Elemente des Bereichs der Theorie und des Bereichs der Beobachtung und besteht in der Regel nicht aus einer einfachen Korrelationsmatrix, da alle zu prüfenden Zusammenhänge und Effekte theoriegeleitet begründet und einzeln zu prüfen sind. Die empirische Prüfung erfolgt, indem die gerichteten oder ungerichteten Zusammenhänge des Testwertes mit anderen Variablen zum Beispiel manifest in Form von Korrelationsanalysen oder auf latenter Ebene in Form von Strukturgleichungsmodellen oder mehrdimensionalen IRT-Modellen untersucht werden (Hartig, 2013; siehe hierzu auch das Vorgehen bei der Multitrait-Multimethod-Methode zum Nachweis von konvergenter und diskriminanter Validität nach Campbell und Fiske,1959). Entspricht das Zusammenhangsmuster den theoretisch erwarteten Zusammenhängen, unterstützt dies sowohl die Interpretation der Testwerte bezogen auf das (Kompetenz-)Konstrukt als auch die bei der Spezifikation des nomologischen Netzes herangezogenen theoretischen Annahmen. Entspricht das Zusammenhangsmuster nicht dem theoretisch erwarteten, können die Testwerte nicht durch das angenommene Konstrukt erklärt werden oder die theoretischen Annahmen im nomologischen Netz sind (zumindest teilweise) falsch. Die Annahme der Validität einer Testwertinterpretation kann immer nur verworfen oder beibehalten, aber nicht abschließend belegt werden (Frey, 2013).

In diesem Sinne sollte im Kontext der Kompetenzforschung angestrebt werden, die bereits entwickelten Kompetenzmodellierungen zu vernetzen, und nicht etwa isolierte Kompetenzmodelle für immer neue Kompetenzfacetten zu entwickeln und nebeneinander zu stellen. Dabei könnte es z. B. um solche Frage gehen, inwieweit Kompetenzdimensionen aus großen Survey-Studien mit Kompetenzstrukturmodellen aus enger fokussierenden Studien zusammenhängen, oder welche Beziehungen zwischen Kompetenzmodellen für fachliche und überfachliche Konzeptualisierungen verwandter Kompetenzen bestehen (also z. B. zwischen mathematischem Problemlösen und Metakognition oder figuralem Denken)?

3.6 Konsequentielle Validierung

Der Aspekt der „consequential validity" bezieht sich darauf, ob die angestrebten Effekte der durchgeführten Diagnose eingetreten und ob nichtintendierte Wirkungen ausgeblieben sind, und dies sowohl kurz- als auch langfristig. Im Rahmen des Messick'schen Validitätsansatzes nimmt dieser Aspekt eine große Bedeutung ein. Validität ist in diesem Zusammenhang immer auch die empirische Evidenz dafür, dass die Interpretation der Ergebnisse und die daraus abgeleiteten Konsequenzen angemessen sind.

Da Kompetenzmodelle und -messinstrumente nicht nur im Bereich der Grundlagenforschung eingesetzt werden, sondern zunehmend auch zur Erhebung und Rückmeldung von Leistungen im Schulsystem, lässt die von Messick (1995) angemahnte argumentative und empirische Prüfung ihrer jeweils in Anspruch genommenen Ziele und Wirkungen bedeutender denn je erscheinen. In Deutschland werden Kompetenzmodelle und -messinstrumente zurzeit vor allem im Kontext folgender Bereiche eingesetzt bzw. genutzt (vgl. Helmke & Hosenfeld, 2005; Klieme, Hartig & Rauch, 2008):

- Bildungsmonitoring auf Systemebene
- Rückmeldung von Leistungsdaten auf Klassen- und Schulebene mit dem Ziel der Schul- und Unterrichtsentwicklung
- Professionalisierung im Sinne der Förderung diagnostischer Kompetenzen von Lehrkräften
- Unterstützung individueller Diagnose zur Vorbereitung pädagogischer Förderentscheidungen

Eine Bedrohung der konsequentiellen Validität wird z. B. darin gesehen, dass die Zielsetzung eines Verfahrens oftmals zu breit definiert bzw. angenommen werden:

„Often a single assessment is used for multiple purposes; in general, however, the more purposes a single assessment aims to serve, the more each purpose will be compromised. For instance, many state tests are used for both individual and program assessment purposes. This is not necessarily a problem, as long as assessment designers and users recognize the compromises and trade-offs such use entails" (Pellegrino et al., 2001, S. 161).

Zur konsequentiellen Validität einer Kompetenzmodellierung zählt mithin die Passung des gewählten Kompetenzmodells und der mit ihm möglichen Aussagen zu den intendierten Nutzungsweisen. Diese Passung kann bereits bei der Modellkonstruktion berücksichtigt werden (vgl. Hartig, 2008; Rupp & Mislevy, 2007).

Das wohl am weitesten in den Unterricht reichende Format von Kompetenzmodellierungen findet man bei den unterschiedlichen Formen von zentralen Lernstandserhebungen bzw. Vergleichsarbeiten (Helmke & Hosenfeld, 2005). Auch wenn diese nicht die weitreichenden Konsequenzen fordern, die mit analogen Testungen in den Vereinigten Staaten verbunden sind, so sind die erwünschten und unerwünschten Rückwirkungen auf Schule und Unterricht doch in der Diskussion (z. B. Altrichter, 2010). Mit der Kompetenzmodellierung verbunden werden bisweilen recht weitreichende Annahmen über die Möglichkeiten einer darauf aufbauenden Unterrichtsentwicklung (z. B. Peek & Dobbelstein, 2006). Entsprechende Analysen zeigen allerdings, dass die Wirkungen solcher zentraler Kompetenzerhebungen eher gering bis zweifelhaft sind. So erfassten beispielsweise Wacker und Kramer (2012) die Einschätzungen von Lehrkräften in Baden-Württemberg (n>700) zu den wahrgenommenen Funktionen zentraler Lernstandserhebungen jeweils zu Beginn und vier Jahre nach ihrer Einführung. Sie fanden einen signifikanten Wechsel von einer anfänglichen Zustimmung zu einer Ablehnung der Aussage, Lernstandserhebungen böten einen Orientierungsrahmen zur Unterrichtsplanung, zur Leistungsbeurteilung und zum Erkennen von Lernrückständen.

Ein möglicher Grund für eine entsprechend geringe konsequentielle Validität dieser Ansätze kann in der mangelnden Passung der Kompetenzmodellierung und insbesondere der Rückmeldeformate zu den Bedürfnissen und Kompetenzen der Lehrkräfte liegen: Die zum Zwecke des Klassenvergleichs in der Regel eindimensional angelegten Kompetenzmodelle werden bei der Rückmeldung zwar durch inhaltlich beschriebene Kompetenzstufen ergänzt. Lehrkräfte erhalten aber hierdurch oft keine hinreichend spezifischen Impulse für ihre Unterrichtsgestaltung.

Der Aspekt der konsequentiellen Validität ist – darauf sei abschließend hingewiesen – der umstrittenste – nicht nur, weil dieser schwierig empirisch zu prüfen ist und sich nicht gut in das Rational der Konstruktvalidität einpasst. Die konsequentielle Validität nimmt die Testentwicklung auch ein Stück weit in Haftung für den späteren Einsatz ihrer Tests. Man will damit zumindest erreichen (vgl. Kane, 2013), dass eine Unterstützung des Testeinsatzes in der Praxis durch die ursprünglichen Testentwickler gefordert wird – ggf. auch noch lange nachdem diese das Projekt beendet haben. Die Betonung dieses Validitätsaspekts lässt sich möglicherweise vor dem Hintergrund der zahlreichen negativen Erfahrungen erklären, die in den USA mit Testprogrammen gemacht wurden (Blömeke, 2013). Eine Reihe von Autoren (z. B. Borsboom et al., 2004; Scriven, 2010) widersprechen daher insbesondere dem Einbezug konsequentieller Validitätsaspekte, da die Forderung, Konsequenzen eines Testeinsatzes in die Validierung einschließen zu müssen, manche Validierungen praktisch undurchführbar mache. Zudem könne eine missbräuchliche Verwendung niemals ausgeschlossen werden.

4 Fazit

Als Fazit kann festgehalten werden, dass es im Zusammenhang mit der Kompetenzmodellierung und -messung angemessener erscheint, nicht von der Validität eines Kompetenztests zu sprechen, sondern jeweils die Validität verschiedener Interpretationen von Testergebnissen zu betrachten. Für eine Validierung eines Kompetenzmodells und des entsprechenden Tests gilt es daher zunächst zu spezifizieren, auf welche Interpretationen eines Testergebnisses sich die intendierte Validität bezieht.

Generell ist in diesem Zusammenhang festzustellen, dass Testergebnisse bzw. auch individuelle Testwerte in vielfältiger Weise interpretiert werden können, was in Bezug auf die Qualitätssicherung von Tests dazu führt, dass auch die möglichen Strategien zur Validierung entsprechender Interpretationen vielfältig sind. Bei der Entwicklung eines Kompetenztests steht man daher vor der Frage, wie man mit diesen vielfältigen Anforderungen der Validierung umgehen soll; denn für jede mögliche Interpretation und Verwendung eines Testergebnisses Argumente oder empirische Belege zu erbringen, ist ein sicherlich wünschenswertes, aber oftmals unrealistisches Unterfangen. In der Regel lässt sich jedoch relativ leicht entscheiden, welche Interpretationen und Verwendung für einen Test besonders relevant und zentral sind. Hieraus lassen sich Prioritäten ableiten, welche Validierungsstrategien am dringlichsten verfolgt werden sollten (vgl. Hartig et al., 2008). Bei der Entwicklung und dem Einsatz eines Kompetenztests sollte daher sichergestellt sein, dass die jeweils wichtigsten Interpretationen der Testergebnisse empirisch gestützt sind. Kritisch und vorsorglich sollte aber auch diskutiert werden, welche Interpretationen der Testergebnisse nahe liegend oder wünschenswert sind, zum gegenwärtigen Zeitpunkt aber noch nicht als gestützt durch entsprechende Evidenzen betrachtet werden können.

In vielen Beiträgen dieses Bandes kommt ein solches interpretationsspezifisches Vorgehen zur Validierung von Testinstrumenten zum Ausdruck. In unterschiedlichen Konstellationen werden mindestens vier der sechs Aspekte des umfassenden Validitätsverständnisses nach Messick (1995) konzeptionell dargelegt oder geprüft. Diese Beispiele eignen sich darum als abschließende, detaillierte Illustrationen der hier vorgenommenen Auseinandersetzung mit dem Validitätsbegriff und können zum gezielten Lesen der entsprechenden Beiträge anregen.

Brückner, Zlatkin-Troitschanskaia & Förster (in diesem Band) berufen sich auf das hier vorgestellte Validitätsverständnis und betonen, dass sich die Sicherstellung der Validität auf den gesamten Prozess der Testentwicklung beziehen muss. In ihrem KoKoHs Projekt (WiWiKom) steht dabei das Ziel einer internationalen Vergleichbarkeit von Testwertinterpretationen im Mittelpunkt. Die Gültigkeit international vergleichender Testwertinterpretationen wurde in sechs Abschnitten der Instrumentenentwicklung mit jeweils spezifischen Strategien sichergestellt, die vier der sechs Aspekte des Messick'schen Validitätsverständnisses zugeordnet werden können. So konzentrieren sich die Abschnitte „domain analysis" und „assessment implementation" auf die inhaltliche Validierung und die Abschnitte „domain modeling", „Assessment frameworks" sowie „assement implementation" schwerpunktmäßig auf die kognitive Validierung. Der Abschnitt „assessment delivery" deckt die strukturellen und verallgemeinerungsbezogen Validitätsaspekte ab.

Der Beitrag von Ştefănică, Behrendt, Dammann, Nickolaus & Heinze (in diesem Band) konzentriert sich mit Analysen der Modulhandbücher auf die Inhaltsvalidierung und leitet aus aktuellen Kompetenzmodellierungen in beruflichen Domänen kognitive Strukturen ab, die einer empirischen Prüfung zugänglich sind. Ähnlich verfahren Musekamp & Spöttl (in diesem Band).

Bei Musekamp, Schlömer & Mehrafza (in diesem Band) wird die kognitive Validität des Tests über die Vorhersage von Itemschwierigkeiten mittels theoretisch hergeleiteter Itemmerkmale geprüft. Saniter (in diesem Band) hingegen wählt einen anderen Weg und untersucht die empirischen Antworten von Studierenden auf offene Testaufgaben, um aus den gewählten Lösungsansätze Rückschlüsse auf die zugrunde liegenden Denkprozesse zu ziehen. Beide Ansätze der kognitiven Validierung sind insbesondere für Testwertinterpretationen geeignet, die individuelle Rückmeldungen über Stärken und Schwächen von Studierenden erlauben sollen.

Literatur

Abs, H. J. (2007). Überlegungen zur Modellierung diagnostischer Kompetenz bei Lehrerinnen und Lehrern. Frankfurt: Deutsches Institut für Internationale Pädagogische Forschung.

Albino, J. E., Young, S. K., Neumann, L. M., Kramer, G. A., Andrieu, S. C., Henson, L., Horn, B. & Hendricson, W. D. (2008). Assessing Dental Students' Competence: Best Practice Recommendations in the Performance Assessment Literature and Investigation of Current Practices in Predoctoral Dental Education. Journal of Dental Education, 72, 1405–1435.

Altrichter, H. (2010). Schul- und Unterrichtsentwicklung durch Datenrückmeldung. In: Herbert Altrichter und Katharina Maag Merki (Hrsg.), Handbuch Neue Steuerung im Schulsystem. Wiesbaden: Verlag für Sozialwissenschaften 2010, S. 219 – 254.

Blickle, G. (2014). Leistungsbeurteilung. In Nerdinger, F., Blickle, G. & Schaper, N. (2011). Lehrbuch Arbeits- und Organisationspsychologie, (S. 271–290). Heidelberg, Berlin, New York: Springer.

Blömeke, S. (2013). Validierung als Aufgabe im Forschungsprogramm „Kompetenzmodellierung und Kompetenzerfassung im Hochschulsektor" (KoKoHS Working Papers, 2). Berlin & Mainz: Humboldt-Universität & Johannes Gutenberg-Universität.

Blömeke, S., Busse, A., Suhl, U., Kaiser, G., Benthien, J., Döhrmann, M. & König, J. (eingereicht). Entwicklung von Lehrpersonen in den ersten Berufsjahren: Längsschnittliche Vorhersage von Unterrichtswahrnehmung und Lehrerreaktionen durch Ausbildungsergebnisse. Zeitschrift für Erziehungswissenschaft.

Blömeke, S. & Zlatkin-Troitschanskaia, O. (2013). Kompetenzmodellierung und Kompetenzerfassung im Hochschulsektor: Ziele, theoretischer Rahmen, Design und Herausforderungen des BMBFForschungsprogramms KoKoHs (KoKoHs Working Papers, 1). Berlin & Mainz: Humboldt-Universität & Johannes Gutenberg-Universität.

Borowski, A., Neuhaus, B. J., Tepner, O., Wirth, J. & Fischer, H. et al. (2010). Professionswissen von Lehrkräften in den Naturwissenschaften (ProwiN) – Kurzdarstellung des BMBF-Projekts. Zeitschrift für Didaktik der Naturwissenschaften 16, 341–348.

Borsboom, D., Mellenbergh, G. J., & Van Heerden, J. (2004). The concept of validity. Psychological Review, 111, 1061–1071.

Bortz, J. & Döring, N. (2006). Forschungsmethoden und Evaluation für Human- und Sozialwissenschaftler. Heidelberg: Springer.

Büchter, A. & Pallack, A. (2012). Zur impliziten Standardsetzung durch zentrale Prüfungen – methodische Überlegungen und empirische Analysen. Journal für Mathematik-Didaktik, 33 (1), 59–85.

Campbell, D. T., & Fiske, D. W. (1959). Convergent and discriminant validation by the multitrait-multimethod matrix. Psychological Bulletin, 56, 81–105.

Cavanagh, R. F. (2011). Establishing The Validity of Rating Scale Instrumentation in Learning Enviornment Investigations. In R. F. Cavanagh and R. F. Waugh (Ed.), Applications of Rasch Measurement in Learning Environments Research, pp. 101–118. Rotterdam, Netherlands: Sense Publishers.

Cohors-Fresenborg, E., Brinkschmidt, S., & Armbrust, S. (2003). Augenbewegungen als Spuren prädikativen oder funktionalen Denkens. Zentralblatt für Didaktik der Mathematik, 35(3), 86–93.

Crandall, B., Klein, G. & Hoffman, R. R. (2006). Working Minds: A Practitioner's Guide To Cognitive Task Analysis. Cambridge, MA: MIT Press.

Cronbach, L. J. & Meehl, P. E. (1955). Construct validity in psychological tests. Psychological Bulletin, 52, 281–302.

DiBello, L. V., Roussos, L. A., & Stout, W. (2007). Review of cognitively diagnostic assessment and a summary of psychometric models. In: C. R. Rao & Sinharay (Hrsg.). Handbook of Statistics (pp. 979–1030). New York: Elsevier.

Embretson, S. E. & Reise, S. (2000). Item response theory for psychologists. Mahwah, NJ: Erlbaum Publishers.

Ericsson, K. A., & Simon, H. A. (1993). Protocol analysis: Verbal reports as data. Cambridge, MA: MIT Press.

Frey, A. (2007). Adaptives Testen. In: Moosbrugger, H. & Kelava, A. (Hrsg.), Testtheorie und Fragebogenkonstruktion (S. 261–278). Berlin: Springer.

Frey, A. (2013). Validität. Eröffnungsvortrag im Rahmen des KoKoHs-Rundgesprächs zu Validität und Validierung am 14. März 2013 an der Humboldt-Universität zu Berlin.

Hartig, J. (2008). Psychometric Models for the Assessment of Competencies. In: Hartig, J., Klieme, E., & Leutner, D. (Hrsg.) Assessment of competencies in educational contexts. Cambridge, Mass. u. a.: Hogrefe.

Hartig, J. (2013). Workshop „Konstruktvalidität" im Rahmen des KoKoHs-Rundgesprächs zu Validität und Validierung am 14./15. März 2013 an der Humboldt-Universität zu Berlin.

Hartig, J., Frey, A. & Jude, N. (2012). Validität. In H. Moosbrugger & A. Kelava (Hrsg.), Test- und Fragebogenkonstruktion. (S. 143–171). Berlin: Springer.

Hartig, J. & Jude, N. (2007). Empirische Erfassung von Kompetenzen und psychometrische Kompetenzmodelle. In J. Hartig & E. Klieme (Hrsg.), Möglichkeiten und Voraussetzungen technologiebasierter Kompetenzdiagnostik- Eine Expertise im Auftrag des Bundesministeriums für Bildung und Forschung, 17–36. Bonn: BMBF.

Helmke, A. & Hosenfeld, I. (2005). Ergebnisorientierte Unterrichtsevaluation. In: Interkantonale Arbeitsgemeinschaft Externe Evaluation von Schulen (Hrsg.), Schlüsselfragen zur externen Schulevaluation (S. 127–151). Bern: h.e.p.-Verlag.

Holland, P. W. & Wainer, H. (1993). Differential item functioning. Hillsdale, NJ: Lawrence Erlbaum.

Howell, K. W. & Nolet, V. (2000). Tools for assessment. In Howell, K. W. & Nolet, V. (Eds.), Curriculum-Based Evaluation, Teaching and Decision Making. Scarborough, Ontario: Wadsworth/Thompson Learning.

Jenßen, L., Dunekacke, S. & Blömeke, S. (2014). Qualitätssicherung in der Kompetenzforschung: Standards für den Nachweis von Validität in Testentwicklung und Veröffentlichungspraxis.

Kane, M. (1992). An argument-based approach to validation. Psychological Bulletin, 112, 527–535.

Kane, M. T. (2001). Current concerns in validity theory. Journal of Educational Measurement, 38(4), 319–342.

Kane, M. (2006). Validation. In R. Brennan (Ed.), Educational measurement (pp. 17–64). Westport, CT: American Council on Education and Praeger.

Kane, M. T. (2013). Validation as a Pragmatic, Scientific Activity. Journal of Educational Measurement, 50(1), 115–122.

Klieme, E., Hartig, J., Rauch, D. (2008). The concept of competence in educational contexts. In Hartig, Johannes et al. (Eds): Assessment of competencies in educational contexts (S. 3–22). Göttingen: Hogrefe.

Klieme, E. & Leutner, D. (2006). Kompetenzmodelle zur Erfassung individueller Lernergebnisse und zur Bilanzierung von Bildungsprozessen. Beschreibung eines neu eingerichteten Schwerpunktprogramms der DFG. Zeitschrift für Pädagogik 52, 876–903.

Seifert, A. & König, J. (2012). Pädagogisches Unterrichtswissen – bildungswissenschaftliches Wissen. Validierung zweier Konstrukte. In J. König & A. Seifert (Hrsg.), Lehramtsstudierende erwerben pädagogisches Professionswissen: Ergebnisse der Längsschnittstudie LEK zur Wirksamkeit der erziehungswissenschaftlichen Lehrerausbildung (S. 215–233). Münster: Waxmann.

Kunina-Habenicht, O., Lohse-Bossenz, H., Kunter, M., Dicke, T. Förster, D., Gößling, J., Schulze-Stocker, F., Schmeck, A., Baumert, J., Leutner, D. & Terhart, E. (2012). Welche bildungswissenschaftlichen Inhalte sind wichtig in der Lehrerbildung? Ergebnisse einer Delphi-Studie. Zeitschrift für Erziehungswissenschaft, 15(4), 649–682.

Lee, J., & Corter, J. E. (2011). Diagnosis of Subtraction Bugs Using Bayesian Networks. Applied Psychological Measurement, 35(1), 27–47.

Leighton, J. P. und Gokiert, R. J. (2005). Investigating Test Items Designed to Measure Higher-Order Reasoning using Think-Aloud Methods: Implications for Construct Validity and Alignment. Paper presented at the Annual Meeting of the American Educational Research Association (AERA), Montreal, Quebec, Canada.

Leuders, T. (2014). Modellierungen mathematischer Kompetenzen – Kriterien für eine Validitätsprüfung aus fachdidaktischer Sicht. Journal für Mathematikdidaktik

Lienert, G. & Raatz, U. (1994). Testaufbau und Testanalyse. Weinheim: Beltz.

Marcus, B. & Schuler, H. (2006). Leistungsbeurteilung. In H. Schuler (Hrsg.), Lehrbuch Personalpsychologie (S. 433–470). Göttingen: Hogrefe.

McClelland, D. C. (1973). Testing for competence rather than for intelligence. American Psychologist, 28, 1–14.

Messick, S. (1989). Validity. In R. L. Linn (Ed.), Educational measurement (pp. 13–103). New York, NY: American Council on Education and Macmillan.

Messick, S. (1995). Validity of psychological assessment: Validation of inferences from persons' responses and performances as scientific inquiry into score meaning. American Psychologist, 50, 741–749.

Miller, G. E. (1990). The Assessment of Clinical Skills/Competence/Performance. Academic Medicine. Journal of the Association of American Medical Colleges, 65, 63–67.

Peek, R. & Dobbelstein, P. (2006). Zielsetzung: Ergebnisorientierte Schul- und Unterrichtsentwicklung. Potenziale und Grenzen der nordrheinwestfälischen Lernstandserhebungen. In Böttcher, W., Holtappels, H. G. & Brohm, M. (Hrsg.), Evaluation im Bildungswesen; Eine Einführung in Grundlagen und Praxisbeispiele (S. 177–194). Weinheim und München, Juventa.

Pellegrino, J; Chudowsky, N., & Glaser, R. (eds) (2001). Knowing what students know: The science and design of educational assessment. Washington, DC: National Academy Press.

Robitzsch, A. (2013). Wie robust sind Struktur- und Niveaumodelle? Wie zeitlich stabil und über Situationen hinweg konstant sind Kompetenzen? Zeitschrift für Erziehungswissenschaft, 16, 41–45.

Rost, J. (2004). Lehrbuch Testtheorie – Testkonstruktion. Bern, Göttingen: Huber.

Rubio, D. M., Berg-Weger, M., Tebb, S. S., Lee, E. S., & Rauch, S. (2003). Objectifying content validity: Conducting a content validity study in social work research. Social Work Research, 27, 94–104.

Rupp, A. A. & Mislevy, R. J. (2007). Cognitive foundations of structured item response theory models. In J. Leighton & M. Gierl (Eds.), Cognitive diagnostic assessment in education: Theory and applications (pp. 205–241). Cambridge: Cambridge University Press.

Schaper, N. (2009). Aufgabenfelder und Perspektiven bei der Kompetenzmodellierung und messung in der Lehrerbildung. Lehrerbildung auf dem Prüfstand, 2(1), 166–199.

Schaper, N. (2012). Fachgutachten zur Kompetenzorientierung in Studium und Lehre. Bonn: Hochschulrektorenkonferenz – nexus.

Schaper, N. (2013). Workshop „Externe Validität" im Rahmen des KoKoHs-Rundgesprächs zu Validität und Validierung am 14./15. März 2013 an der Humboldt-Universität zu Berlin.

Scriven, M. (2010). Rethinking evaluation methodology. Journal of Multi-Disciplinary Evaluation, 6 (13), i–ii.

Shavelson, R. J. (2010). On the measurement of competency. Empirical research in vocational education and training 2(1), 41–63.

Snow, R. E. & Lohman, D. F. (1989). Implications of cognitive psychology for educational measurement. In R. L. Linn (Hrsg.), Educational measurement (S. 263–331). New York: American Council on Education and Mac Millan Publishing Company.

Vogelsang, C. (2014). Validierung eines Instruments zur Erfassung der professionellen Handlungskompetenz von (angehenden) Physiklehrkräften – Zusammenhangsanalysen zwischen Lehrerkompetenz und Lehrerperformanz. Unveröffentl. Dissertationsschrift, Fakultät für Naturwissenschaften, Universität Paderborn.

Wacker, A. & Kramer, J. (2012). Vergleichsarbeiten in Baden-Württemberg. Zur Einschätzung von Lehrkräften vor und nach der Implementation. Zeitschrift für Erziehungswissenschaften, 15(4), 683–706.

Wass, V., Van der Vluten, C., Shatzer, J., & Jones, R. (2001). Assessment of clinical competence. Lancet, 357, 945–949.

Webb, N. M., Shavelson, R. J. & Haertel, E. H. (2007). Reliability and Generalizability Theory. In Rao, C. R. Handbook of Statistics.

Weinert, Franz E. (2001): Concept of Competence: A Conceptual Clarification. In Rychen, D. S. & Salganik, L. (Hrsg.), Defining and Selecting Key Competences (S. 45–65). Seattle: Hogrefe & Huber.

Zwick, R. & Himelfarb, I. (2011). The Effect of High School Socioeconomic Status on the Predictive Validity of SAT Scores and High School Grade-Point Average. Journal of Educational Measurement, 48, 101–121.

Georg Spöttl

Lernen und Kompetenzentwicklung in einem ingenieurwissenschaftlichen Fach – eine didaktische Grundlegung

Die Ausführungen im Artikel haben den Anspruch, eine didaktische Grundlegung für ingenieurwissenschaftliche Fächer aufzuzeigen. Dabei wird hervorgehoben, dass zwar das Lehren und Lernen in Hochschulen verstärkt Gegenstand der Diskussion ist, jedoch detailliertere fachdidaktische Fragen ingenieurwissenschaftlicher Fächer nach wie vor nicht diskutiert werden. Auch fehlt es an Arbeiten, die sich mit der Beziehung von Kompetenzfeststellverfahren und der Fachdidaktik beschäftigen, um daraus Erkenntnisse für eine das Lernen unterstützende Lehre zu gewinnen. Als Anregung werden deshalb Leitlinien für eine fachdidaktische Grundlegung formuliert.

This article aims at illustrating the didactical basis for subjects of engineering sciences. It will be emphasized that teaching and learning already is a subject of discussion in Universities. On the other hand, however, detailed specialist didactical questions of the subjects of engineering sciences are still not adequately discussed. In addition there is a lack in papers dealing with the interrelationship of competence appraisal procedures and specialist didactics which could yield insights for the development of teaching methods enhancing learning. Therefore guidelines for specialist didactical basics will be formulated as suggestions.

1 Einleitung

Auffällig bei den momentanen Reformen an Hochschulen ist die zunehmende Fokussierung auf die Qualität der Lehre. Ursache dafür dürfte sein, dass sich die Hochschulen zunehmend als Organisation und nicht mehr als isoliert operierende Fakultäten verstehen. „Der tief greifende Prozess der Hochschulreformen soll unter anderem eine Transformation der Universitäten von lose gekoppelten Systemen in kooperative Akteure bewirken, die eine Voraussetzung für strategiefähiges Handeln und Ergebnisverantwortung darstellt" (Brockmann, Dietrich & Pilmok, 2014, S. 41). Diese Entwicklung wird von der Exzellenzinitiative aber auch von der europäischen und deutschen Forschungsförderung gefordert und honoriert. Es zeichnet sich durch diese Initiativen deutlich ab, dass vor allem Universitäten als Organisationen nicht nur im Bereich der Forschung von Bedeutung sind, sondern eine Erweiterung um die Lehre Gegenstand des Managements ist. Die Hervorhebung der Lehre in diesem Prozess kann durchaus als Chance bewertet werden, die Entwicklung einer Didaktik für ingenieurwissenschaftliche Disziplinen voran zu treiben, die einzelne Fächer in den Blick nimmt und auf diesem Niveau auch als Fachdidaktik bezeichnet werden kann. Dabei muss zunächst das Augenmerk auf wesentliche Entwicklungslinien einer ingenieurwissenschaftlichen Didaktik und deren Fachdidaktiken gerichtet werden. Es soll deshalb ein Beitrag geleistet werden, die mehr oder weniger existierende Sprachlosigkeit der ingenieurwissenschaftlichen Disziplinen bei didaktischen Fragestellungen überwinden zu helfen.

2 Vorüberlegungen zu einer Didaktik

„Didaktik"[1] (der Begriff kommt aus dem Griechischen und bedeutet so viel wie lehren, unterrichten, auseinandersetzen, beweisen) in der Lehre an Hochschulen ist eine Thematik, die immer wieder mal diskutiert, aber bisher genauso schnell wieder an die Seite geschoben wurde. Ein Beleg für den in der Vergangenheit geringen Stellenwert der Didaktik ist die Tatsache, dass die in den 1970er-Jahre an vielen Hochschulen gegründeten „Didaktischen Zentren" sich nur selten durchsetzen konnten und ziemlich lautlos wieder verschwunden sind. Diese Situation scheint sich nun wiederum zu verändern. Dazu tragen Initiativen bei, die politisch motiviert sind, wie beispielsweise der „Qualitätspakt Lehre" des Bundesministeriums für Bildung und Forschung, der verstärkte Blick auf eine „Lehrkompetenz" bei Berufungen und die immer stärker werdende Diskussion zum Thema „Forschendes Lernen" wozu es in jüngster Vergangenheit Veröffentlichungen gibt, die oft umschrieben werden mit „Scholarship of Teaching and Learning" (vgl. Huber et al., 2014a; Huber, Kröger & Schelhowe, 2013; Huber, Hellmer & Schneider, 2009; Schaper, 2012). Obwohl es so scheint, dass die Hochschullehre vermehrt zum Forschungsgegenstand wird, um ausgehend von den gewonnenen Erkenntnissen über Qualitätsverbesserungen in der Lehre nachzudenken, wird es noch ein langer Weg sein, um eine erfolgreiche didaktische Durchdringung der Lehrinhalte einzelner Disziplinen erreichen zu können. Voraussetzung dafür sind didaktische Theoriekonzepte, die noch nicht in Sicht sind.

Von außen betrachtet sind derzeit drei Entwicklungsrichtungen ersichtlich, die alle eines gemeinsam haben, nämlich die Qualität der Lehre verbessern zu wollen:

---

1 In „Theorien und Modelle der Didaktik" zeigt Blankertz (1971) in einem weit gespannten Bogen auf, in welcher Weise sich die Bedeutung des Wortes „Didaktik" im Laufe von etwa 2500 Jahren verändert hat. Eingang in die Pädagogik findet die Didaktik endgültig durch Amos Comenius, nachdem er 1632 die „Didactica Magna" heraus gab.

1. Großprojekte des Bundes, die auf die Lehre, das Lehrpersonal, die Lehrmodi, die Rahmenbedingungen der Lehre und die Studierenden zielen.
2. Projekte, die von verschiedenen Trägern gefördert werden und über Kompetenzfeststellverfahren versuchen herauszufinden, an welchen Stellen mit Hilfe einer gezielten Lernförderung angesetzt werden soll, um die Lernerfolge zu verbessern.
3. Projekte, die entweder von außen gefördert oder von den Hochschulen von innen heraus betrieben werden mit dem Ziel, forschendes Lernen zu initiieren und die dafür notwendigen Rahmenbedingungen zu schaffen.

Bei allen drei Entwicklungsrichtungen dominiert das „Lehren und Lernen" in dieser Reihenfolge und nicht umgekehrt. Lehren ist das, was von den Dozenten mit Priorität organisiert wird. Dabei steht die traditionelle Stoffvermittlung im Mittelpunkt. Ob im Rahmen der geplanten Lehre das Lernen erfolgreich stattfinden kann, wird weniger bedacht. Das hat damit zu tun, dass gerade in den Ingenieurwissenschaften die Dozenten zwar in ihrer Fachdisziplin hoch qualifiziert sind aber keine Lern- oder Bildungstheorien kennen gelernt haben. Die dritte Entwicklungslinie signalisiert allerdings auch die Möglichkeit einer Umkehrung hin zu „Lernen und Lehren". Hier sollen Projekte so geplant werden, dass das Lernen, das forschende Lernen im Mittepunkt steht. Dabei rücken Fragestellungen in den Vordergrund, die das Lernen der Studierenden an erster Stelle fördern und zum Ziel haben, das Lehren darauf auszurichten.

Didaktik als eine „Theorie des Lehrens und Lernens" ist bei der Planung hochschulischer Veranstaltungen kaum im Blick, weshalb diese Kategorie an dieser Stelle aufgegriffen und der Versuch einer didaktischen Grundlegung für „Lehren und Lernen" von Hochschulen unternommen wird. Anknüpfungspunkt soll dabei der Ansatz „Scholarship of Teaching and Learning" sein.

3 Scholarship of Teaching and Learning

Der Ansatz „Scholarship of Teaching and Learning" bietet am ehesten Anknüpfungspunkte für didaktische Überlegungen in der Hochschullehre. Bevor im Einzelnen darauf eingegangen wird, folgt eine kurze Erläuterung dieses Ansatzes. Forschung zur Lehre und zum Lernen gewinnt – wie bereits erwähnt – besonders in den Fachdisziplinen inzwischen an Bedeutung. Einer der Gründe für die zahlreichen Initiativen in ingenieurwissenschaftlichen Studiengängen sind die nach wie vor hohen Abbruchquoten. Ein anderer Grund ist, dass die Studierendenzahlen in den letzten Jahren stark gestiegen sind und dieser Sachverhalt eine verbesserte Lehre erfordert, eine Lehre, die trotz der hohen Zahlen dem einzelnen Studierenden die Möglichkeit einer gewissen Individualisierung eröffnet. Zugleich soll die Chance verbessert werden, auch Prüfungen in schwierigen ingenieur- und naturwissenschaftlichen Fächern zu bestehen.

Der Ansatz „Scholarship of Teaching and Learning bedeutet [...] die wissenschaftliche Befassung von Hochschullehrenden in den Fachwissenschaften mit der eigenen Lehre und/ oder dem eigenen institutionellen Umfeld durch Untersuchungen und systematische Reflexionen" (Huber et al., 2014b, S. 7). Absicht ist dabei, Ergebnisse und Erkenntnisse öffentlich zu machen, um einen Erfolgsaustausch zu initiieren. Huber führt in oben genannter Quelle (a.a.O., S. 9) eine Kategorisierung des „Scholarship of Teaching and Learning" ein, die hier aufgegriffen wird:

> „a. Studierendenforschung: Untersuchungen zu Situation, Voraussetzungen, Studienverhalten und -verläufen etc. von Studierenden im eigenen Fachgebiet.
> b. Didaktische Diskussion: Sichtung und Erörterung didaktischer Diskussionen und Befunde in der Literatur zu Hochschuldidaktik, Lehr- und Lernforschung usw.
> c. Didaktische Diskussion und didaktische Lehrveranstaltungskonzepte: dasselbe, aber fortgeführt zur Begründung und Beschreibung eines Konzepts oder Programms für Lehrveranstaltung(en) im eigenen Bereich; jedoch noch ohne Durchführung.
> d. Didaktische Forschung: Untersuchungen zur Verbreitung von Lehr-/Lern-Konzepten, didaktischen Ideen oder Orientierungen u.ä.
> e. Innovationsbericht: Erfahrungsbericht aus der Durchführung einer didaktischen Innovation, Maßnahme oder eines Experiments, der mindestens Konzept, Verlauf und Evaluation wiedergibt.
> f. Begründeter Innovationsbericht: dasselbe, aber erweitert um eine breitere theoretische Begründung oder Ableitung des Vorgehens und/ oder eine umfassendere empirische Evaluation."

Die Bedeutung der Didaktik wird in drei der sechs Kategorien besonders betont, wobei in zweien eine direkte Verbindung zu Lehrveranstaltungen mit Fragen zum Lehren und Lernen hergestellt wird. Bevor diese Kategorien weiter aufgegriffen und vertieft werden, wird erst genauer geklärt, welches Didaktikverständnis im Artikel verfolgt wird.

4 Didaktik – ein Verständigungsrahmen

Der Begriff Didaktik wurde über Jahrzehnte umfassend diskutiert und je nach Verständnis von Lehren und Lernen und vertretener Lehre oder Wissenschaftspositionen definiert. Die Auffassungen dazu unterscheiden sich erheblich. Abhängig von den vertretenen Modellen werden sehr unterschiedliche Definitionen von Didaktik benannt, weshalb es keine geschlossene Formulierung zum Begriff und Verständnis von Didaktik gibt. Häufig wird auch die Auffassung vertreten, dass eine Definition dem Begriff der Didaktik nicht gerecht werden kann und auch gar nicht zu erfassen vermag.

Hintergrund dieser Situation ist, dass die dominierenden didaktischen Ansätze und Modelle wie (vgl. Kath 1983, S. 116)

- Normative Didaktik (vorherrschend bis ins 19. Jahrhundert, Hauptvertreter: nicht zu benennen),
- Bildungstheoretische Modelle (in der Diskussion seit mehr als 150 Jahren, Vertreter: Erich Weniger, Wolfgang Klafki),
- Lerntheoretische Modelle (in der Diskussion seit 1962, Hauptvertreter: Paul Heimann, Gunter Otto, Wolfgang Schulz),
- Informationstheoretische Modelle (in der Diskussion seit 1962, Vertreter: Felix von Cube) und
- Curriculare Modelle (in der Diskussion seit 1967, Hauptvertreter: Saul B. Robinsohn)

beeinflusst sind von den geschichtlichen Voraussetzungen, den kulturellen und industriellen Entwicklungen sowie den politischen Strukturen einer Gesellschaft. Es ist anzunehmen, dass eine Veränderung gesellschaftlicher Strukturen dazu führt, dass sich die didaktischen Modelle und deren Konzeptionen mit verändern. Das macht es besonders schwierig, für die Lehre an Hochschulen einen allgemeingültigen Didaktik-Begriff zu definieren. Es werden jedoch viele Fragen an die Lehre, an die Lehrmodelle und an die Qualität der Lehre gerichtet, was ganz eindeutig auf eine hohe Dynamik zurückzuführen ist, mit welcher die Lehre an Hochschulen derzeit konfrontiert wird. Deshalb muss es bei Überlegungen für eine Didaktik an Hochschulen – oder mit einem anderen Begriff: einer Hochschuldidaktik – darum gehen, zu klären, was eine solche Didaktik einerseits übergreifend und andererseits mit Blick auf einzelne Disziplinen wie beispielsweise den Maschinenbau bezwecken soll. Eine Didaktik, die sich auf Fragestellungen einer Disziplin oder eines Faches konzentriert, sollte als Fachdidaktik bezeichnet werden und sich sehr genau mit Fragestellungen auseinander setzen, die dieses Fach betreffen und zur Gestaltung einer hochwertigen Lehre beitragen können. Analysiert man didaktische Modelle und Veröffentlichungen zur Didaktik einzelner Disziplinen, die beispielsweise den Maschinenbau zum Gegenstand hat, also die Fachdidaktik des Maschinenbaus, so wird man in der Berufsbildung fündig (vgl. Klafki, 1963; Kath, 1983; Bonz & Lipsmeier, 1981; Bader & Bonz, 2001; Bonz, 2009) aber kaum im Hochschulwesen. Einer der wenigen aktuelleren Bände der veröffentlicht wurde und Projektbeispiele in den Ingenieurwissenschaften darstellt, sagt bei den einzelnen Projekten kaum etwas aus zu didaktischen Überlegungen (vgl. Pritschow 2005). Umfängliche Literatur ist zu generellen Fragen von Technik und deren Didaktik veröffentlicht, aber in der Regel auch mit dem Blick auf die Berufsbildung und vorberufliche Bildung. Geht es um Fragen der Medienstützung der Lehre beispielsweise durch Digitale Medien, durch Simulation, durch Software und ähnliches, dann verbessert sich die Literaturlage erheblich (vgl. Laurillard, 2005; Schelhowe, 2007). Allerdings stehen dabei vor allem methodische Überlegungen und verschiedene Lernformen im Mittelpunkt, ohne eine didaktische oder gar fachdidaktische Grundlegung aufzugreifen.

Aus den verschiedenen einschlägigen Quellen lassen sich nachstehende Kategorien als für die Lehre besonders relevant zusammenfassen:

- Sinn von Normen für Unterricht beziehungsweise Lehre,
- Bildungsziele und -ideale,
- Bildungs- und Unterrichtsinhalte,
- Lehrpläne, Rahmenlehrpläne, Curricula,
- Unterrichtsziele,
- Erreichen der Unterrichtsziele,
- Kompetenzentwicklung,
- Voraussetzungen/Rahmenbedingungen für den Unterricht,
- Unterrichtsorganisation und Entscheidungen dazu,
- Methoden im Unterricht, Unterrichtsverfahren und Sozialformen,
- Unterrichtskontrolle zum Erreichen der Ziele,
- Kompetenzfeststellungen.

Es wird schnell deutlich, dass die Frage nach einer Didaktik, einer Fachdidaktik und einem Verständnisrahmen für eine Didaktik bereits wesentliche und konkretere Punkte für eine Lehre benennt, als die Topics b, c und d der „Kategorisierung des Scholarship of Teaching and Learning" (siehe oben) dies tun. Geht es beim „Scholarship of Teaching and Learning" noch um die Benennung von Aufgaben wie das Identifizieren von bisherigen Befunden zur Didaktik, um Konzepte zu Lehrveranstaltungen und Forschung zum Lehren und Lernen, so ist das hier zugrunde gelegte Verständnis von Didaktik enger gefasst. Die im Scholarship-Konzept genannten Punkte benennen in erster Linie Schwerpunkte, deren Erforschung ansteht, um die Lehre in den Hochschulen weiter zu entwickeln und zu verbessern. Bei der Liste der „Kategorien für Lehre" hingegen geht es um ganz konkrete Punkte der Gestaltung von Lern- und Lehrprozessen, der Inhalte, der Bildungs- und Lernziele, der zu erreichenden Kompetenzen u. a. Dazu muss zum einen mit Blick auf die Fächer, also aus fachdidaktischer Perspektive geforscht werden und zum anderen an einem hochschuldidaktischen Rahmen gearbeitet werden, der die Qualitätsorientierung der Lehre zum Gegenstand hat.

An eine Didaktik werden sowohl fachspezifische als auch allgemeine und gesellschaftliche Ansprüche gestellt. Grund ist, dass die Fachwissenschaften allein die Lehre in den jeweiligen Fächern nicht mehr ausreichend legitimieren können. Im Rahmen einer Hochschuldidaktik und vor allem Fachdidaktik müssen deshalb die fachlichen Bedingungen und die Auswirkungen des Faches auf die Lern- und Lebenssituationen berücksichtigt werden. Für die Fachdidaktik in ingenieurwissenschaftlichen Fächern gilt deshalb: „Technische Rationalität muss [...] neben den eigentlichen technischen

Bezügen die Auswirkungen der Technik auf die Situation der Menschen aufgreifen" (Bonz & Lipsmeier, 1981, S. 4). In Fächern des Maschinenbaus ist das ein nicht unerheblicher Faktor, weil über die verschiedenen Optionen der Gestaltung von Technik zu entscheiden ist. Dabei sind die Implikationen für die gesellschaftlichen Entwicklungen, der Einfluss auf die arbeitsorganisatorischen Gestaltungsmöglichkeiten und die Relevanz ethischer Grundsätze der Technikgestaltung zu bedenken und zu klären. Es reicht also nicht, wenn sich eine Fachdidaktik im Maschinenbau und den zugehörigen Fächern wie bspw. der Technischen Mechanik allein auf didaktisch-methodische Fragen konzentriert und maschinenbautechnische Probleme beim Vermittlungsprozess favorisiert. Es ist unbedingt ein erweitertes Verständnis des Faches notwendig wie beispielsweise die Betrachtung der Auswirkungen auf eine menschengerechte Gestaltung der Technik und die Gestaltung der Interaktion zwischen Mensch und Maschine in dem Sinne, dass der Mensch die Maschine beherrschen lernt. Von diesen Überlegungen sind alle Fächer betroffen, ob Mathematik, ob Physik, ob Technische Mechanik u. a., weil sie grundlegenden Anteil an der Gestaltung von Technik haben.

Bei einer Fachdidaktik, die sich auf Lernen und Lehren konzentriert, geht es darum, die Bedingungen, Voraussetzungen und Intentionen von Unterricht genauer zu überlegen und in die Planungen mit einzubeziehen. Diese, auf die Lehre und das Lernen bezogene Perspektive muss erweitert werden um Fragen nach der Auswahl von Inhalten, nach der Gestaltung von Inhalten, nach der Gestaltung der Beziehung zwischen Mensch und Maschine und nach den Implikationen der Technikgestaltung auf die Lebensbedingungen. Der kleinste Nenner einer Definition von Fachdidaktik wäre demnach, dass es sich um eine Wissenschaft handelt, die sich auf die Frage konzentriert, wie sich das Lehren und Lernen aufeinander so beziehen, dass es erfolgreich ist. Erfolgreich ist dabei in dem Sinne zu verstehen, dass der Vermittlungsprozess die Beherrschung der disziplinären Anforderungen sicher stellt und die Gestaltung der Beziehung von Mensch und Maschine so vermittelt, dass der Mensch die Maschine nach ethischen Grundsätzen zu gestalten in der Lage ist. Die Kategorien des „Scholarship of Teaching and Learning" verweisen auf eine ausgeprägte Forschungsperspektive, um die für Lehren und Lernen relevanten Parameter zu erschließen. Dieses ist ein sehr wichtiges Vorhaben, um eine Grundlegung für eine Hochschuldidaktik zu schaffen. Ein weiterer Schritt muss auf die Fachdisziplinen ausgerichtet sein und die Forschungsergebnisse sollten dafür genutzt werden, fachdidaktische Theorien für das Lernen und Lehren zu formulieren, die bis zur Gestaltung konkreter Lerneinheiten reichen und deren Planung und Umsetzung unterstützen. Die oben angeführten Kategorien zeigen, dass bei der Klärung fachdidaktischer Fragen sowohl die Inhalte als auch die Curricula und das gesellschaftliche

Umfeld einschließlich der Wirkungen von Lernen und Lehren mit in den Blick genommen werden müssen.

5 Auf dem Weg zu einer ingenieurwissenschaftlichen Didaktik

Wie bereits hervorgehoben, spielt die Lehre und deren Qualitätsverbesserung eine zunehmend wichtigere Rolle an Hochschulen und es sind deutliche Trends ablesbar, dieses zu einer institutionellen Angelegenheit und damit in erster Linie zu einer Sache der Fakultäten und Fachbereiche zu machen. Auf der anderen Seite findet eine hochschuldidaktische Entwicklung statt, die auf dem Weg ist, „eine ganze Reihe von zu rezipierenden allgemeinen Überlegungen zum Lehren, Lernen und Prüfen in der Hochschule" (Brockmann et al., 2014, S. 43) anzustellen, aber bisher kaum zu fachspezifischen Überlegungen vorgedrungen ist. Allerdings, und daran ist erkennbar, dass eine Umsteuerung stattfindet, sind „die Verfechter einer ‚reinen Wissenschaftslehre', die in ihrer Entwicklung nur wissenschaftsimmanenten Gesetzmäßigkeiten zu folgen hat" (Schelhowe, 2013, S. 11), zunehmend in der Minderheit. Die inhaltliche Auseinandersetzung mit hochschuldidaktischen Fragen steht jedoch erst am Anfang und erfreuliche Initiativen zum forschenden Lernen wie beispielsweise an der Universität Bremen (vgl. Huber et al., 2013) demonstrieren, dass Lernformen, die das Subjekt, den Lerner im Zentrum haben, auch an Universitäten implementiert werden können. Solche Initiativen liefern erste Anknüpfungspunkte für eine Diskussion hochschul- und fachdidaktischer Ansätze. Lehrende in Ingenieurswissenschaften und den dazugehörigen Fächern setzen sich jedoch bisher kaum mit Fragen einer fachspezifischen Didaktik auseinander. Bisher fehlen dazu die notwendigen theoretischen und praktischen Fundamente und die Dozenten sind als Fachexperten nicht jedoch als Didaktiker qualifiziert. Deshalb sind die in Kapitel 3 genannten Kategorien des „Scholarship of Teaching and Learning" hoch relevant, weil darin die zu erforschenden Felder genannt sind, um eine hochschuldidaktische Forschung zu etablieren, die im Zusammenspiel mit den Fächern auch fachdidaktische Fragen beantworten kann. In diesem Kapitel sollen deshalb erste Leitlinien für eine Fachdidaktik aufgezeigt werden, welche die übergreifenden Kategorien aus Kapitel 3 und 4 einschließen und gleichzeitig auf die fachspezifische Ausrichtung einer Didaktik als Fachdidaktik verweisen. Dabei werden acht Diskussionsfelder aufgemacht.

5.1 Anforderungen an eine ingenieurwissenschaftliche Fachdidaktik

Es steht außer Frage, dass in den Ingenieurwissenschaften die Inhalte einzelner Disziplinen und Fächer der zentrale Gegenstand jeglichen Vermittlungsprozesses sind. Eine Fachdidaktik soll die dafür notwendigen Hilfsmittel liefern. Zwei zentrale Aussagen sind in diesem Verständnis enthalten:

a) Es ist studentisches Lernen zu initiieren, das zu einer hohen Qualität von Lernergebnissen führt und
b) um dieses zu erreichen, muss der Vermittlungs- und Lernprozess durch die Gestaltung geeigneter Lernprozesse unterstützt werden.

Bei a) geht es vor allem darum, Studenten zu motivieren und Modi des Lernens anzuwenden, die dem Lernenden Möglichkeiten einräumen, Inhalte selbstständig und beispielsweise forschend zu erschließen und trotzdem über eine gründliche Reflexion eine hohe Qualität des Erlernten zu garantieren. Dafür geeignete „Instrumente" bedürfen noch der weiteren Diskussion mit Blick auf studentisches Lernen in Hochschulen. Stehen bei a) die Inhalte im Mittelpunkt, so geht es bei b) um den zentralen Vermittlungs- und vor allem Lernprozess. Hier stehen methodische Fragen zur Klärung an und diese sind wiederum abhängig von den angestrebten Lernzielen und dem erwarteten Lernergebnis mit Bezug zu konkreten Inhalten. Die Methoden können sehr vielfältig gewählt werden, was voraussetzt, dass bei Lehrenden didaktische Kenntnisse vorhanden sind, die im Entscheidungsprozess genutzt werden können. Besonders wichtig ist bei den methodischen Entscheidungen, nicht nur Klarheit über die erwarteten Lernergebnisse zu haben, sondern auch bewerten zu können, was mit bestimmten Methoden erreichbar ist. Jede methodische Entscheidung hat immer auch Einfluss auf das Lernverhalten der Studierenden und hat Implikationen für den Lernprozess. Deshalb ist mit diesen Entscheidungen sorgfältig umzugehen.

5.2 Nicht Lehren, sondern Lernen ist in den Mittelpunkt zu rücken

Der universitären Lehre liegt in zahlreichen Fächern ein einfaches Lehrmodell zugrunde, das vom Senden für einen Empfänger ausgeht. Ziel ist im Regelfall beim Lehrenden, Stoff zu vermitteln, oder besser, zu transportieren. Das Stoffvolumen, die Stoffpakete und die Art der Präsentation sind allein von den Überlegungen der Lehrenden abhängig, die sich wiederum von ihrem Verständnis der Struktur der Stoffinhalte leiten lassen. Die Lernvoraussetzungen der Studierenden werden nur wenig mit bedacht. Dieses objektivistische Verständnis der Lehre gilt es zu überwinden, indem das Subjekt, also die Studierenden als Lerner, mit ins Kalkül gezogen werden. Schnell stellt sich dann die Frage, wie ein Lernprozess vonstatten geht und wie dieser unterstützt werden kann, wenn Wissensaufbau im Sinne einer Wissenskonstruktion durch den Lernenden stattfinden soll. Um diesen Schritt zu gehen, kommt es zuallererst darauf an, dass sich die Lehrenden auf den Perspektivwechsel vom Lehren hin zum Lernen einlassen. Das hat bereits erheblichen Einfluss auf die Planung und Ausgestaltung von Lehrveranstaltungen. Die Fragen nach der Stoffaufbereitung, der Gestaltung der Lehrveranstaltung oder des Seminars, der Methodenwahl, der einzusetzenden Sozialformen und Medien muss in diesem Falle vollkommen anders beantwortet werden als bei einer traditionell angelegten Lehre (vgl. Blumschein, 2014).

Für die Lehrperson bedeutet dieser Perspektivwechsel einen markanten Rollenwechsel. Nicht mehr das Vortragen, das Präsentieren, das Darstellen steht im Mittelpunkt, sondern es geht um Initiieren, Motivieren, Unterstützen, Anregen, Flankieren und Beraten, ohne dass es zu Einschränkungen in der Qualität des Erlernten kommt. Um dieses veränderte Lernen fördern zu können, ist eine Fachdidaktik zu entwickeln, die den Lehrenden unterstützt und durch die er Hilfe für die Gestaltung des Lernprozesses erhält.

5.3 Methodische Entscheidungen

Bei der Planung einer Lehrveranstaltung kann aus einem umfassenden Methodenrepertoire gewählt werden (z. B. Vorlesung, selbständiges Arbeiten, Stillarbeit, Problemlösen, Simulation, Projektmethode usw.). Die Entscheidung für eine bestimmte Methode hängt vor allem davon ab, welche Rolle den Lernenden zugedacht ist. Der Lehrende braucht also Einsicht in die Leistungsfähigkeit verschiedener Methoden. Mit Blick auf eine Fachdidaktik an Hochschulen sind die verschiedenen Methoden erst noch gründlich zu erforschen.

5.4 Lernorientierte Arbeitsformen

Eine Entscheidung zugunsten lernorientierter Arbeitsformen ist abhängig von der Zielgruppe. Es ist genau zu prüfen, welche Möglichkeiten dafür bestehen (bei Großvorlesungen dürfte das schwierig sein), wie Unterlagen und Aufgabenstellungen für die Studierenden aufbereitet werden sollen und welche Sozialformen tragfähig sind. Bei Anwendung lernorientierter Arbeitsformen ist der Vorbereitungsaufwand sehr groß, weil beispielsweise zielgruppengerechte Lernmaterialen zu erarbeiten sind. Zudem nimmt die Intensität der Betreuung zu, weil es mehr und sehr spezifische Fragen der Lernenden gibt.

5.5 Medieneinsatz

Der Einsatz von Medien zur Unterstützung der Visualisierung ist eng an die Methode geknüpft. Je nach angewandter Methode ist zu entscheiden, welche Medien den Lernprozess unterstützen können und sollen. Dafür kommt das gesamte Spektrum von e-learning, blended learning, virtuelles Lernen bis hin zu Power-Points, Overheadprojektoren, Filmen, Papier und Tafel mit Kreide in Frage. Ausgewählt werden muss jedes Medium unter dem Gesichtspunkt einer geeigneten Unterstützung des Lernprozesses, der nach den Lernzielen ausgerichtet ist. Geht es beispielsweise darum, dass in der Technischen Mechanik Kräfte in einem Fachwerk analysiert und freigeschnitten werden sollen, dann kann geprüft werden, ob eine optisch und didaktisch gut aufbereitete Filmsequenz womöglich eine überzeugende Zusammenfassung dieses Vorgangs liefert, der vorher konventionell mit Tafel und Kreide bearbeitet wurde.

5.6 Lernkontrollen

Lernkontrollen sind fester Bestandteil aller Lernprozesse und es stehen dafür verschiedene Formen zur Verfügung. An Hochschulen dominieren bisher Tests, die auf eine Wissensabfrage zielen. Ändern sich die Lern- und Lehrformen, dann ist auch zu klären, welche Lernkontrollen dafür geeignet sind. Dieses Feld, das umfassender mit Kompetenzerfassung oder -feststellung umschrieben wird, wird derzeit in verschiedenen Forschungsprogrammen (z. B. im KoKoHs-Programm des BMBF) bearbeitet, um weitergehende Instrumente für Lernkontrollen verfügbar zu haben, als dieses traditionell üblich ist.

5.7 Kompetenz als Ergebnis von Lehr-Lernprozessen

In der Kompetenzforschung der vergangenen Jahre spielt neben der Kompetenzmodellierung und den Messverfahren die Rückkopplung von Testergebnissen in die pädagogische Praxis eine wichtige Rolle. Für die Hochschulen ist ein guter Beleg für diese Zielsetzung das KoKoHs-Programm des Bundesministeriums für Bildung und Forschung, zu dem auch das KOM-ING-Projekt zählt, das im vorliegenden Band in mehreren Artikeln diskutiert wird. Allerdings, das lässt sich so pauschal feststellen, ist bisher die Rückkopplung der Ergebnisse und vor allem deren Nutzung zur Gestaltung der Lehr-Lern-Prozesse noch in den Anfängen. Einer der Gründe dafür sind fehlende didaktische Ansätze, die aufzeigen, wie Testergebnisse zur Unterstützung des Lernens genutzt werden können. Zur Sicherung der Güte von Bildungsprozessen sind jedoch Erkenntnisse aus Testergebnissen von hohem Interesse, um Lernprozesse positiv zu beeinflussen. An dieser Stelle ist eine enge Zusammenarbeit zwischen Didaktikexperten und Kompetenzmessern notwendig, um die Rückkopplungsprozesse im Sinne erfolgreichen Lernens zu gestalten. Für ein ingenieurwissenschaftliches und fachdidaktisches Gesamtkonzept erfordern diese Bausteine eine weitere Ausdifferenzierung und Präzisierung. Einige Erkenntnisse lassen sich aus der vorliegenden Literatur verwandter Disziplinen generieren und zur Klärung hochschuldidaktischer Fragen nutzen. Andere sind, so wie Huber et al. (2014, S. 9) festgestellt haben, erst noch zu erforschen (vgl. Kapitel 3 in diesem Artikel).

5.8 Lernorte

Für erfolgreiches Lernen sind auch die Lernorte von großer Bedeutung. Bei einer lernorientierten Lehre ist das Beziehungsgeflecht Großvorlesung,

Vorlesung, Seminar, Labor usw. zu überprüfen und es ist herauszuarbeiten, wie Lernen in den unterschiedlichen Situationen so unterstützt werden kann, das die definierten Lernziele erreicht werden. Hier Antworten zu geben erfordert Forschung, weil in Hochschulen die Frage nach den Lernorten nur selten genauer diskutiert wird.

6 Zusammenfassung

Die Ausführungen haben den Anspruch, eine didaktische Grundlegung mit Blick auf ingenieurwissenschaftliche Fächer zu schaffen. Das dürfte in Ansätzen gelungen sein. Es wird aber auch deutlich, dass zwar einerseits Lehren und Lernen in Hochschulen verstärkt Gegenstand der Diskussion sind und derzeit durch verschiedene Programme verschiedenste Modelle des Lernens stark gefördert und auch vorangetrieben werden. Sobald jedoch nach Ansätzen gesucht wird, die sich detaillierter mit fachdidaktischen Fragen ingenieurwissenschaftlicher Fächer beschäftigen, wird man nicht fündig. Bisher gibt es kaum gründlichere Arbeiten, die sich mit theoriegeleiteten didaktischen Modellen der Hochschullehre beschäftigen und konkrete Hilfestellungen zur Gestaltung der Lehre geben. Auch fehlt es an Arbeiten, die sich mit der Beziehung von Kompetenzfeststellverfahren und der Fachdidaktik beschäftigen, um daraus Erkenntnisse für eine das Lernen unterstützende Lehre zu gewinnen. Im KoKoHs-Programm wurden drei Projektansätze entwickelt, die sich mit der Kompetenzmessung in ingenieurwissenschaftlichen Fächern beschäftigen. Diese Ergebnisse werden in weiteren Artikeln im vorliegenden Band aufgegriffen.

Literatur

Blankertz, H. (1971). Theorien und Modelle der Didaktik. München: Juventa.

Bader, R.; Bonz, B. (Hrsg.) (2001). Fachdidaktik Metalltechnik. Baltmannsweiler: Schneider Verlag.

Bonz, B. (Hrsg.) (2009). Didaktik und Methodik der Berufsbildung. Baltmannsweiler: Schneider Verlag.

Bonz, B. & Lipsmeier, A. (Hrsg.) (1981). Beiträge zur Fachdidaktik Maschinenbau. Stuttgart: Holland + Josenhaus Verlag.

Brockmann, I.; Dietrich, J.-H. & Pilnick, A. (1914). Von der Lehr- zur Lernorientierung – auf dem Weg zu einer rechtswissenschaftlichen Fachdidaktik. In: L. Huber et al. (Hrsg.) (2014): Forschendes Lehren im eigenen Fach. Scholarship of Teaching and Learning in Beispielen. Bielefeld: W. Bertelsmann Verlag, S. 37–58.

Blumschein, P. (Hrsg.) (2014). Lernaufgaben – Didaktische Forschungsperspektiven. Bad Heilbrunn: Verlag Julius Klinkhardt.

Huber, L.; Pilniok, A.; Sethe, R.; Szczyrba, B. & Vogel, M. (Hrsg.) (2014a). Forschendes Lehren im eigenen Fach. Scholarship of Teaching and Learning in Beispielen. Bielefeld: W. Bertelsmann Verlag.

Huber, L.; Kröger, M.; Schelhowe, H. (Hrsg.) (2013). Forschendes Lernen als Profilmerkmal einer Universität. Beispiele aus der Universität Bremen. Bielefeld: Universitäts Verlag Webler.

Huber, L.; Hellmer, I. & Schneider, F. (Hrsg.) (2009). Forschendes Lernen im Studium. Aktuelle Konzepte und Erfahrungen. Bielefeld: Universitäts Verlag Webler.

Huber, L.; Pilniok, A.; Sethe, R.; Szczyrba, B. & Vogel, M. (2014b). Mehr als ein Vorwort: „Typologie des Scholarship of Teaching and Learning". In: L. Huber et al. (Hrsg.) (2014): Forschendes Lehren im eigenen Fach. Scholarship of Teaching and Learning in Beispielen. Bielefeld: W. Bertelsmann Verlag, S. 7–17.

Kath, F. M. (1983). Einführung in die Didaktik. Alsbach: Leuchtturm Verlag.

Klafki, W. (1963). Studium zur Bildungstheorie und Didaktik. Weinheim: Beltz Verlag.

Laurillard, D. (2005). Rethinking University Teaching. A conversational framework for the effective use of learning technologies. London and New York:Routledge/Falmer.

Mende, P. (2011). Didaktik – eine Lehrbuchwissenschaft. In: O. Zlatkin-Troitschanskaia (Hrsg.), Stationen empirischer Bildungsforschung. Traditionslinien und Perspektiven. Wiesbaden: VS Verlag, S. 168–178.

Pritschow, G. (Hrsg.) (2005): Projektarbeiten in der Ingenieurausbildung. Sammlung beispielgebender Projektarbeiten an Technischen Universitäten in Deutschland. acatech. Stuttgart: Fraunhofer IRB Verlag.

Schaper, N. (2012). Fachgutachten zur Kompetenzorientierung in Studium und Lehre. HRK: Hochschulrektorenkonferenz.

Schelhowe, H. (2007). Technologie, Imagination und Lernen. Grundlagen für Bildungsprozesse mit Digitalen Medien. Münster u. a.: Waxmann.

Teil 2:
Anforderungen an (angehende) Ingenieure und Kompetenzmodelle

Part 2:
Requirements for (prospective) engineers and corresponding competence models

Frank Musekamp, Georg Spöttl, Mostafa Mehrafza

„Modellierung und Messung von Kompetenzen der Technischen Mechanik in der Ausbildung von Maschinenbauingenieuren (KOM-ING)[1]" – Forschungsdesign

Eine wichtige Voraussetzung zur Verbesserung von Lehre in der deutschen Ingenieurausbildung ist die Kenntnis über die Art und Höhe der im Zuge akademischen Lernens erworbenen Kompetenzen. Die Messung von Kompetenzen ist deshalb ein wichtiges Forschungsdesiderat. In diesem Beitrag wird ausgehend vom Forschungsstand ein Kompetenzmodell zur Technischen Mechanik (TM) theoretisch hergeleitet und das Forschungsdesign zum Projekt „Modellierung und Messung von Kompetenzen der Technischen Mechanik in der Ausbildung von Maschinenbauingenieuren (KOM-ING)" vorgestellt. Ziel des Projekts ist die Entwicklung und Validierung des Kompetenzmodells mithilfe von zwei zu entwickelnden Testinstrumenten.

Knowledge of the kind and amount of competences acquired during academic learning is an important prerequisite for the improvement of teaching in German engineering education. Thus the measurement of competences is an important research desideratum. Based on the state of the research, this article will theoretically deduce a competence model for Engineering Mechanics. Furthermore the research design for the project "Modeling and measurement of competences in Engineering Mechanics during the training of mechanical engineers (KOM-ING)" will be presented. The project aims at developing and validating the competence model with the aid of two test instruments to be developed.

1 Einleitung

Grundlage für die wirtschaftliche Prosperität Deutschlands als rohstoffarmes Land ist unter anderem eine ausreichende Zahl hoch qualifizierter (Maschinenbau)Ingenieure, deren hochschulische Ausbildung eine besondere Bedeutung zukommt. Wenngleich bisher kein akuter Ingenieursmangel diagnostiziert wird, ist durch demografischen Wandel und zeitweilig absolventenschwache Jahrgänge in den Ingenieurswissenschaften mittelfristig ein Mangel an technischen Akademikern zu erwarten (Biersack, Kettner & Schreyer, 2007). Diesem zukünftigen Bedarf steht mit 34 % eine überproportional

---

1 Dieses Vorhaben wird aus Mitteln des Bundesministeriums für Bildung und Forschung unter dem Förderkennzeichen 01PK11012A gefördert. Die Verantwortung für den Inhalt dieser Veröffentlichung liegt bei den Autoren.

hohe Quote an Studienabbrüchen im Maschinenbau gegenüber (Heublein, Hutzsch, Schreiber, Sommer & Besuch, 2009, S. 159). Als Hauptursache werden von den betroffenen Abbrechern Leistungsprobleme in den ingenieurwissenschaftlichen Grundlagenfächern und damit einhergehende Motivationsdefizite angesehen (ebd. S. 159). Zugleich ist ohne fachspezifische Grundlagen auch der Erwerb fächerübergreifender Kompetenzen infrage gestellt, da diese insb. in der Auseinandersetzung mit Fachinhalten erlernt und gezeigt werden (vgl. Csapó, 2010, S. 18). Und auch für die Berufsarbeit als Ingenieur ist ein profundes bereichsspezifisches Fachwissen unverzichtbar, dessen Bedeutung über die ersten fünf Jahre der Berufstätigkeit tendenziell zunimmt (Schramm & Kerst, 2009, S. 55).

Bevor vor diesem Hintergrund Maßnahmen zur weiteren Verbesserung der Ingenieurausbildung in Deutschland ergriffen werden können, sollten belastbare diagnostische Informationen darüber vorliegen, ob Schwächen in der Lehre vorhanden sind bzw. worin diese genau bestehen. Bisher lässt sich kaum beurteilen, ob hohe Abbrecherquoten durch fehlende allgemeinbildende Voraussetzungen, mangelnde Motivation oder Interesse, durch falsche Vorstellungen über die Anforderungen in den ingenieurwissenschaftlichen Studiengängen oder in einer schwachen Lehrleistung begründet liegen.

Das Forschungsprogramm „Kompetenzmodellierung und Kompetenzerfassung im Hochschulsektor (KoKoHs)" des Bundesministeriums für Bildung und Forschung (BMBF) hat sich zur Aufgabe gemacht, die

> „Grundlagen für eine Evaluation der Kompetenzentwicklung und des Kompetenzerwerbs an Hochschulen zu schaffen, damit evidenzbasierte bildungspolitische, organisationale und individuelle Maßnamen von den Entscheidungsträgern eingeleitet, hinsichtlich ihrer Wirkung kontrolliert und optimiert werden können" (Programmausschreibung).

Das KOM-ING-Projekt entwickelt im Rahmen dieser Initiative ein Kompetenzmodell für die Domäne der Technischen Mechanik (TM) und validiert dieses mithilfe von zwei zu entwickelnden Testinstrumenten. Die TM ist ein Teilgebiet der Ingenieurswissenschaften und stellt theoretische Konzepte und Berechnungsgrundlagen für die anwendungsnahen Ingenieurdisziplinen bereit (u. a. den Maschinenbau). Sie ist Grundlagenfach für die rund 370.000[2] deutschen Studierenden in den Ingenieurwissenschaften und wichtiger Bestandteil des international akzeptierten ingenieurwissenschaftlichen Professionswissens (vgl. Ferguson 2006, S. 475-476). Die TM ist zudem eine gut strukturierte Domäne, die sich zur Modellierung von Kompetenzen und

---

2 Studienanfänger im Wintersemester 2009/2010 (Statistisches Bundesamt 2010).

deren Messung in besonderer Weise eignet (vgl. Zlatkin-Troitschanskaia & Kuhn, 2010, S. 17).

Die im KOM-ING zu erwartenden Ergebnisse können einerseits dazu dienen, Klarheit über Ausmaß und Ursachen von Lernproblemen in Grundlagenvorlesungen zur Technischen Mechanik zu erlangen. Im Falle einer erfolgreichen Validierung des Modells können die Testergebnisse dazu genutzt werden, Lehrende mit differenzierten Informationen über den Lernstand ihrer Studierenden zu versorgen[3], um darauf aufbauend die Lehre zu gestalten.

In diesem Beitrag wird das Forschungsdesign des KOM-ING Projekts vorgestellt. Zum Zeitpunkt der Veröffentlichung dieses Buches sind aus verschiedenen Gründen, die sich im Projektverlauf ergeben haben, Änderungen am ursprünglichen Konzept vorgenommen worden. Dennoch wird das Design im Folgenden in seiner ersten, bisher nicht veröffentlichten Fassung mit redaktionellen Änderungen[4] wiedergegeben. Dies soll für alle bisherigen und zukünftigen Veröffentlichungen aus dem KOM-ING Projekt als Referenz dienen und so zu einer transparenten Darstellung des Forschungs- und Erkenntnisprozesses beitragen.

Der Beitrag gliedert sich in eine Aufarbeitung des Forschungsstandes im Bereich der Kompetenzmodellierung in naturwissenschaftlichen Domänen (Abschnitt 2) und eine darauf aufbauende, ausführliche Herleitung des Kompetenzmodells, welches im KOM-ING Projekt zugrunde gelegt wurde (Abschnitt 3). Im vierten Abschnitt wird der Aufbau der Untersuchungen sowie die eingesetzten Methoden erläutert. Im fünften Abschnitt folgt eine Erläuterung von Maßnahmen, die den Forschungsprozess flankieren, um das Thema Kompetenzmessung in der Hochschullandschaft in die Diskussion zu bringen. Erste Ergebnisse aus dem Projekt werden bei (Musekamp et al., 2013; Musekamp et al., 2013) sowie bei Musekamp, Schlömer & Mehrafza (in diesem Band) berichtet.

2 Stand der Forschung

Kompetenz ist ein „theorierelativer" Begriff (Erpenbeck & Rosenstiel, 2007, S. XII), jegliche Kompetenzmodellierung bedarf daher einer Verortung in der Vielfalt unterschiedlicher Kompetenzauffassungen. Ausgangspunkt dieser Überlegungen ist das konstituierende Merkmal des Kompetenzbegriffs, welches im anwenden Können von psychischen Potenzialen auf jeweils neue

---

3   Dieser Schritt ist jedoch nicht mehr Teil des KOM-ING-Projekts. Eine entsprechende Erweiterung wäre bei Erfolg des Projektes zu prüfen.
4   Für diese Überarbeitung bedanken wir uns herzlich bei Andreas Saniter.

Situationen liegt (vgl. Klieme & Hartig, 2007, S. 14). Situationen sind wiederum gekennzeichnet durch Umweltbedingungen, die sich den Handelnden als objektive Gegebenheiten präsentieren (häufig auch als „Kontext" bezeichnet). Straka und Macke (2009a) machen deutlich, dass Kontext nicht (oder nicht allein) als quasi naturgegebene Bedingung aufgefasst werden kann, sondern in den meisten Fällen durch eine gesellschaftlich zugewiesene Zuständigkeit bestimmt ist, was sich auch in der Redewendung „das fällt nicht in meinen Kompetenzbereich" manifestiert. Sie konzipieren Kompetenz als „Wechselwirkungsprodukt" (ebd. S. 16) zwischen „gesellschaftlicher Zuständigkeit" und „psychischen Personenmerkmalen" (ebd. S. 6). Demnach ist Kompetenz ein duales Konstrukt, nach dem nur Personen als kompetent gelten, die leisten können, was sie leisten sollen (vgl. Spöttl & Musekamp, 2009). Gesellschaftliche Zuständigkeiten sind dabei immer verbunden mit Verhaltenserwartungen, die in ihrer Anforderungshöhe variieren können.

Neben „Handeln dürfen" und „Handeln können" ist das „Handeln wollen" (Straka & Macke, 2009a, S. 16) ein weiteres Moment von Kompetenz, wenngleich diese motivationalen und volitionalen Personenmerkmale bisher aus forschungspragmatischen Gründen zumeist nicht in die Kompetenzmodellierung eingehen (siehe insb. Hartig & Klieme, 2006, S. 129; Klieme & Leutner, 2006c), eine Einschränkung, der auch das TM-Modell unterworfen ist.

Vor dem Hintergrund dieser Bestimmungen und Einschränkungen hat ein TM-Modell explizit zwischen objektiven Anforderungen (im Folgenden ‚Kontextseite') und den psychischen Dispositionen zu unterscheiden, welche notwendig sind, um den gesetzten Anforderungen zu genügen (im Folgenden ‚Dispositionsseite'). Damit orientiert sich das TM-Modell am Kompetenzkonzept des DFG Schwerpunktprogramms „Kompetenzmodelle zur Erfassung individueller Lernergebnisse und zur Bilanzierung von Bildungsprozessen" (Klieme & Leutner, 2006a), welches Kompetenz unter Ausklammerung von volitionalen und motivationalen Aspekten definiert „als kontextspezifische kognitive Leistungsdispositionen, die sich funktional auf Situationen und Anforderungen in bestimmten Domänen beziehen" (Klieme & Leutner, 2006c, S. 4). Zur Beschreibung der Dispositionsseite von Kompetenz werden im Allgemeinen psychometrische Kompetenzmodelle eingesetzt, die sich in Struktur- und Niveaumodelle unterscheiden lassen (vgl. Hartig & Klieme, 2006). Strukturmodelle beschreiben qualitativ unterscheidbare psychische Merkmale (so genannte Konstrukte oder Dimensionen), die auf der Grundlage von faktorenanalytischen Methoden differenziert werden können (z. B. Fachwissen vs. Problemlösefähigkeit). Niveaumodelle geben Auskunft darüber, wie sich innerhalb von Dimensionen hohe und niedrige Ausprägungen inhaltlich beschreiben lassen, womit nicht notwendigerweise Aussagen zur empirischen Kompetenzentwicklung möglich werden (vgl. Schecker & Parchmann, 2006).

2.1 Kompetenz als psychische Disposition

Um für das Modell der kognitiven Leistungsdispositionen eine empirisch erwartbare und diagnostisch gewinnbringende Gliederung zu erreichen, wird der aktuelle Forschungsstand hinsichtlich der folgenden zwei Fragen untersucht:

1. Welche psychologischen, fachsystematischen oder didaktischen Aspekte sind für die strukturelle Gliederung von Kompetenzen empirisch von Bedeutung?
2. Welche psychologischen, fachsystematischen oder didaktischen Aspekte sind für Niveaubeschreibungen innerhalb der jeweiligen Kompetenzstrukturen empirisch von Bedeutung?

Weder in Deutschland noch international liegen psychometrisch validierte Kompetenzmodelle für Ingenieure im Allgemeinen oder zur TM im Speziellen vor[5]. Die Kompetenzmessung in den Ingenieurwissenschaften steht noch am Anfang (vgl. Zlatkin-Troitschanskaia & Kuhn, 2010).

In jüngster Zeit gibt es jedoch eine Initiative, Ingenieurkompetenz zu modellieren und psychometrisch zu prüfen. Das ‚Tertiary Engineering Capability Assessment' (TECA, Coates & Radloff, 2008) wird im Rahmen des OECD Programms ‚Assessment Of Higher Education Learning Outcomes' (Ahelo, OECD, 2009) entwickelt, einem Programm mit dem Ziel, den Output von Universitäten international auf der Basis von Lernzuwächsen (‚Value Added') zu vergleichen (summatives Assessment). Das TECA-Kompetenzmodell umfasst neben generischen Kompetenzen (‚Professional Attributes') auch ‚discipline-related competencies' (‚Technical Knowledge' und ‚Engineering Process'). Letztere werden verstanden als „fundamental and 'above content' with the focus on the capacity of students to extrapolate from what they have learned and apply their competencies in novel contexts unfamiliar to them" (Coates & Radloff, 2008, S. 5) und werden für die zwei Bereiche Bauingenieurwesen und Maschinenbau inhaltlich konkretisiert. Empirische Validierungen sind auf der Grundlage von computerbasierten Tests und probabilistischen Testmodellen vorgesehen, stehen jedoch noch aus.

---

5 Es wurden u. a. die Indizes folgender Zeitschriften anhand der Begriffe „mechanics" und „engineering" sowie „(academic) achievement" durchsucht: Applied Measurement in Education; Assessment in Education: Principles, Policy & Practice; European Journal of Psychological Assessment; European Journal of Psychological Assessment. Assessment & Evaluation in Higher Education. Die Indizes folgender Zeitschriften wurden anhand der Begriffe „measurement" und „(academic) achievement" (all fields) durchsucht: European Journal of Engineering Education; Journal of Engineering Mechanics.

Da über das TECA-Projekt hinaus für die TM bisher keine ausgearbeiteten Kompetenzkonzepte existieren, konzentriert sich die Analyse des weiteren Forschungsstandes auf vorliegende Kompetenzmodellierungen aus den allgemeinbildenden Fächern der Physik und Mathematik.

Viering, Fischer & Neumann (2010) betrachten Kompetenzentwicklung in der Physik (Sek. I) als die Erweiterung und Differenzierung von Wissen, welches mit einem steigenden konzeptuellen Verständnis einhergeht (vgl. S. 95). Sie überprüfen die Hypothese, dass sich das Energiekonzept von Schülern hierarchisch aufsteigend entlang der vier inhaltsspezifischen Stufen Energieformen und -quellen (1), Energieumwandlung und -transport (2), Energieentwertung (3) und Energieerhaltung (4) entwickelt und finden erwartungskonform einen signifikanten statistischen Zusammenhang zwischen empirischer Aufgabenschwierigkeit und Entwicklungsstufe. Im Rahmen einer Varianzanalyse klärt die Entwicklungsstufe 50 % der Varianz in den Itemschwierigkeiten auf. Das Kompetenzmodell enthält zudem die Dimension ‚kognitive Aktivitäten' in den Ausprägungen ‚Erinnern', ‚Strukturieren' und ‚Explorieren' sowie die Dimension ‚Aufgabenkomplexität', die aber zur Modellvalidierung konstant gehalten werden.

Bayrhuber et al. (2010) strukturieren ihr Kompetenzmodell anhand der Fähigkeit, verschiedene Repräsentationen mathematischer Funktionen (Tabelle, Graf, Term und Situation in Wort bzw. Bild) zu nutzen und zwischen ihnen zu wechseln. Das Modell umfasst die 4 Dimensionen „Mathematisieren innerhalb der grafischen Darstellung (GG)", „Wechsel zwischen situativer und grafischer Repräsentation (SG)", „Mathematisieren innerhalb der numerischen Darstellung (NN)" sowie „Wechsel zwischen situativer und numerischer Repräsentation (SN)". Auf dieser Grundlage zeigen sich im Inhaltsbereich ‚Wachstum und Veränderung' „auffällige typologische Strukturen, die unterschiedliche diagnostisch relevante Kompetenzstrukturen widerspiegeln" (S. 35). So lassen sich z. B. Probanden identifizieren, die in einigen Dimensionen bei „ansonsten eher durchschnittlicher Leistung über eine hohe Kompetenz beim Repräsentationswechsel von der Situation ins Numerische (SN) sowie bei der Verarbeitung innerhalb der numerischen Repräsentation (NN) verfügen" (ebd.). So unterscheiden bspw. Aufschnaiter & Rogge (2010) in der Physik die vier Stufen der Kompetenzentwicklung ‚exploratives Vorgehen' (1), ‚intuitiv-regelbasiertes Vorgehen' (2), ‚explizit regelbasiertes Vorgehen mit phänomenologischem Bezug' (3) und ‚explizit regelbasiertes Vorgehen mit modellhaftem Bezug' (4) und stellen fest, dass – entgegen erster Annahmen – empirisch kein geradliniger Entwicklungsverlauf von Schülern durch diese Niveaus festzustellen ist.

Im Zentrum von PISA steht u. a. das Konstrukt der Mathematical Literacy. Sie zeigt sich „im verständnisvollen Umgang mit Mathematik und in der Fähigkeit, mathematische Begriffe als ‚Werkzeuge' in einer Vielfalt von Kontexten einzusetzen" (Klieme, Neubrand & Lüdke, 2001, S. 146). Es wird über den Prozess des „Mathematical modelling" (Blum, 1993) konzeptualisiert, bei dem lebensweltliche Sachverhalte in ein mathematisches Modell übersetzt und innermathematisch verarbeitet sowie interpretiert werden müssen. Schließlich werden die Ergebnisse auf die lebensweltliche Situation zurück übertragen und validiert (vgl. Klieme et al., 2001, S. 143ff.). Kontext wird definiert als "an extra-mathematical or intra-mathematical setting within which the elements of a mathematical complex (i.e. a problem, a task or a collection of mathematical objects, relations, phenomena, etc.) are to be interpreted" (OECD, 1999, S. 51). Die internationale Variante des Konstrukts unterscheidet Inhalte nach „big ideas" (ebd. S. 12). Darunter werden „miteinander stark vernetzte mathematische Konzepte verstanden, die unter einem gemeinsamen übergeordneten Gesichtspunkt gesehen werden können" (Neubrand et al., 1999, S. 21). Neben den Inhalten werden die drei Kompetenzklassen "reproduction, definitions, and computations", "connections and integration for problem solving" sowie "mathematical thinking, generalisation and insight" unterschieden (ebd S. 43), denen jeweils Bündel verschiedener mathematischer Fähigkeiten zugrunde liegen, die zur Aufgabenlösung benötigt werden. Und schließlich wird mit der Dimension ‚Situationen' Bezug auf persönliche, bildungsbezogene, berufliche, öffentliche und wissenschaftliche Anwendungsbedingungen genommen, unter denen Leistungen zu erbringen sind.

Ebenfalls im Umfeld der PISA-Studien differenzieren Senkbeil, Rost, Carstensen & Walter (2005) das Konzept der Scientific Literacy (vgl. Bybee, 1997; Prenzel, Rost, Senkbeil & Häußler, 2001) in sieben ‚kognitive Kompetenzen':

1. ‚Konvergentes Denken' (aus gegebenen Informationen die richtigen Schlussfolgerungen ziehen),
2. ‚Umgang mit Graphen' (das Entnehmen relevanter Informationen aus einer Grafik oder einem Diagramm),
3. ‚Umgang mit mentalen Modellen' (die Nutzung eines mentalen Modells über einen naturwissenschaftlichen Sachverhalt),
4. ‚Sachverhalte verbalisieren' (Einen Sachverhalt angemessen verbal beschreiben),
5. ‚Umgang mit Zahlen' (Verrechnung von quantitativen Größen),
6. ‚Divergentes Denken' (kreative Produktion von Lösungsmöglichkeiten bei naturwissenschaftlichen Problemstellungen) und
7. ‚Bewertung/Evaluation' (Treffen einer begründeten Entscheidung in Problemsituationen) (vgl. ebd. S. 177).

Es wird angenommen, dass diese kognitiven Kompetenzen auf 10 ‚Basiskonzepte/Inhaltsbereiche' wie Bewegungsgesetze, Räuber-Beute-Systeme oder

Teilchenkonzept Anwendung finden. Diese Basiskonzepte werden unter den Fächern Physik, Biologie und Chemie subsumiert, sodass ein vollständiges Facettendesign entsteht (3x7-Matrix). In der empirischen Prüfung werden die sieben kognitiven Kompetenzen partiell als eigenständige Dimensionen bestätigt, während sich die drei Fächer eher als ein Generalfaktor „Naturwissenschaftskompetenz" (ebd. S. 182) interpretieren lassen. Weitere Analysen legen die Bündelung der sieben ‚kognitiven Kompetenzen' zu zwei Faktoren, die sich mit „formallogisches und analytisches Denken" (ebd.) einerseits sowie „Kreativität und Produktivität" (ebd. S. 183) überschreiben lassen, nahe.

Die exemplarisch dargestellten Kompetenzmodelle enthalten kognitive Kompetenzen bzw. Aktivitäten, die analog zu kognitiven Prozessen (Bloom, 1956; Anderson et al., 2001) domänenspezifisch konkretisiert werden. Darüber hinaus umfassen sie jeweils Inhaltsbereiche bzw. Basiskonzepte. Jedoch wird diesbezüglich begrifflich nicht unterschieden, ob es sich dabei um Themen gemäß der ‚Structure of Discipline' (Bruner, 1960), um deren interne kognitive Repräsentation im Sinne von ‚Knowledge' (z. B. sensu Bloom, 1956) oder um eine deckungsgleiche Struktur beider Aspekte handelt.

Zudem sind in allen betrachteten Kompetenzmodellen jeweils Zugänge über externe (content/context) und interne (cognitive) Bedingungen festzustellen, wie sie in der von Straka & Macke (2009a) vorgenommen Unterscheidung von Kompetenz als Zuständigkeit und psychischer Disposition zum Ausdruck kommt. Diese Unterscheidung wird allerdings nicht explizit in den Modellen differenziert. Beispielsweise werden bei Viering et al. (2010, S. 96) objektive Merkmale wie „Textlänge" und „Lösungskomplexität" ebenso als Dimension bezeichnet wie die psychischen Merkmale der kognitiven Aktivität.

Die Annahme einer hierarchischen Struktur der kognitiven Prozesse wird weitgehend zugunsten kategorialer Verhaltenserwartungen aufgegeben (eine explizite Begründung findet sich bei Baumert, Bos & Lehmann, 2000, S. 44). Stattdessen werden Niveaus verstärkt entlang von Inhaltsbereichen oder inhaltlichen Konzepten (sowie deren Anwendung) angenommen (Viering et al., 2010) und zum Teil empirisch bestätigt.

2.2 Objektive Anforderungen an Ingenieure

Für die Domäne der Ingenieurwissenschaften liegen zahlreiche Konzepte zur Systematisierung von Anforderungen in der Arbeitswelt vor, die auf Erhebungen insbesondere bei Ingenieuren aber auch bei verschiedenen anderen gesellschaftlichen Gruppen beruhen (z. B. akademisches Personal, Studierende). Sowohl im deutschen als auch im englischen Sprachraum finden diese ‚Konzepte' Entsprechungen in mehr oder weniger umfangreichen Listen von Verhaltenserwartungen an beruflich tätige Ingenieure. Das Beherrschen der TM ist in den meisten Fällen eine von vielen anderen Anforderungen, wobei

TM nicht selten unter einem allgemeinen Begriff der ‚fachlichen' Kompetenzen subsumiert wird.

Beispielsweise schlagen Male, Bush & Chapman (2010) ein elf-faktorielles nicht-orthogonales Modell generischer Verhaltenserwartungen vor, welches unter anderem ‚Communication', ‚Teamwork' oder ‚Engineering Business' umfasst. Die zugrunde gelegten Daten beruhen auf der Befragung von 250 bzw. 300 in Australien tätigen Ingenieuren. Der Faktor „Applying Technical Theory", der unter anderem die TM umfasst, wird verstanden als die Fähigkeit, mögliche Lösungen für technische Probleme in Bezug auf ihre physikalische Tragfähigkeit zu überprüfen. „Applying Technical Theory" ist dabei nur einer der elf Faktoren, noch dazu einer, dessen relative Bedeutung für die berufliche Arbeit je nach Befragtengruppe extrem unterschiedlich wahrgenommen wird (vgl. ebd. S. 3).

Trevelyan (2007) untersucht mit halbstandardisierten Interviews die Arbeitspraxis von 55 Ingenieuren in Australien und identifiziert induktiv 10 Kategorien von Ingenieursaufgaben („categories of engineering practice"). Diese lauten bspw. „Managing self and personal career development", „Financial processes" oder „Technical work, creating new concepts, problem solving, programming" (ebd. S. 193).

Für Deutschland liegen ebenfalls empirisch erhobene Sammlungen von Anforderungen an Ingenieure in der Arbeitswelt vor. Sprachlich werden diese von Dritten formulierten, (objektiven) Verhaltenserwartungen nicht selten ohne jeden Theoriebezug in psychische Begriffe übersetzt, wodurch aus der Vielfalt der geforderten Verhaltensweisen eine ebenso umfangreiche Liste der dafür notwendigen psychischen Dispositionen resultiert. Junge (2009) identifiziert beispielsweise in neun Untersuchungen zum Qualifikationsbedarf von Ingenieuren 60 differenzierbare „(Teil)Kompetenzen", die dort auf der Grundlage von Befragungen für verschiedene Ingenieursprofile als relevant/unterentwickelt/wünschenswert erachtet wurden (darunter „breites Grundlagenwissen", „Kenntnisse in EDV" oder „Kooperationsfähigkeit").

Eine der wenigen Studien, die als Ergebnis zu konkreten fachlichen Inhalten gelangt, ist die Befragung von Fleischmann, Geupel & Zammert (1998) zu den fachlichen Inhalten für Studiengänge zum Konstruktionsingenieur. Diese wurde unter 215 berufstätigen Ingenieuren in Bayern und Baden-Württemberg durchgeführt und ergab 18 Wissensbereiche und Fertigkeiten in drei Prioritätsgruppen. Neben allgemeinen Fähigkeiten wie räumlichem Vorstellungsvermögen kommen dort auch fachbezogene Verhaltenserwartungen wie systematisch-methodisches Entwerfen und fachsystematische Inhaltsbereiche wie die Festigkeitslehre vor.

Die beschriebenen nationalen wie internationalen Konzepte von Verhaltenserwartungen an Ingenieure haben im Allgemeinen einen wesentlich niedrigeren Auflösungsgrad, als es im KOM-ING-Projekt mit dem Fokus auf das

Grundlagenfach der TM benötigt wird. Zudem erweckt allein die Menge und die Verschiedenartigkeit der daraus abgeleiteten „Ingenieurkompetenzen" den Eindruck von Willkür. Als Grundlage für die Definition von Anforderungen innerhalb eines TM-Modells sind derartige Forschungsansätze darum wenig fruchtbar.

Für eine Modellierung von Kompetenz im Sinne eines psychischen Merkmals werden im Folgenden Kompetenzkonzepte ausgewählter empirischer Ansätze betrachtet.

2.3 Schlussfolgerungen zu Struktur und Niveaus eines TM-Modells

Die Definition von Zuständigkeiten bzw. Anforderungen in Bezug auf die Technische Mechanik bedarf einer eingehenden Analyse des hochschulischen Lehrstoffs, die kaum von bestehenden empirischen bzw. aushandlungsbasierten „Kompetenzkatalogen" profitieren kann. Stattdessen hat eine Auseinandersetzung mit den an Hochschulen zum Einsatz kommenden Lehrmaterialien stattzufinden. Zur Gliederung der Anforderungshöhe sind klassische Instrumente der Lehrstoffanalyse (z. B. Klauer, 1974) in Betracht zu ziehen oder auf fachliche Aspekte der TM Bezug zu nehmen.

Für die Strukturierung der Dispositionsseite des TM-Modells ergibt die Analyse des PISA-Ansatzes einen wesentlichen Aspekt, der auch bei der Konstruktion des TM-Modells zu berücksichtigen ist: Dem Lösen von TM-Aufgaben liegen immer kognitive Prozesse zugrunde, die dem Prozess des mathematisches Modellierens sehr ähnlich sind. Auch in der TM müssen reale Sachverhalte in Modelle überführt und deren Gültigkeit überprüft werden: Laut Dankert & Dankert (2011) müssen (angehende) Ingenieure in der TM „Probleme analysieren, das Wesentliche erkennen und ein reales Objekt in ein physikalisches Modell überführen. Das sich daraus ergebende mathematische Problem muss gelöst werden, und die Deutung der Ergebnisse, die wieder den Zusammenhang zum realen Objekt herstellt, schließt den Kreis" (S. V). Da die im KOM-ING-Projekt zu erwartende diagnostische Information nicht nur für den Leistungsvergleich auf institutioneller Ebene, sondern auch direkt zur Verbesserung der Lehre dienen soll, ist anders als beim PISA Ansatz eine separate Erfassung dieser Prozesse im Sinne einzelner Dimensionen sinnvoll.

Auch der Ansatz von Bayrhuber et al. (2010) lässt vermuten, dass eine Erfassung der kognitiven Prozesse über eigene Dimensionen empirisch Bestand haben kann. Deren Modell, Kompetenz anhand der Fähigkeiten zu gliedern, mathematische Sachverhalte in ihrer mentalen Repräsentation zu variieren, gibt Anlass zu der Annahme, dass vergleichbare Fähigkeiten auch in der TM empirisch identifizierbar sind und zugleich einen hohen diagnostischen Wert besitzen. Der Prozess des mechanischen Analysierens nach Dankert & Dankert (2011) umfasst ebenfalls drei unterscheidbare Repräsentationsformen mechanischer Objekte: die Realität, das mechanische Modell und das algebraische/numerisches Äquivalent des mechanischen Modells.

3 Kompetenzmodell zur Technischen Mechanik (TM-Modell)

Vor dem Hintergrund des aufgezeigten Forschungsstandes lässt sich das Kompetenzverständnis für die Technische Mechanik strukturell und inhaltlich konkretisieren.

Das Kompetenzmodell zur Technischen Mechanik umfasst zwei Matrizen, wobei die linke, die externen Kontextbedingungen von Kompetenz definieren (objektive Anforderungen) und die rechte die internen, psychischen Voraussetzungen, die zur Bewältigung der Anforderungsseite vonnöten sind (Kontextspezifische Leistungsdispositionen). Damit orientiert sich das TM-Modell am Kompetenzkonzept des Schwerpunktprogramms „Kompetenzmodelle zur Erfassung individueller Lernergebnisse und zur Bilanzierung von Bildungsprozessen" (Klieme & Leutner, 2006a), welches Kompetenz unter Ausklammerung von volitionalen und motivationalen Aspekten eng definiert „als kontextspezifische kognitive Leistungsdispositionen, die sich funktional auf Situationen und Anforderungen in bestimmten Domänen beziehen" (Klieme & Leutner, 2006c, S. 4). Während die linke Seite des TM-Modells (Kontext) eine normative Setzung oder auch Konvention darstellt, kann man die rechte Matrix des Modells (Disposition) als eine hypothetische Kompetenzstruktur auffassen, die einer empirischen Prüfung bedarf.

Abbildung 1: Kompetenzmodell zur Technischen Mechanik

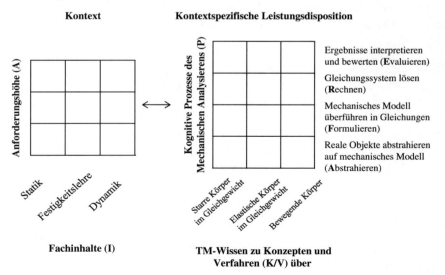

Der Kontext wird unterschieden in *Inhaltsbereiche (I)* der TM, welche objektiv in Form von Lehrbüchern gegeben sind. Innerhalb dieser Bereiche variiert die *Anforderungshöhe (A)* mit der Kompliziertheit der mechanischen Objekte sowie der Aufgabenspezifika. Die Leistungsdispositionen ergeben sich aus den *Prozessen des mechanischen Analysierens (P)* die auf das bei den Individuen verfügbare *TM-Wissen zu Konzepten und Verfahren (K/V)* in der TM angewendet werden.

Die Zweiebenen-Struktur von Kompetenzmodellen geht zurück auf Straka & Macke (2009a). Sie ermöglicht eine adäquate Abbildung von Kompetenz als ein duales Konstrukt und erleichtert die systematische Kommunikation über den nicht selten schillernden Kompetenzbegriff[6].

Im Folgenden werden die beiden Seiten des Kompetenzmodells und ihre Beziehung zueinander detailliert erläutert und in einen lehr-lern-theoretischen Zusammenhang gestellt.

3.1 Die Anforderungsseite des Modells: Kontext

Die linke Seite des TM-Modells beschreibt, was von Studierenden der technischen Mechanik erwartet wird, und unter welchen Bedingungen sie diese Leistungen zu erbringen haben.

Die TM hat für Ingenieure einen Querschnittscharakter, ähnlich wie es das Fach Mathematik für die Lebenswelt von westlich geprägten Gesellschaften des 21. Jahrhunderts besitzt. Die TM ist Grundlage für eine bedeutende Zahl an ingenieurwissenschaftlichen Vertiefungsfächern sowie für Berufe und Tätigkeiten, die Ingenieure nach ihrem Abschluss ausüben. Die Anforderungen im Bereich der Technischen Mechanik ergeben sich somit aus drei unterscheidbaren Perspektiven, je nachdem in welchem Karriereabschnitt sich die (angehenden) Ingenieure befinden und durch wen die Anforderungen im Einzelnen formuliert werden:

1. Anforderungen aus der Perspektive des zu erlernenden Fachs der TM: In akademischen Grundlagenveranstaltungen wird von Studierenden erwartet, dass sie die fachwissenschaftlichen Theorien, Konzepte sowie die fachtypischen Denk- und Arbeitsweisen der TM intellektuell durchdringen und in sehr begrenztem Umfang auch anwenden können. Es wird gefordert, dass die Lernenden didaktisch aufbereitete Aufgaben selbstständig bearbeiten und zu Ergebnissen kommen, die diese intellektuelle

---

6   Die bei Straka und Macke (2009b) beschriebene dritte Ebene, die Handlungsebene, vermittelt zwischen objektiven Bedingungen und psychischen Dispositionen, und ist im hier vorliegenden Modell durch den Doppelpfeil zwischen den Matrizen angedeutet.

Durchdringung belegen. Die Anwendung der zu erlernenden fachlichen Grundlagen in realen (z. B. beruflichen) Aufgaben ist dagegen nicht Teil der Erwartungen. Ebenso sollen die erwarteten Leistungen in der Regel mit Mitteln erbracht werden, die bei der Lösung von Aufgaben z. B. in der Arbeitswelt nicht ausreichen dürften. Gleichungen sollen bspw. „zu Fuß" mit Papier und Bleistift gelöst werden, obwohl typische Anwendungsprobleme der TM heutzutage fast immer so komplex sind, dass sie sich ohne PC-Unterstützung nicht mehr lösen lassen. Da die Technische Mechanik ein fachsystematisch hoch ausdifferenziertes Wissensgebiet mit einer komplexen inneren Logik darstellt, können die Anforderungen aus Sicht des zu erlernenden Fachs als weitgehend homogen betrachtet werden.
2. Anforderungen aus der Perspektive anderer ingenieurwissenschaftlicher Fächer (z. B. der Vertiefungsfächer): Die TM-spezifischen Anforderungen an (angehende) Ingenieure aus der Perspektive der so genannten Vertiefungsfächer (z. B. Produktentwicklung oder Konstruktionstechnik) sind stärker anwendungsbezogen. Das Beherrschen der TM ist in derartigen akademischen Veranstaltungen kein Selbstzweck, sondern dient dem Erlernen der fachwissenschaftlichen Theorien, Konzepte sowie der fachtypischen Denk- und Arbeitsweisen jenes Vertiefungsfachs. Von den angehenden Ingenieuren wird folglich nicht mehr die explizite Wiedergabe der TM-Inhalte erwartet, sondern das Verständnis grundlegender funktionaler Zusammenhänge. Gefordert wird, dass ein solches Verständnis implizit bei der Bewältigung von Anforderungen im Vertiefungsfach demonstriert wird. Die TM-Anforderungen können mitunter auch kaum noch in die Fachinhalte Statik, Festigkeitslehre und Dynamik unterteilt werden, weil in vielen Anwendungssituationen die behandelten technischen Gegenstände zwei oder sogar alle drei Inhaltsbereiche tangieren. Die Mittel, mit denen Anforderungen an die TM bewältigt werden, sind nicht mehr didaktisch reduziert. Teilaufgaben, in denen die TM relevant ist, werden in Veranstaltungen des Vertiefungsfaches ausgeklammert, um Raum für die Vermittlung der originär vertiefungsfachlichen Inhalte zu schaffen. Die Anforderungen sind vielfältiger als in der ersten Perspektive, da sie je nach Vertiefungsfach in anderer Weise formuliert werden dürften.
3. Anforderungen aus der Perspektive des Arbeitsmarktes bzw. der Ingenieursarbeit: Aus der Berufs- oder Arbeitsperspektive sind TM-Anforderungen vollständig funktional definiert. Wesentliche Verfahren, die auf Inhalte der TM rekurrieren, werden EDV-gestützt bearbeitet; von Ingenieuren wird bzgl. ihrer TM-Kompetenz „nur" noch erwartet, dass sie, basierend auf ihrem Fachwissen und ihren Erfahrungen, die Plausibilität der Analyse- und Rechenergebnisse bewerten können.

Die linke Seite des Kompetenzmodells (Kontext) muss sich auf eine dieser drei Anforderungsperspektiven festlegen und diese anschließend möglichst exakt beschreiben. Während beispielsweise die AHELO-Studie die Anforderungen an Ingenieure über alle Teildisziplinen aus der Perspektive des Arbeitsmarktes operationalisiert (Coates & Radloff, 2008), bezieht sich die objektive Seite des KOM-ING TM-Modells auf die Anforderungen des zu lernenden Teilbereichs; von Studierenden der Ingenieurswissenschaften im Fach der TM wird erwartet, dass sie

1. didaktisch reduzierte Aufgaben,
2. die weitgehend eindeutig nur einem der drei Inhaltsbereiche Statik, Festigkeitslehre oder Dynamik zuzuordnen sind,
3. und eine geringe (z. T. realitätsferne) Komplexität aufweisen (wenige oder einheitliche Randbedingungen),
4. mithilfe von Papier und Bleistift lösen.

Aus der Perspektive der Technischen Mechanik als akademisches Grundlagenfach (inner-fachliche Perspektive) lässt sich die Sachstruktur zum einen über den Kanon der standardmäßig behandelten *Fachinhalte (I)* und zum anderen über die *Anforderungshöhe (A)* konkretisieren.

Zu *(I)*: Eine Analyse von Lehrbüchern ergibt, dass die Fachinhalte der TM stark strukturiert und deutschlandweit sowie international weitgehend einheitlich gegliedert werden. Die meist mehrbändigen Lehrbücher behandeln Statik (Statics), Festigkeitslehre (auch Elastostatik, Mechanics of Materials) sowie Dynamik (Dynamics) in dieser Reihenfolge. Weitere Bereiche wie z. B. die Hydrostatik werden im Weiteren nicht berücksichtigt, weil sie nicht für alle Ingenieursstudiengänge obligatorisch sind.

Zu *(A)*: Anforderungen können in ihrer Höhe über Anzahl und Art der so genannten Randbedingungen konkretisiert werden, welche den Verschiebungs- und Kräftezustand der Ränder von Objekten in mechanischen Systemen beschreiben (vgl. Schnell, Gross & Hauger, 1990, S. 95f.). Anzahl und Art von Randbedingungen sind für Aufgaben aus der TM weitgehend objektiv bestimmbar (niedrig inferent, vgl. Kauertz, 2008) und bewegen sich in einem Bereich, der die Lösung von Aufgaben mithilfe von Papier, Bleistift und Taschenrechner ermöglicht. In diesem Sinne ist die Fassung der Anforderungshöhe über die Randbedingungen der Versuch, ein häufig allgemein herangezogenes Aufgabenmerkmal wie Kompliziertheit oder Komplexität durch ein fachbezogenes Maß für die TM zu konkretisieren. Damit entspricht die Anforderungshöhe in etwa dem Konzept der Kompliziertheit im Sinne der Anzahl zu berücksichtigender Variablen, fällt jedoch nicht unter den Begriff der Komplexität, wie er bei Ulrich & Probst (1991) verstanden wird, da Aufgabenstellungen nicht zeitlich variieren (dynamisch sind). Es ist jedoch darauf hinzuweisen, dass diese Begriffe nicht einheitlich verwendet werden, und dass in der Physikdidaktik in der Regel von Komplexität gesprochen wird, ohne dass es sich um dynamische Sachverhalte handeln würde (z. B. Parchmann, 2010 oder Kauertz, 2008).

Die im Folgenden beschriebenen kontextspezifischen Leistungsdispositionen sind auf diese Anforderungen bezogen.

3.2 Die psychische Seite des Modells: Kontextspezifische Leistungsdispositionen

Die Dispositionsseite des TM-Modells gliedert sich in die zwei Dimensionen Wissen und kognitive Prozesse, die im Folgenden erläutert werden:

TM-Wissen: Für die TM-spezifische Konkretisierung der Ebene der internen Bedingungen wird Wissen allgemein definiert als die „dauerhafte Verfügbarkeit von Information als Verstandenem" (Straka & Macke, 2009b, S. 20) und weiter differenziert in Wissen über Konzepte sowie Wissen über Verfahren. In der TM sind Konzeptwissen (K) und Verfahrenswissen (V) überwiegend sehr spezifisch verknüpft (K/V), lassen sich aber begrifflich unter die extern vorgegebene TM-Sachstruktur ‚Statik', ‚Festigkeitslehre', ‚Dynamik' subsumieren (vgl. Abschnitt 3.1.). Z. B. gehört „Wissen über das Konzept Auflagereaktion und das Verfahren, wie sie zu bestimmen ist" in den Bereich der Statik. Analog ist „Biegelinie bestimmen" ein Beispiel für Festigkeitslehre und „Bewegungsgleichung bestimmen" ein Beispiel für Dynamik. Um Statik, Festigkeitslehre und Dynamik auf der externen Ebene begrifflich von der internen Ebene zu unterscheiden, wird Wissen über Konzepte und Verfahren der TM (K/V) unterschieden in ‚starre Körper im Gleichgewicht', ‚elastische Körper im Gleichgewicht' und ‚bewegliche Körper'.

Kognitive Prozesse: In Anlehnung an Dankert & Dankert (2011, S. V) müssen Studierende zur Lösung von vollständigen Aufgaben[7] in der TM die folgenden vier Prozesse beherrschen: das Abstrahieren von realen Objekten auf ein mechanisches Modell (1), das Überführen eines mechanischen Modells in Gleichungen (2), das Lösen des Gleichungssystems (3) und das Bewerten des Ergebnisses (4). Diese vier kognitiven Prozesse werden als konsekutiv aber nicht hierarchisch angenommen (vgl. Baumert et al., 2000; Senkbeil et al., 2005). Es ist zu betonen, dass es sich bei der Formulierung „kognitive Prozesse" nicht um aktuelle Prozesse des Denkens handelt. Genauer müsste

---

7 Statt von TM-Problemen wird im Rahmen des KOM-ING Projekts ausschließlich von TM-Aufgaben gesprochen, um die für Assessmentzwecke wenig fruchtbare Unterscheidung von Problem und Aufgabe im Dörner'schen Sinne (Dörner, 1976) zu vermeiden.

man von Fähigkeiten sprechen, die genannten kognitiven Prozesse zu bewältigen, also etwa von ‚wissensbezogenen Prozessfähigkeiten'. Der Einfachheit halber und auch im Einklang mit dem Stand der Forschung wird jedoch der Terminus ‚kognitive Prozesse' genutzt.

3.3 Lehr-Lern-theoretische Einordnung des TM-Modells

Beim TM-Modell handelt es sich um die Darstellung eines Lehrziels, wie es in der empirischen Bildungsforschung formuliert wird. Dort wird ein Lehrziel „als eine Persönlichkeitseigenschaft aufgefaßt, die ihrerseits durch eine Aufgabenmenge definiert ist" (Klauer, 1974, S. 63; vgl. ebenfalls Klauer & Leutner, 2007). Die rechte ‚psychische' Seite des TM-Kompetenzmodells gibt damit ganz im Geiste Klauers an, „was an welchem Inhalt getan werden soll" (Inhalts- und Verhaltensaspekt). Die so entstehenden Aufgabenmengen werden mit Begriffen bezeichnet, die Persönlichkeitseigenschaften darstellen. Die rechte Hälfte des Modells ist damit als Ziel akademischer Lehre im Fach TM zu verstehen, denn das Ziel von Lehren und Lernen ist die dauerhafte Veränderung dieser internen, psychischen Strukturen.

Die von Klauer gemeinten Persönlichkeitseigenschaften ergeben sich aus der Kreuzung von Verhaltens- und Inhaltsdimension in den Zellen der rechten Seite des TM-Modells und können als inhaltsspezifische Fähigkeiten (F1 bis F12) interpretiert werden. So ist die linke untere Zelle der rechten Seite des TM-Modells als Fähigkeit zu bezeichnen, reale starre Körper im Gleichgewicht auf ein mechanisches Modell zu abstrahieren. Diese Fähigkeit (unter anderen) auszubilden, ist das Ziel von universitären Veranstaltungen im Fach der Technischen Mechanik. Die Gesamtheit aller 12 so bestimmbaren Teilfähigkeiten bezeichnen wir als kontextspezifische Leistungsdispositionen.

Zur Testung der einzelnen Teilfähigkeiten werden aus der Menge aller denkbaren Aufgaben, die mithilfe der Teilfähigkeit gelöst werden können, eine Auswahl getroffen, und den Lernenden zur Bearbeitung vorgelegt (Testing). Es ist hervorzuheben, dass der Test nicht misst, ob Studierende ausschließlich die ihnen vorgelegten Aufgaben bewältigen können. Vielmehr ist der Anspruch des Tests zu erfassen, ob die Studierenden verschiedenste Aufgaben einer bestimmten Art bearbeiten können. Diese gesamte Aufgabenmenge ist definiert über die Fähigkeit, die zur ihrer Lösung vorhanden sein muss. Der Test ist somit als eine Stichprobe aus der Gesamtheit des TM-Aufgabenspektrums zu betrachten.

3.4 Fragestellung

Ziel des Projekts ist die Ausdifferenzierung des Kompetenzmodells für Technische Mechanik (TM) und dessen Validierung sowie die Konstruktion von zwei darauf bezogenen Item-basierten Messinstrumenten (bezogen auf Statik für Studierende am Ende des 1. Semesters, für alle drei Inhaltsgebiete am Ende des 3. Semesters) und ihre Erprobung.

Damit sollen folgende Fragen beantwortet werden:

- bewährt sich das Kompetenzmodell empirisch?
- lassen sich die TM-Kompetenzen von Studierenden mit den entwickelten Testinstrumenten auf der Grundlage der postulierten Kompetenzdimensionen differentiell beschreiben?

Bei Bejahung beider Fragen ermöglichen die Instrumente die Bilanzierung von Bildungsabschnitten und können für Vergleichsarbeiten auf institutioneller Ebene genutzt werden (summatives Assessment, vgl. Klieme et al., 2010).

Zur Validierung der Struktur auf der internen Ebene werden (kontextspezifische Leistungsdisposition) folgende Hypothesen geprüft:

1. Die drei Kategorien des TM-Wissens lassen sich empirisch voneinander abgrenzen.
2. Die vier kognitiven Prozesse lassen sich empirisch voneinander abgrenzen.

Obwohl die Kontextebene des TM-Modells als „extern vorgegeben" vorgegeben gilt und damit überindividuelle Gültigkeit beansprucht, stellt sich die Frage, ob die identifizierten Anforderungsmerkmale „Randbedingungen" und „hierarchische Struktur des Lehrstoffs" tatsächlich objektiv bestimmt werden können, und ob diese Merkmale die Aufgabenschwierigkeiten beeinflussen. Auf der externen Ebene (Kontext) wird daher die folgende Hypothese geprüft:

3. Randbedingungen und hierarchische Struktur der Items lassen sich beurteilerunabhängig bestimmen
4. Randbedingungen und hierarchische Struktur der Items beeinflussen maßgeblich die Itemschwierigkeiten

4 Aufbau der Untersuchung und Methoden

Das KOM-ING-Projekt zur Validierung des entwickelten TM-Modells gliedert sich in sieben Etappen. Eine achte Etappe ist nicht im Rahmen des Projekts zu leisten aber dennoch an dieser Stelle kurz zu erwähnen. Es handelt sich um die TM-spezifische Konkretisierung des übergeordneten Ziels des KoKoHs-Programms, „empirisch fundiertes Steuerungswissen zur nachhaltigen Verbesserung der Hochschullehre und ihrer Qualitätsentwicklung" bereit zu stellen (Blömeke & Zlatkin-Troitschanskaia, 2013, S. 3).

Abbildung 2: Acht Etappen des KOM-ING Projekts

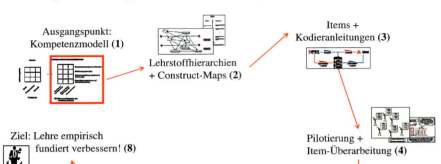

Zu *(1) Ausgangspunkt Kompetenzmodell*: Herleitung und Aufbau des Kompetenzmodells wurden ausführlich in den Abschnitten 4 und 5 erläutert. Die Bedeutung des Modells für das KOM-ING-Projekt erstreckt sich über alle acht Etappen. Um eine valide Ausdifferenzierung des TM-Modells zu gewährleisten, wird in der ersten Etappe ein vollständiger Überblick über die Fachinhalte der TM in den Bereichen Statik, Festigkeitslehre und Dynamik geschaffen. Hierfür wird der TM-Lehrstoff über die Lehrbücher erfasst (z. B. Gross, Hauger & Schnell, 1998; Hibbeler, 2010; Sayir, Dual & Kaufmann, 2008; Shames, 1996) und im Hinblick auf die Dimensionen von Kompetenz als kontextspezifischer Leistungsdisposition (‚TM-Wissen über Konzepte und Verfahren', ‚Kognitive Prozesse des Mechanischen Modellierens', vgl. Abbildung 1) systematisiert, d. h. den jeweiligen Zellen des Modells zugeordnet.

Zu *(2) Lehrstoffhierarchien und Construct-Maps*: Die Struktur des Lehrstoffs (vgl. Klauer, 1974) wird unter Berücksichtigung vorliegender fachdidaktischer Praxis näher bestimmt. Mittels Makroanalyse des Lehrstoffs werden aufeinander aufbauende Konzepte ermittelt (vgl. u. a. Gagné & Paradise, 1961; Resnick, 1973). Die so gewonnenen Hierarchien können als Kontinua aufgefasst werden, auf denen sich die Kompetenzen von Studierenden verorten lassen. Die Unterteilung dieser Kontinua in qualitativ unterschiedliche Leistungsniveaus und ihre Visualisierung über ‚Konstruktlandkarten' (Construct Maps, Wilson, 2005; Wilson, 2008) bildet den Ausgangspunkt der weiteren Item- und Testentwicklung.

Modellierung und Messung von Kompetenzen der Technischen Mechanik 83

In Ergänzung zur Lehrstoffanalyse werden für die TM relevante mathematische und physikalische Vorkenntnisse sowie generische Kompetenzen wie räumliches Vorstellungsvermögen identifiziert, die als Bedingungen einer erfolgreichen Kompetenzentwicklung von Ingenieuren gelten (Sorby, 2007). Diese Konstrukte werden im Rahmen der Testvalidierung und als unabhängige Variablen für explorative Analysen zu Bedingungen der Kompetenzentwicklung berücksichtigt.

Zu *(3) Items und Kodieranleitungen*: Aus der Matrix zu den kontextspezifischen Leistungsdispositionen (vgl. Abbildung 1) ergibt sich direkt die Struktur der Tests, indem für die Testung am Ende des 3. Semesters jede der 12 Zellen mit 10 Items (120 Items), für den Test am Ende des ersten Semesters jede der 4 Statik-Zellen mit je 20 Items (80 Items) gefüllt wird. Hierfür werden bestehende Items aus TM-Lehrbüchern, TM-Aufgabensammlungen (z. B. Berger, 2008; Böge & Schlemmer, 2009; Gross, Ehlers & Wriggers, 2008), TM-Tutoren und anderen Quellen gesichtet und zusammengestellt. Umfangreiche Aufgaben werden in Teilaufgaben zerlegt, die durchschnittlich innerhalb von 3 Minuten zu bearbeiten sind. Da alle Items beider Tests die Dimension ‚kognitive Prozesse' bedienen, werden die TM-Aufgaben anhand dieser Prozesse zerlegt. Dies hat insb. den Vorteil, dass die daraus gewonnenen Items einen objektiv bestimmbaren Anfangs- und Endzustand haben (vgl. Tabelle 1) und dass zur Überführung des Anfangs- in den Endzustand durch die Probanden die im Modell angenommenen Kognitiven Prozesse des Mechanischen Modellierens zu leisten sind. Da noch keine Erkenntnisse über plausible Distraktoren vorliegen, werden die Items den Studierenden als offene vorgelegt.

Tabelle 1: Anfangs- und Endzustände von Items nach Prozessdimension (P)

Kognitive Prozesse	Anfangszustand	Endzustand
Bewerten	korrekte oder falsche Lösung einer mechanischen Aufgabe	Bewertung
Rechnen	Mathematisches Äquivalent ungelöst	Mathematisches Äquivalent gelöst
Formulieren	Mechanisches Modell	Mathematisches Äquivalent
Abstrahieren	Reales Objekt oder dessen schematische Darstellung	Mechanisches Modell

Empirisch erhaltende falsche Antworten werden zur späteren Umformulierung in Multiple-Choice-Aufgaben und zur Erstellung eines Kodierleitfadens für offene Aufgaben herangezogen.

Zu *(4) Pilotierung und Itemüberarbeitung und (5)* Haupterhebung: Zur Ermittlung der Funktionsfähigkeit der Items und ggf. deren Überarbeitung wird eine Pilotierung beider Tests aufgrund der hohen Zahlen der zu prüfender Items an jeweils 3-stelligen Zahlen von Studierenden durchgeführt.

Die empirische Haupterhebung ist querschnittlich angelegt und umfasst eine Gelegenheitsstichprobe von 900 Studierenden je Test. Die Bearbeitungszeit für die Tests wird auf 80 Minuten festgelegt. Die 80 bzw. 120 Items der Tests werden mittels Balanced Incomplete Block Design (z. B. Johnson, 1992) auf verschiedene Testhefte à 20 bzw. 24 Items verteilt. Die 40 Items zum Wissen über „feste Körper im Gleichgewicht" des 3-Semester Tests sind auch im Itempool des Tests des 1. Semesters enthalten, um eine gemeinsame Skalierung zu ermöglichen. Daneben wird ein Hintergrundfragebogen zu Lerngelegenheiten und Studienbedingungen (10 Minuten) vorgelegt (vgl. Blömeke & Zlatkin-Troitschanskaia, 2013, S. 7). Für die Sicherung der Teilnahmemotivation erhalten die Studierenden eine Rückmeldung zu ihren Testergebnissen über die Projekthomepage.

Zu *(6) Modell validieren*: Wie in Abschnitt 7 erläutert, hat die rechte Seite des TM-Modells den Status einer Hypothese zur Kompetenzstruktur in der TM. Die Testung der Hypothesen erfolgt mittels einer multidimensionalen Rasch-Skalierung (Rost, 2004), wobei ein- und mehrdimensionale Lösungen anhand von Informationskriterien verglichen werden. Weitere Analysen zur Modellvalidierung umfassen den Vergleich des Erklärungsbeitrags des Index-Wertes der Anforderungshöhe (A-Index), der Position in der Lehrstoffhierarchie sowie der anderen potenziell schwierigkeitsrelevanten Aufgabenmerkmalen im Bezug auf die Itemschwierigkeit, wobei die Anforderungshöhe sowie die Inhaltsstruktur die Itemschwierigkeit besser vorhersagen sollte als die TM-fremden Aufgabenmerkmale. Zur Niveaumodellierung wird zunächst geprüft, ob die empirisch ermittelten Itemschwierigkeiten sich gemäß ihrer Zuordnung zu den entwickelten construct maps anordnen und somit die dort vorgenommene Unterteilung Bestätigung findet. Alternativ werden Ansätze zur Niveaumodellierung nach Beaton & Allen (1992) oder Hartig (2007) herangezogen. Mit einer latenten Klassenanalyse (Lazarsfeld & Henry, 1968) wird geprüft, ob sich Gruppen von Studierenden mit typischen Profilen im Bezug auf die Dimensionskategorien differenzieren lassen.

Zu *(7) Lernstandsinformationen Generieren*: Im Falle einer erfolgreichen Validierung des TM-Modells, können über die Instrumente Informationen über Lernstände generiert werden, die zu verschiedenen Zwecken nutzbar sind.

Die Instrumente können dazu dienen, zu Beginn oder im Laufe eines Semesters das Ausgangsniveau von Studierendengruppen zu bestimmen. Es ermöglicht die Erstellung von Profilen der Studierendengruppe, welche Auskunft darüber geben, in welchen Wissensbereichen bzw. in welchen Prozessschritten des mechanischen Modellierens Kompetenzen oder Kompetenzdefizite vorliegen. Lehrende können dann innerhalb ihrer Veranstaltungen zielgenauer auf die Lernausgangslagen der Studierenden eingehen.

Zudem können Hochschullehrer ihren Studenten eine Rückmeldung über das Niveau der Gruppe auf den Skalen" geben, ebenso wie sie die Ergebnisse von Studierenden mit Leistungen vorausgegangener Gruppen bzw. mit Gruppen anderer Institutionen vergleichen können. Je nach Höhe der Reliabilität des Tests, sind auch individuelle Rückmeldungen denkbar.

Ferner bieten die Tests die Möglichkeit, als Teilinstrument im Rahmen größer angelegter Vergleichsstudien eingesetzt zu werden, die den Output von akademischen Bildungseinrichtungen in der Lehre auf Institutionen- oder Länderniveau vergleichen. Derartige Studien liefern Evidenzen, die als Grundlage für bildungspolitische Entscheidungen dienen können.

Zu *(8) Lehre empirisch fundiert verbessern*: Zahlreiche Erfahrungen z. B. aus der Konzept-Forschung aber auch aus der jüngeren empirischen Bildungsforschung (z. B. PISA) machen deutlich, dass aus der reinen Feststellung eines defizitären Zustandes nicht unmittelbar Maßnahmen zur Verbesserung des Ist-Zustandes abzuleiten sind. Die Übersetzung von Assessmentdaten in didaktische Handlungsvorschläge ist damit als Forschungsdesiderat zu betrachten.

5 Begleitende Maßnahmen: Anstoß eines hochschulpolitischen Diskurses

Vergleichbare Testinstrumentarien sind bisher in der deutschen Hochschullandschaft – wenn überhaupt – nur in Einzelfällen anzutreffen. Die Erfahrungen mit den politischen und gesellschaftlichen Reaktionen auf die Bekanntgabe von Ergebnissen der großen internationalen Vergleichsstudien (insb. PISA) lassen vermuten, dass formalisiertes Testing nicht ohne Vorbehalte wahrgenommen wird. In der Endphase des Projekts werden deshalb die Erkenntnisse des KOM-ING-Projekts dazu genutzt, mit Lehrenden der TM von verschiedenen Hochschulstandorten den Nutzen der Resultate für eine Verbesserung der Lehre zu diskutieren. Auf diese Weise wird ausgelotet, inwieweit Hochschullehrer dafür gewonnen werden können, Tests als regelmäßiges Instrument der Informationsgewinnung einzusetzen oder ihre Institutionen Vergleichsarbeiten auszusetzen. Darüber hinaus soll ein Eindruck darüber gewonnen werden, welche Anforderungen ein fest etabliertes Testprogramm erfüllen müsste, um auf Akzeptanz zu stoßen. Wesentliche Faktoren dürften hier die Qualität der gewonnen Informationen und der Aufwand für die Lehrenden sein, beides Aspekte, die durch das im Projekt entwickelte Instrumentarium sowie die gewonnenen Ergebnisse für potenzielle Nutzer in den Ingenieurwissenschaften erstmals Gestalt annehmen. Aber auch die öffentliche Darstellung der Ergebnisse sowie ihre hochschulpolitische Bedeutung für die Institutionen und in letzter Konsequenz für die lehrenden Personen dürften von hoher Relevanz sein. Auf dieser Grundlage wird nicht nur die Diskussion konkret wahrgenommener Chancen und Risiken ermöglicht, sondern auch eine hochschulpolitische Positionierung aller beteiligten Akteure.

Literatur

OECD (Hg.) (2009): Assessment Of Higher Education Learning Outcomes (Ahelo). Verfügbar unter http://www.oecd.org/dataoecd/3/13/42803845.pdf, zuletzt aktualisiert am 20.04.2009.

Anderson, L. W. & Krathwohl, D. R. (2001). A taxonomy for learning, teaching, and assessing: a revision of Bloom's taxonomy of educational objectives (Abridged). New York u. a.: Longman.

Aufschnaiter, C. von & Rogge, C. (2010). Wie lassen sich Verläufe der Entwicklung von Kompetenz modellieren? ZfDN, 16, 95–114. Verfügbar unter http://www.ipn.uni-kiel.de/zfdn/pdf/16_Aufschnaiter.pdf

Baumert, J., Bos, W. & Lehmann, R. H. (Hrsg.). (2000). TIMSS/III. Dritte internationale Mathematik- und Naturwissenschaftsstudie. Mathematische und naturwissenschaftliche Bildung am Ende der Schullaufbahn (TIMSS/III, Bd. 1). Opladen: Leske + Budrich.

Bayrhuber, M., Leuders, T., Bruder, R. & Wirtz, M. (2010). Repräsentationswechsel beim Umgang mit Funktionen – Identifikation von Kompetenzprofilen auf der Basis eines Kompetenzstrukturmodells. Projekt Heureko. In E. Klieme, D. Leutner & M. Kenk (Hrsg.) Kompetenzmodellierung. Zwischenbilanz des DFG-Schwerpunktprogramms. Zeitschrift für Pädagogik. (56) [Themenheft]. Weinheim: Beltz.

Beaton, A. E. & Allen, N. L. (1992). Interpreting Scales Through Scale Anchoring. Journal of Educational Statistics, 17 (2), 191–204.

Berger, J. (2008). Klausurentrainer Technische Mechanik. Aufgaben und ausführliche Lösungen zu Statik, Festigkeitslehre und Dynamik. Wiesbaden: Vieweg + Teubner.

Biersack, W., Kettner, A. & Schreyer, F. (2007). Fachkräftebedarf: Engpässe, aber noch kein allgemeiner Ingenieurmangel. IAB-Kurzbericht: 16. Verfügbar unter http://doku.iab.de/kurzber/2007/kb1607.pdf

Blömeke, S. & Zlatkin-Troitschanskaia, O. (2013). Kompetenzmodellierung und Kompetenzerfassung im Hochschulsektort. Ziele, theoretischer Rahmen, Design und Herausforderungen des BMBF-Forschungsprogramms KoKoHs (Blömeke, S. & Zlatkin-Troitschanskaia, O., Hrsg.). Berlin; Mainz: Johannes Gutenberg-Universität Mainz; Humboldt Universität zu Berlin. Verfügbar unter http://www.kompetenzen-im-hochschulsektor.de/Dateien/KoKoHs_WP1_Bloemeke_Zlatkin-Troitschanskaia_2013_.pdf

Bloom, B. S. (Hg.). (1956). Taxonomy of Educational Objectives: The Classification of Educational Goals. Handbook 1: cognitive domain. New York: McKay.

Blum, W. (1993). Mathematical modelling in mathematics education and instruction. In T. Breiteig, I. Huntley & G. Kaiser-Messmer (Hrsg.), Teaching and learning mathematics in context (Mathematics and its applications, S. 3–14). New York: Ellis Horwood. Verfügbar unter http://oai.bibliothek.uni-kassel.de/bitstream/urn:nbn:de:hebis:34-2009051227366/1/Blum-Modelling1993.pdf

Böge, A. & Schlemmer, W. (2009). Aufgabensammlung Technische Mechanik. Wiesbaden: Vieweg+Teubner Verlag / GWV Fachverlage GmbH.

Bruner, J. S. (1960). The Process of Education. Cambridge/MASS: Harvard University Press.

Bybee, R. W. (1997). Toward an Understandig of Scientific Literacy. In W. Gräber & Bolte C. (Hrsg.), Scientific literacy. An international symposium (S. 37–68). Kiel: IPN.

Coates, H. B. & Radloff, A. (2008). Tertiary engineering capability assessment: concept design. Camberwell, Vic.: Australian Council for Educational Research.

Csapó, B. (2010). Goals of Learning and the Organization of Knowledge. In E. Klieme, D. Leutner & M. Kenk (Hrsg.) Kompetenzmodellierung. Zwischenbilanz des DFG-Schwerpunktprogramms. Zeitschrift für Pädagogik. (56), 12–27 [Themenheft]. Weinheim: Beltz.

Dankert, J. & Dankert, H. (2011). Technische Mechanik. Statik, Festigkeitslehre, Kinematik/Kinetik. Wiesbaden: Vieweg + Teubner.

Dörner, D. (1976). Problemlösen als Informationsverarbeitung. Stuttgart: Kohlhammer.

Erpenbeck, J. & Rosenstiel, L. von. (2007). Einführung. In J. Erpenbeck & L. von Rosenstiel (Hrsg.), Handbuch Kompetenzmessung: erkennen, verstehen und bewerten von Kompetenzen in der betrieblichen, pädagogischen und psychologischen Praxis (S. XVII–XLVI). Stuttgart: Schäffer-Poeschel.

Fleischmann, P., Geupel, H. & Zammert, W. (1998). What are the standards of education for mechanical engineers demanded by the German industry? In K.-J. Peschges (Hrsg.), Sharing experience to increase internationalization and globalization in engineering education. Conference proceedings; 17th–19th of September 1998. Hockenheim: Larimar-Verl.

Gagné, R. M. & Paradise, N. E. (1961). Abilities and learning sets in knowledge acquisition. Psychological Monographs: General and Applied, 75 (14), 1–23.

Gross, D., Ehlers, W. & Wriggers, P. (2008). Formeln und Aufgaben zur Technischen Mechanik 1. Statik. Berlin, Heidelberg: Springer-Verlag.

Gross, D., Hauger, W. & Schnell, W. (1998). Technische Mechanik. Band 1: Statik. Berlin: Springer.

Hartig, J. & Klieme, E. (2006). Kompetenz und Kompetenzdiagnostik. In K. Schweizer & K. Schweizer (Hrsg.), Leistung und Leistungsdiagnostik (S. 127–143). Berlin: Springer.

Hartig, J. (2007). Skalierung und Definition von Kompetenzniveaus. In B. Beck & E. Klieme (Hrsg.), Sprachliche Kompetenzen. Konzepte und Messung. DESI-Studie (Deutsch Englisch Schülerleistungen International) (S. 79–95). Weinheim: Beltz.

Heublein, U., Hutzsch, C., Schreiber, J., Sommer, D. & Besuch, G. (2009). Ursachen des Studienabbruchs in Bachelor- und in herkömmlichen Studiengängen. Ergebnisse einer bundesweiten Befragung von Exmatrikulierten des Studienjahres 2007/08 (HIS: Projektbericht). Hannover: HIS Hochschul-Informations-System GmbH.

Hibbeler, R. C. (2010). Engineering mechanics. Dynamics. Upper Saddle River, NJ: Prentice Hall.

Johnson, E. G. (1992). The Design of the National Assessment of Educational Progress. Journal of Educational Measurement (29), 95–110.

Junge, H. (2009). Projektstudium als Beitrag zur Steigerung der beruflichen Handlungskompetenz in der wissenschaftlichen Ausbildung von Ingenieuren. Dissertation, Technische Universität. Dortmund. Zugriff am 18.11.2010. Verfügbar unter https://eldorado.tu-dortmund.de/bitstream/2003/26213/1/Dissertation.pdf

Kauertz, A. (2008). Schwierigkeitserzeugende Merkmale physikalischer Leistungstestaufgaben. Berlin: Logos-Verlag

Klauer, K. J. (1974). Methodik der Lehrzieldefinition und Lehrstoffanalyse. Düsseldorf: Pädagogischer Verlag Schwann.

Klieme, E. & Hartig, J. (2007). Kompetenzkonzepte in den Sozialwissenschaften und im erziehungswissenschaftlichen Diskurs. In M. Prenzel, I. Gogolin & H.-H. Krüger (Hrsg.), Kompetenzdiagnostik. Zeitschrift für Erziehungswissenschaft. Sonderheft 8 | 2007, S. 11–29). Wiesbaden: VS Verlag für Sozialwissenschaften/GWV Fachverlage GmbH.

Klieme, E. & Leutner, D. (2006a). Kompetenzmodelle zur Erfassung individueller Lernergebnisse und zur Bilanzierung von Bildungsprozessen. Zeitschrift für Pädagogische Psychologie, 20, 137–138.

Klieme, E. & Leutner, D. (2006c). Kompetenzmodelle zur Erfassung individueller Lernergebnisse und zur Bilanzierung von Bildungsprozessen. Überarbeitete Fassung des Antrags an die DFG auf Einrichtung eines Schwerpunktprogramms. Verfügbar unter http://www.kompetenzdiagnostik.de/images/Dokumente/antrag_spp_kompetenzdiagnostik_ueberarbeitet.pdf

Klieme, E., Bürgermeister, A., Harks, B., Blum, W., Leiß, D. & Rakoczy, K. (2010). Leistungsbeurteilung und Kompetenzmodellierung im Mathematikunterricht. Projekt Co2CA. In E. Klieme, D. Leutner & M. Kenk (Hrsg.) Kompetenzmodellierung. Zwischenbilanz des DFG-Schwerpunktprogramms. Zeitschrift für Pädagogik. (56), 64–74 [Themenheft]. Weinheim: Beltz.

Klieme, E., Neubrand, M. & Lüdke, O. (2001). Mathematische Grundbildung: Testkonstruktion und Ergebnisse. In J. Baumert & M. Neubrand (Hrsg.), PISA 2000. Basiskompetenzen von Schülerinnen und Schülern im internationalen Vergleich, (S. 139–190). Opladen: Leske + Budrich.

Lazarsfeld, P. F. & Henry, N. W. (1968). Latent Structure Analysis. Boston: Houghton Mifflin Company.

Male, S., Bush, M. B. & Chapman, E. S. (2010). Understanding generic engineering competencies. Proceedings of the 2010 AaeE Conference, Sydney. Verfügbar unter http://ceg.ecm.uwa.edu.au/__data/page/67580/AaeE_2010_Male_Bush_Chapman_Understanding_generic_engineering_competencies.pdf

Musekamp, F., Mehrafza, M., Heine, J.-H., Schreiber, B., Saniter, A., Spöttl, G. et al. (2013). Formatives Assessment fachlicher Kompetenzen von angehenden Ingenieuren. Validierung eines Kompetenzmodells für die Technische Mechanik im Inhaltsbereich Statik. In O. Zlatkin-Troitschanskaia, R. Nickolaus & K. Beck (Hrsg.) Kompetenzmodellierung und Kompetenzmessung bei Studierenden der Wirtschaftswissenschaften und der Ingenieurwissenschaften. Lehrerbildung auf dem Prüfstand, Sonderheft. 6, 177–193 [Themenheft]. Landau: VEP.

Neubrand, M., Biehler, R., Blum, W., Cohors-Fresenborg, E., Flade, L., Knoche, N. et al. (1999). Grundlagen der Ergänzung des internationalen PISA Mathematik-Tests in der deutschen zusatzerhebung: Framework zur Einordnung des PISA Mathematik-Tests in Deutschland. Berichte aus den Expertengruppen – Arbeitsgruppe Mathematik. Verfügbar unter http://www.mpib-berlin.mpg.de/en/pisa/pdfs/LangfassungMathe.pdf

OECD (Hg.) (1999). Measuring Student Knowledge and Skills. A New Framework for Assessment. Verfügbar unter http://www.oecd.org/dataoecd/45/32/33693997.pdf

Parchmann, I. (2010). Kompetenzmodellierung in den Naturwissenschaften. Vielfalt ist wertvoll, aber nicht ohne ein gemeinsames Fundament. In E. Klieme, D. Leutner & M. Kenk (Hrsg.) Kompetenzmodellierung. Zwischenbilanz des DFG-Schwerpunktprogramms. Zeitschrift für Pädagogik. (56), 135–142 [Themenheft]. Weinheim: Beltz.

Prenzel, M., Rost, J., Senkbeil, M. & Häußler, P. K. A. (2001). Naturwissenschaftliche Grundbildung: Testkonzeption und Ergebnisse. In J. Baumert & M. Neubrand (Hrsg.), PISA 2000. Basiskompetenzen von Schülerinnen und Schülern im internationalen Vergleich (S. 191–248). Opladen: Leske + Budrich.

Resnick, L. B. (1973). Hierarchies in children's learning. A symposium. Instructional Science, 2, 311–362.

Rost, J. (2004). Lehrbuch Testtheorie - Testkonstruktion. Psychologie Lehrbuch. Bern u. a.: Huber.

Sayir, M. B., Dual, J. & Kaufmann, S. (2008). Ingenieurmechanik 1. Grundlagen und Statik. Wiesbaden: Vieweg + Teubner/GWV Fachverlage GmbH.

Schecker, H. & Parchmann, I. (2006). Modellierung naturwissenschaftlicher Kompetenz. ZfDN (12), 45–66. Verfügbar unter http://www.ipn.uni-kiel.de/zfdn/pdf/003_12.pdf.

Schnell, W., Gross, D. & Hauger, W. (1990). Technische Mechanik. Band 2: Elastostatik. Berlin, Heidelberg: Springer Berlin Heidelberg.

Schramm, M. & Kerst, C. (2009). Berufseinmündung und Erwerbstätigkeit in den Ingenieur- und Naturwissenschaften. Hannover: HIS Hochschul-Informations-System GmbH. Verfügbar unter http://www.wissenschaftsmanagement-online.de/sites/www.wissensch aftsmanagement-online.de/files/migrated_wimoarticle/MINT_Gesamt_20090512.pdf

Senkbeil, M., Rost, J., Carstensen, C. H. & Walter, O. (2005). Der nationale Naturwissenschaftstest PISA 2003. Entwicklung und empirische Überprüfung eines zweidimensionalen Facettendesigns. Empirische Pädagogik – Zeitschrift zu Theorie und Praxis erziehungswissenschaftlicher Forschung, 19 (2), 166–189.

Shames, I. H. (1996). Engineering Mechanics: Statics. Upper Saddle River, NJ: Prentice Hall.

Sorby, S. A. (2007). Developing 3D spatial skills for engineering students. Australasian Journal of Engineering Education, 13 (1). Verfügbar unter http://www.engineers media.com.au/journals/aaee/pdf/AJEE_13_1_Sorby.pdf

Spöttl, G. & Musekamp, F. (2009). Berufsstrukturen und Messen beruflicher Kompetenz. berufsbildung, 63 (118), 20–23.

Straka, G. A. & Macke, G. (2009a). Berufliche Kompetenz: Handeln können, wollen und dürfen. Zur Klärung eines diffusen Begriffs. BWP (3), 14–17.

Straka, G. A. & Macke, G. (2009b). Neue Einsichten in Lehren, Lernen und Kompetenz (ITB-Forschungsberichte Nr. 40). Bremen: Institut Technik und Bildung (ITB). Verfügbar unter http://elib.suub.uni-bremen.de/ip/docs/00010417.pdf

Trevelyan, J. P. (2007). Technical Coordination in Engineering Practice. Journal of Engineering Education, 96 (3), 191–204.

Ulrich, H. & Probst, G. J. B. (1991). Anleitung zum ganzheitlichen Denken und Handeln. Bern: Haupt.

Viering, T., Fischer, E. H. & Neumann, K. (2010). Die Entwicklung physikalischer Kompetenz in der Sekundarstufe I. Projekt Physikalische Kompetenz. In E. Klieme, D. Leutner & M. Kenk (Hrsg.) Kompetenzmodellierung. Zwischenbilanz des DFG-Schwerpunktprogramms. Zeitschrift für Pädagogik. (56), 92–102 [Themenheft]. Weinheim: Beltz.

Wilson, M. R. (2005). Constructing measures. An item response modeling approach. Mahwah, NJ: Erlbaum.

Wilson, M. R. (2008). Cognitive Diagnosis Using Item Response Models. Zeitschrift für Psychologie/Journal of Psychology, 216 (2), 74–88.

Zlatkin-Troitschanskaia, O. & Kuhn, C. (2010). Messung akademisch vermittelter Fertigkeiten und Kenntnisse von Studierenden bzw. Hochschulabsolventen. Analyse zum Forschungsstand. Verfügbar unter http://www.wipaed.uni-mainz.de/ls/Arbeitspapiere WP/gr_Nr.56.pdf

Florina Ştefănică, Stefan Behrendt, Elmar Dammann,
Reinhold Nickolaus, Aiso Heinze

Theoretical Modelling of Selected Engineering Competencies

Drawing on preliminary empirical studies, this paper analyses the curricular foci of different institutions for higher education with respect to their mechanical engineering courses. On this basis, and taking into consideration the state of research from other fields, we present theoretical models of basic engineering competencies.

Auf der Basis empirischer Vorstudien werden in diesem Beitrag curriculare Schwerpunktsetzungen unterschiedlicher Hochschultypen am Beispiel von Maschinenbaustudiengängen analysiert. Darauf aufbauend und im Anschluss an den Forschungsstand in anderen Domänen werden theoretische Modellierungen ausgewählter ingenieurwissenschaftlicher Kompetenzen im Grundstudium vorgenommen.

1 Initial situation

In the areas of general and vocational education below the academic level, substantial improvement in the modelling and measurement of competencies has been documented (see an overview e.g. in Nickolaus & Seeber, 2013; Zlatkin-Troitschanskaia & Seidel, 2011; Nickolaus, Lazar, & Norwig, 2012). Work on modelling and measurement of competencies in the academic field, however, is restricted to the area of teachers' education. In the field of engineering studies, research work is scarce (an overview of the international state of research is given in Zlatkin-Troitschanskaia & Kuhn, 2010). Working in this area seems difficult due to the broad differences between the engineering fields of activity, not only between different engineering branches but also between the various activities within a single engineering branch. For example, the following enumeration shows a variety of activities from mechanical engineering: development work in different sectors (e.g. automotive engineering, manufacturing systems engineering, precision engineering), management, research, patent law etc.

While researchers in Australia searched for the common competency, which is necessary for meeting the demands of all engineering tasks and thus developed an approach to measuring the general engineering problem solving competency (cf. Coates & Radloff, 2008), in the area of technical vocational education below the academic level, research indicates that subject-specific problem solving competencies can be better explained by domain-specific knowledge than by a general (dynamic) problem solving competency (cf. Abele et al., 2012). It therefore seems necessary to start the modelling and measurement of engineering competencies separately for individual domains. This contribution (exemplarily) focuses on the mechanical engineering design[1] and relates to the research project KoM@ING[2].

2 Theoretical modelling of engineering competencies – points of reference[3]

The concept of competency on one hand and the contents on the other hand are two key factors in the theoretical modelling of engineering competencies.

2.1 Concept of competency

Competencies are often described as acquirable "context-specific cognitive dispositions that are acquired and needed to successfully cope with certain situations or tasks in specific domains" (Koeppen et al., 2008, see also Klieme et al., 2007; Nickolaus & Seeber, 2013). There is however a controversy concerning the inclusion of meta-cognitive and motivational aspects: Some authors include these aspects into the construct of competency (cf. Weinert, 2001), other authors exclude them (cf. Abele, 2013; Zlatkin-Troitschanskaia & Seidel, 2011), whilst a third group of authors includes the two aspects into the construct of competency, but collects them as separate person traits (cf. Klieme & Leutner, 2006).

We consider the CLARION-model from Sun (2006), slightly modified by Abele (2013), as continuative (cf. figure 1). This model differentiates between two knowledge systems, an action-centered (knowledge) system (ACS) and a non-action-centered or subject-specific (knowledge) system (NACS). Both systems include explicit and implicit subsets, which are linked. The NACS contains knowledge modules which have no direct link to actions; however, it is possible to apply the non-action-centered knowledge to the action-centered knowledge and to performed actions. The ACS refers to (motoric or cognitive) actions and contains knowledge in an explicit form (IF-THEN-rules) on the one hand, and, on the other hand, implicit knowledge in the

---

1 In the following the term "engineering" refers to "mechanical engineering".
2 KoM@ING (Modeling and Developing Competencies: Integrated IRT-Based and Qualitative Studies with a Focus on Mathematics and its Usage in Engineering Education) is a joint project of the universities of Bochum, Dortmund, Kiel, Lüneburg, Paderborn and Stuttgart. It is funded by the German Federal Ministry for Education and Research (BMBF). The project aims at modelling engineering competencies in the branches of mechanical and electrical engineering. Furthermore it is intended to generate first explanatory models for the development of engineering competencies.
3 For a more detailed modelling, which includes further content dimensions see Nickolaus et al. (2013).

form of schemes which do not require any conscious processing for updates (see also Abele, 2014; Schmidt et al., 2014). Considering the complexity of engineering tasks, we assume that not only domain-specific knowledge systems become relevant, but also other non-action-centered knowledge systems, e.g. knowledge about economic principles. Hence, knowledge from different domains is combined in the ACS. The operations of both knowledge systems as well as and their interactions are influenced by the motivational and the metacognitive subsystems.

Figure 1: CLARION-Model from Sun 2006 (referring to Abele, 2013)

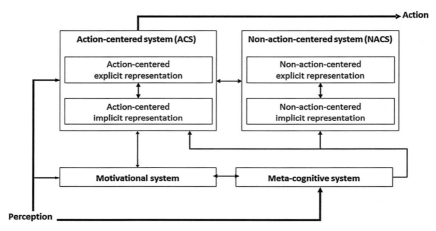

This model shows that motivational and meta-cognitive elements are included in the cognitive performance data, both in real workplace situations and in testing situations. It is consequently not possible to exclude motivational and meta-cognitive elements during the process of collecting cognitive data. (The relation between the motivational and the meta-cognitive elements should be verified empirically.)

2.2 Contents: Activity-related or curricular references for the modelling of competencies?

Another key factor in the modelling of engineering competencies is the specification of the relevant knowledge systems.

A possible approach for this purpose would be to refer to job characteristics of mechanical engineers. A sample of 41 job advertisements (April to May 2013) for mechanical engineers has been analysed for this purpose. The job advertisements include on average 5.6 different job characteristics. Some of the characteristics are rather general (e.g. development and construction of assemblies and machines in the areas of plant engineering, manufacturing systems engineering or vehicle construction), others are specified more precisely (e.g. design of high-quality, innovative and energy efficient systems for the production of windows and doors). Some of the required activities in the technical field are: body construction, manufacturing of engines, conveyor systems, automation engineering, plastics engineering, simulation technology, tribology, measurement and testing technologies, aircraft construction etc. Additionally, the advertisements contain activities beyond the technical field, e.g.: project management, market analyses, co-ordination of service providers, optimization of processes and products in consideration of functional, economic, ecological, technical, ergonomic and safety requirements, technical realization of large-scale international projects, patent law, service optimization, improvements in customer loyalty etc.

This great heterogeneity of engineering tasks rules out an activity-related modelling of engineering competencies. At first glance, an approach which is oriented to the academic curricula seems more promising. It seems however necessary to focus on the curricular cores of mechanical engineering studies, as we encountered broad differences in the implementation of mechanical engineering studies across university locations (e.g. there are locations with more than 50 professorships, which implies a great variety of specializations for engineering studies). This way, we can fix the contours of the non-action-centered knowledge systems.

2.3 Contours of the engineering curricular cores

Curricular analyses, including the TU 9[4] universities and the HAWtech[5] universities of applied sciences, have been carried out in order to determine the common cores of the mechanical engineering courses of study (Behrendt, 2011; Ştefănică, 2011). Four central subjects have been observed within the basic engineering studies: Engineering Mathematics, Engineering Mechanics, Material Sciences and Mechanical Engineering Design. Measured by means of the European Credit Transfer System (ECTS), these subjects represent approximately 40% of the curricular contingent.

The analysis of the module descriptions of the four subjects shows a great variation in the number of allocated ECTS points across the different

---

4 According to their own statements, the TU 9 are the leading institutions in research and teaching in the engineering field in Germany (http://www.tu9.de/). The RWTH Aachen, the (Technical) Universities of Berlin, Braunschweig, Darmstadt, Dresden, Hannover, Karlsruhe (Karlsruhe Institute of Technology), Munich and Stuttgart belong to the TU 9.
5 The following universities of applied sciences belong to the German Alliance for Applied Sciences (HAWtech): Aachen, Berlin, Darmstadt, Dresden, Esslingen and Karlsruhe (http://www.hawtech.de/; cf. also Behrendt, 2011, p. 18).

locations (e.g. figure 2, figure 3). The number of ECTS points for Engineering Mathematics varies between 10 and 27. Large fluctuations in the number of ECTS points have been observed between the types of institutions of higher education: At universities, more ECTS points are allocated for this subject (mean = 22.3) than at universities of applied sciences (mean = 13.2). Furthermore, location specific preferences can be found. The average numbers of ECTS points at universities (Uni) and universities of applied sciences (UApS) are nearly identical for the other three subjects: For Engineering Mechanics *mean*(Uni) = 19.3 and *mean*(UApS) = 18.2, for Material Sciences *mean*(Uni) = 8.2 and *mean*(UApS) = 8.5 and for Mechanical Engineering Design *mean*(Uni) = 20.1 and *mean*(UApS) = 20.05. However, great variations in the number of allocated ECTS points exist among the different locations: For Engineering Mechanics min = 14 ECTS and max = 20 ECTS, for Material Sciences min = 6 ECTS and max = 12 ECTS (cf. figure 3) and for Mechanical Engineering Design min = 14 ECTS and max = 30 ECTS.

Figure 2: ECTS points at the TU 9 and HAWtech in Engineering Mathematics (Behrendt, 2011, p. 21)

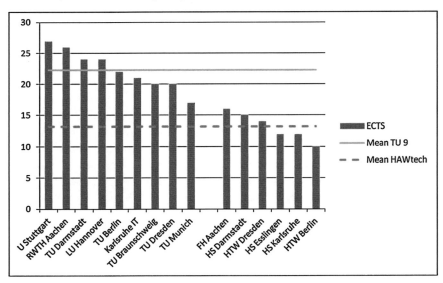

Against the background of this heterogeneity, it is questionable whether common cores for the four subjects can be identified. Analyses of the contents and objectives included in the module descriptions have been carried out for this purpose. Although module descriptions show considerable variation in terminology and in degree of detail (Behrendt, 2011; Ştefănică, 2011), their analysis and comparison shows that common cores can be identified.

Behrendt (2011) and Ştefănică (2011) hence analysed module descriptions, lecture notes, exercises and exams from selected institutions in more detail. The main results will be presented in the following.

Figure 3: ECTS points at the TU 9 and HAWtech in Material Sciences (Behrendt, 2011, p. 48)

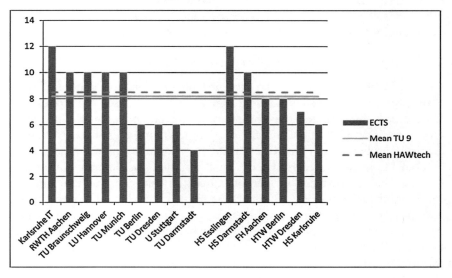

2.3.1 Contours of Engineering Mathematics

Considering all institutions of higher education (see above), the following thematic categories were found:

(1) Mathematical basics, including complete induction, propositional logic, theory of sets;
(2) Linear algebra and analytical geometry, including matrix algebra, vector analysis, linear systems of equations;
(3) Uni-variate analysis, including sequences, series and functions;
(4) Uni- and multi-variate differential and integral calculus;
(5) Differential equations.

Universities of applied sciences seem to focus on mathematical basics and to attach less importance to multi-variate differential and integral calculus (cf. Behrendt, 2011, pp. 28ff.).

The results of the analysis of exams are remarkable in this regard, as they show that analysis, linear algebra and analytical geometry, uni-variate differential and integral calculus as well as (easier) differential equations are strongly represented in the exams of all institutions (cf. Ştefănică, 2011).

Furthermore, an analysis of the features of difficulty of the exam questions has been conducted using criteria from relevant empirical research studies. The analysis documented similar requirement levels for exams across all institutions (cf. Ştefănică, 2011, 2013).

The objectives of Engineering Mathematics, as formulated in the module descriptions, are precise and refer to the contents on one hand, while on the other hand they tend to legitimate the presence of Engineering Mathematics in the engineering curricula and to motivate students for the subject.

2.3.2 Contours of Mechanical Engineering Design

Despite Mechanical Engineering Design being a difficultly delimitable domain[6], curricular cores can be identified across all analysed locations, both for the contents and for the objectives. The common contents are: techniques for documentation and for drawings, joining techniques, storages, gearing mechanisms, clutches, brakes and computer-aided design. The common objectives are: knowledge in techniques for documentation and for drawings, knowledge in methodical design and construction, abilities for designing of assemblies and machine elements while taking into consideration safety-related aspects and using CAD systems (cf. Behrendt, 2011, pp. 56ff.). Contents from Engineering Mechanics and Material Sciences are hereby implicitly and explicitly addressed. An integrative processing of the three different subjects is necessary hence.

3 Modelling approach

While different competency models – both normative and empirically verified ones – for mathematics exist from other domains (PISA, TIMSS, national educational standards, national education panel), no preliminary work has been done for Engineering Mechanics, Material Science and Mechanical Engineering Design.

Theoretical frameworks for assessing competencies in Engineering Mathematics and Mechanical Engineering Design will be developed in the following, using the results from the curricular analyses and (for Engineering Mathematics) from competency models available from other areas. Theoretical frameworks for assessing competencies in Engineering Mechanics and Material Science are described in Nickolaus et al. (2013).

---

6 This fact is underlined by the multitude of terms used for the relevant subjects across locations. Behrendt subsumes modules for technical drawing, CAD, design, design theory, machine elements, product development and machine design and excludes contents from production engineering, drive engineering and fluid technology (cf. Behrendt, 2011, p. 15).

3.1 Framework for Engineering Mathematics

Although, to our knowledge, neither empirically verified models nor theoretical frameworks for assessing competencies in Engineering Mathematics exist so far, the various modelling results below the academic level provide a solid basis for the generation of a framework. Wagner (2010) suggests a framework for assessing the mathematical competencies at the beginning of the university studies, which shows substantial similarities to PISA (OECD 1999) and the national educational standards (Blum, 2006). This framework contains three dimensions: a content-oriented, a process-oriented and a dimension of cognitive requirements. The content-oriented dimension is differentiated into: number and structure, limit and approximation, functional dependence and measurement (cf. Wagner, 2010, p. 904). The following components are proposed for the process dimension: mathematical reasoning; mathematical problem solving; mathematical modelling; using mathematical representations; handling mathematical symbols and formalisms; communicating in, with and about mathematics (cf. Wagner, 2010, p. 904) – this dimension shows great similarities to the Danish KOM project (cf. Niss, 2003). The dimension of cognitive requirements is divided into: reproduction; establishing connections; generalization and reflection; formal thinking (cf. Wagner, 2010, p. 904; see also Ștefănică, 2011). Except for the formal thinking, the dimension of cognitive requirements originates from the modelling of the national educational panel (cf. Ehmke et al., 2009), PISA and the national educational standards. Wagner's model has not been empirically verified yet, but the author intends to do so (cf. Wagner, 2010, p. 906).

Substantial differences between school programs and academic programs (cf. e.g. Tall, 1991; Dreyfus, 1991; Vinner, 1991), e.g. application-oriented training at school compared to an axiomatic accumulation of knowledge in the academic context (Fischer, Heinze, & Wagner, 2009, pp. 248ff.), are reasons not to use this framework for assessing competencies at a later point in time in the course of engineering studies.

We assume that the competency structure for Engineering Mathematics will be influenced by the inner-mathematical structures within the academic curricula (for more details see Nickolaus et al., 2013), taking into consideration results from vocational education which prove that competency structures follow subject-oriented structures (for an overview see Nickolaus & Seeber, 2013; Nickolaus, 2011; Nickolaus, Lazar, & Norwig, 2012). The framework for assessing competencies in Engineering Mathematics in table 1 will consequently be considered in a first approach. Stochastics and numerics have not been considered here for the content area, as they are not or just partially covered within Engineering Mathematics across the analysed institutions (Behrendt, 2011; Ştefănică, 2011). This framework was generated following the CLARION-Model, whereat terminology delimitations are not completely identic. E.g. action-centered knowledge can also include non-action-centered components in terms of IF-THEN-rules (for more details see Nickolaus, 2013).

In order to sustainably verify this structure, a considerable number of items as well as appropriate sample sizes are required. The required number of items will presumably not be reached within a first approach. It seems however necessary to cover all components of this framework, as, on one hand, they constitute elements from the academic curricula across all locations and, on the other hand, they allow for the anticipation of varying cognitive requirements; otherwise validity arguments could not apply to this framework.

Table 1: Framework for assessing mathematical competencies of engineers (cf. Nickolaus et al., 2013)

Content area	Knowledge component	↔		Process component[7]		
	Declarative knowledge	Procedural knowledge		Problem solving		Reasoning & reflection
		Technical skills	Mathematical modelling	Inner-mathematical problem solving	Conceptual modelling	
Uni-variate analysis	Knowledge of facts (definitions, properties, propositions)	Conducting solution procedures (algorithms, schemes): inner-mathematical	Conducting solution procedures (algorithms, schemes): extra-mathematical (standard models)	Generation of (unknown) procedures for inner-mathematical problems	Generation of mathematical models for unknown extra-mathematical situations	Argumentative penetration of inner- & extra-mathematical solutions (reasoning, comparison of solutions)
Multi-variate analysis, differential equations						
Linear algebra						
Analytical geometry						

3.2 Framework for Mechanical Engineering Design

Curricular cores for Mechanical Engineering Design have been identified, as the results of the curricular analyses have shown (see above). These cores

---

7 The continuum between "Knowledge component" and "Process component" which is suggested here reflects that the differentiation between action-centered knowledge and non-action-centered knowledge cannot be specified by definition, but has to be determined empirically.

consist of: technical documentation and technical drawing, design techniques and machine elements (selection, dimensioning and design of assemblies).

As there have been no modelling approaches for Mechanical Engineering Design yet, we propose a similar framework as for Engineering Mathematics. This framework therefore contains a content dimension and a dimension of cognitive requirements (table 2). As the framework addresses competencies in the basic engineering studies, the last two columns will not be considered for the first approach towards a modelling of competencies in Mechanical Engineering Design.

Table 2: Framework for assessing competencies in Mechanical Engineering Design (cf. Nickolaus et al., 2013)

Content area	Knowledge component ↔			Process component		
	Declarative knowledge (Engineering Mechanics, Material Science, technical documentation, design techniques, machine elements)	Procedural knowledge		Solving problems		Reasoning & reflection with regard to arising conflicts between objectives and interests
		Procedures of Engineering Mechanics	Documentation procedures, design procedures	Suitable selection of machine elements	Design and dimensioning in respect to functional, humanitarian, economical and environmental aspects	
Machine elements: selection and design						
Machine elements: dimensioning						
Technical documentation						
Design techniques						

4 Questions to be clarified empirically

The next step after having defined the individual frameworks for assessing competencies in Engineering Mathematics, Mechanical Engineering Design, Engineering Mechanics and Material Science (for the last two see Nickolaus et al., 2013) will be their empiric verification. Several questions arise in this case:

a) Will there be differences in the competency levels reached by students, depending on the type of institution of higher education?
b) Will different structures of competencies be found, depending on the type of institution of higher education?
c) Will there be differences in the competency levels reached by students, depending on the location, due to the varying curricular foci?
d) Will different structures of competencies be found, depending on the location, due to the varying curricular foci? This assumption has been proven for the vocational sector below the academic level (cf. Gschwendtner, 2011; Ahmed, 2010).
e) Will the different numbers of ECTS points allocated for the different subjects across the locations affect the reached competency levels?
f) What do the mathematical performance data reflect? In the vocational sector below the academic level, research has shown that mathematical competencies are associated with other professional performances, even if the latter ones do not require mathematical capacities (cf. Geißel et al., 2013). The authors explain this finding, which is valid across different domains, by noncognitive personality traits, which are included in the performance data, for example willingness to make an effort or willingness to deal with something abstract. This thought, which seems plausible against the background of the CLARION-model (Sun, 2006; Abele, 2013), could be extended by elements of the meta-cognitive system of the CLARION-model.

Another issue becomes interesting when considering the development of competencies: Will one-dimensional or multi-dimensional models be more appropriate when measuring engineering competencies at different points within the engineering studies? This question can also be formulated as follows: Will a differentiation or a fusion of different knowledge areas take place in the course of education? A differentiation of knowledge areas in the course of vocational education can be documented for different professions below the academic level (cf. e.g. Gönnenwein et al., 2011; Gschwendtner, 2011; Nickolaus et al., 2012; Nickolaus & Seeber, 2013). Gschwendtner (2008), however, shows a fusion of different knowledge areas in the course of vocational education. Hence, this question has to be empirically responded to for engineering studies.

In the joint project KoM@ING it will be possible to provide further insights into a part of the questions raised, as it is a longitudinal study, which examines the four subjects mentioned above at different types of institution of higher education.

Bibliography

Abele, S., Greiff, S., Gschwendtner, T., Wüstenberg, S., Nickolaus, R., Nitzschke, A., & Funke, J. (2012). Dynamische Problemlösekompetenz. Zeitschrift für Erziehungswissenschaft, 15(2), 363–391.

Abele, S. (2013). Modellierung, Entwicklung und Determinanten berufsfachlicher Kompetenz in gewerblich-technischen Ausbildungsberufen. Analysen auf Basis von testbasierten, berufsschulischen und betrieblichen Leistungsdaten sowie Prüfungsergebnissen. Aachen: Shaker, Universität Stuttgart, Dissertation.

Ahmed, F. (2010). Technical and Vocational Education and Training – Curricula Reform Demand in Bangladesh. Qualification Requirements, Qualification Deficits and Reform Perspectives. Universität Stuttgart, Dissertation.

Behrendt, S. (2011). Curriculare Schwerpunktsetzungen und Anforderungsniveaus in ausgewählten ingenieurswissenschaftlichen Lehrangeboten. Eine vergleichende Analyse unter Einbeziehung von Universitäten und Fachhochschulen. Universität Stuttgart, Masterarbeit.

Blum, W. (2006). Die Bildungsstandards Mathematik. Einführung. In W. Blum; C. Drücke-Noe; R. Hartung; O. Köller (Eds.), Bildungsstandards Mathematik: konkret. Sekundarstufe I: Aufgabenbeispiele, Unterrichtsanregungen, Fortbildungsideen. Berlin: Cornelsen, pp. 14–32.

Coates, H.; Radloff, A. (2008). Tertiary Engineering Capability Assessment Concept Design. Australian Council for Educational Research.

Dreyfus, T. (1991). Advanced Mathematical Thinking Process. In: D. Tall (Ed.). Advanced Mathematical Thinking. Dordrecht, London: Kluwer Academic, pp. 25–41.

Ehmke, T.; Duchhardt, C.; Geiser, H.; Grüßing, M.; Heinze, A.; Marschick, F. (2009). Kompetenzentwicklung über die Lebensspanne – Erhebung von mathematischer Kompetenz im Nationalen Bildungspanel. In A. Heinze; M. Grüßing (Eds.), Mathematiklernen vom Kindergarten bis zum Studium. Kontinuität und Kohärenz als Herausforderung für den Mathematikunterricht. Münster, Berlin, München: Waxmann, pp. 313–327.

Fischer, A.; Heinze, A.; Wagner, D. (2009). Mathematiklernen in der Schule – Mathematiklernen an der Hochschule: die Schwierigkeiten von Lernenden beim Übergang ins Studium. In A. Heinze; M. Grüßing (Eds.), Mathematiklernen vom Kindergarten bis zum Studium. Kontinuität und Kohärenz als Herausforderung für den Mathematikunterricht. Münster, Berlin, München: Waxmann, pp. 245–264.

Geißel, B., Nickolaus, R., Ștefănică, F., Härtig, H., & Neumann, K. (2013). Die Relevanz mathematischer und naturwissenschaftlicher Kompetenzen für die fachliche Kompetenzentwicklung in gewerblich-technischen Berufen. In R. Nickolaus, J. Retelsdorf, E. Winther, & O. Köller (Eds.), Vol. 26. Zeitschrift für Berufs- und Wirtschaftspädagogik, Mathematisch-naturwissenschaftliche Kompetenzen in der beruflichen Erstausbildung. Stand der Forschung und Desiderata (pp. 39–65). Stuttgart: Franz Steiner Verlag.

Gönnenwein, A., Nitzschke, A., & Schnitzler, A. (2011). Fachkompetenzerfassung in der gewerblichen Ausbildung am Beispiel des Ausbildungsberufes Mechatroniker/-in: Entwicklung psychometrischer Fachtests. Berufsbildung in Wissenschaft und Praxis, (5), 14–18.

Gschwendtner, T. (2008). Ein Kompetenzmodell für die kraftfahrzeugtechnische Grundbildung. In R. Nickolaus; H. Schanz (Eds.), Didaktik der gewerblichen Berufsbildung. Konzeptionelle Entwürfe und empirische Befunde. Baltmansweiler: Schneider Verlag Hohengehren, pp. 103–119.

Gschwendtner, T. (2011). Die Ausbildung zum Kraftfahrzeugmechatroniker im Längsschnitt: Analysen zur Struktur von Fachkompetenz am Ende der Ausbildung und Erklärung von Fachkompetenzentwicklungen über die Ausbildungszeit. In R. Nickolaus & G. Pätzold (Eds.), Lehr-Lernprozesse in der gewerblich-technischen Berufsbildung (pp. 55–76). Stuttgart: Steiner.

Klieme, E., & Leutner, D. (2006). Kompetenzmodelle zur Erfassung individueller Lernergebnisse und zur Bilanzierung von Bildungsprozessen. Beschreibung eines neu eingerichteten Schwerpunktprogramms der DFG. Zeitschrift für Pädagogische Psychologie, 52(6), 876–903.

Klieme, E.; Avenarius, H.; Blum, W.; Döbrich, P.; Gruber, H.; Prenzel, M.; Reiss, K.; Riquarts, K.; Rost, J.; Tenorth, H.-E.; Vollmer, H. J. (2007). Zur Entwicklung nationaler Bildungsstandards. Bildungsforschung Bd. 1. Bonn: Bundesministerium für Bildung und Forschung. Retrieved from www.bmbf.de/pub/band_zwanzig_ bildungsforschung.pdf

Koeppen, K., Hartig, J., Klieme, E., & Leutner, D. (2008). Current Issues in Competence Modeling and Assessment. Journal of Psychology, 216(2), 61–73.

Nickolaus, R. (2011). Die Erfassung fachlicher Kompetenzen und ihrer Entwicklungen in der beruflichen Bildung – Forschungsstand und Perspektiven. In O. Zlatkin-Troitschanskaia (Ed.), Stationen empirischer Bildungsforschung. Wiesbaden: VS-Verlag, pp. 331–351.

Nickolaus, R., Abele, S., Gschwendtner, T., Nitzschke, A., & Greiff, S. (2012). Fachspezifische Problemlösefähigkeit in gewerblich-technischen Ausbildungsberufen – Modellierung, erreichte Niveaus und relevante

Einflussfaktoren. Zeitschrift für Berufs- und Wirtschaftspädagogik, 108(2), 243–272.

Nickolaus, R.; Lazar, A.; Norwig, C. (2012). Assessing Professional Competences and their Development in Vocational Education in Germany – State of Research and Perspectives. In: S. Bernholt, K. Neumann, & P. Nentwig (Eds.), Making it tangible. Learning outcomes in science education. Münster, New York, München, Berlin: Waxmann, pp. 129–150.

Nickolaus, R. (2013). Editorial: Wissen, Kompetenzen, Handeln. Zeitschrift für Berufs- und Wirtschaftspädagogik, 109(1), 1–17.

Nickolaus, R.; Behrendt, S.; Dammann, E.; Ștefănică, F.; Heinze, A. (2013). Theoretische Modellierung ausgewählter ingenieurwissenschaftlicher Kompetenzen. Zeitschrift für Empirische Pädagogik (in press).

Nickolaus, R.; Seeber, S. (2013). Berufliche Kompetenzen: Modellierungen und diagnostische Verfahren. In: A. Frey, U. Lissmann, & B. Schwarz (Eds.), Handbuch berufspädagogischer Diagnostik.Weinheim, Basel: Beltz, pp. 166–195.

Niss, M. A. (2003). Quantitative literacy and mathematical competencies. In: B. L. Madison, & L. A. Steen (Eds.). Quantitative literacy: why numeracy matters for schools and colleges. Princeton: National Council on Education and the Disciplines, pp. 215–220.

Organisation for Economic Co-operation and Development (OECD) (1999). Measuring Student Knowledge and Skills: A new Framework for Assessment. Paris: OECD.

Schmidt, T., Weber, W., & Nickolaus, R. (2014). Modellierung und Entwicklung des fachsystematischen und handlungsbezogenen Fachwissens von Kfz-Mechatronikern. Zeitschrift für Berufs- und Wirtschaftspädagogik (in press).

Ștefănică, F. (2011). Qualitative Analyse der thematischen Dimensionen und Anforderungen im Fach (Höhere/Angewandte) Mathematik im Rahmen des Maschinenbaustudiums an ausgewählten Hochschulen Baden-Württembergs. Universität Stuttgart, Masterarbeit.

Ștefănică, F. (2013). Modulbeschreibungen - Deskriptionen realer Ansprüche oder realitätsferne Lyrik? Eine qualitative Analyse am Beispiel (Höhere/Angewandte) Mathematik I/II im Rahmen des Maschinenbaustudiums an ausgewählten Hochschulstandorten Baden-Württembergs. Zeitschrift für Berufs- und Wirtschaftspädagogik, 109(2), 286–303.

Sun, R. (2006). The CLARION cognitive architecture: Extending cognitive modelling to social simulation. In: R. Sun (Ed.), Cognition and multi-agent interaction. From cognitive modelling to social simulation. Cambridge, NY: Cambridge University Press, pp. 79–102.

Tall, D. (1991). The Psychology of Advanced Mathematical Thinking. In: D. Tall (Ed.). Advanced Mathematical Thinking. Dordrecht, London: Kluwer Academic, pp. 3–21.

Vinner, S. (1991). The Role of Definitions in the Teaching and Learning of Mathematics. In: D. Tall (Ed.). Advanced Mathematical Thinking. Dordrecht, London: Kluwer Academic, pp. 65–81.

Wagner, D. (2010). Entwicklung eines Modells zur Beschreibung mathematischer Kompetenz beim Übergang Schule-Hochschule. In S. Ufer; A. Lindmeier (Eds.), Beiträge zum Mathematikunterricht 2010. Münster: WTM Verlag, pp. 903–906.

Weinert, F. E. (2001). Vergleichende Leistungsmessung in Schulen – eine umstrittene Selbstverständlichkeit. In F. E. Weinert (Ed.), Leistungsmessung in Schulen. Weinheim: Beltz, pp. 17–31.

Zlatkin-Troitschanskaia, O.; Kuhn, C. (2010). Messung akademisch vermittelter Fertigkeiten und Kenntnisse von Studierenden bzw. Hochschulabsolventen – Analyse zum Forschungsstand. Johannes Gutenberg-Universität Mainz: Arbeitspapiere Wirtschaftspädagogik, 56.

Zlatkin-Troitschanskaia, O.; Seidel, J. (2011). Kompetenz und ihre Erfassung – das neue „Theorie-Empirie-Problem" der empirischen Bildungsforschung? In O. Zlatkin-Troitschanskaia (Ed.), Stationen Empirischer Bildungsforschung. Traditionslinien und Perspektiven. Springer Fachmedien: Wiesbaden, pp. 218–233.

Jan Breitschuh, Albert Albers

Teaching and Testing in Mechanical Engineering

Gaining experience in engineering products is vital for becoming a professional mechanical engineer. Suitable teaching methods must foster development of competences in situations, where diverse and connected sets of competences are required. The development process may thus be regarded as 'embedded' into making experience. This understanding of competence and experience yields several implications for methods of teaching and especially testing. In this work the discussion of the KaLeP – Karlsruhe Education Model of Product Engineering will clarify, how competence development can be realized in a teamwork-based project. Furthermore, a framework for designing, analyzing and classifying tasks and task solution procedures will be described, which takes into account the role of expertise in the development of competence. This makes it possible to enhance insight into persons' competence structures without increasing testing effort by assigning characteristics of the solution procedure to facets of the desired competence construct.

Eigene Erfahrungen zu machen ist unabdingbar auf dem Weg, ein professioneller Maschinenbau-Ingenieur zu werden. Geeignete Lernarrangements müssen es den Studierenden ermöglichen, Kompetenzen in Situationen aufzubauen, die verschiedene und miteinander verknüpfte Kompetenzen erfordern. Der Aufbauprozess kann folglich als in Erfahrungen „eingebettet" verstanden werden. Dieses Verständnis von Kompetenz und Expertise bedingt einige Implikationen für Methoden der Lehre und insbesondere des Testens. In dieser Arbeit wird mit der Erörterung des KaLeP – Karlsruher Lehrmodell für Produktentwicklung aufgezeigt, wie Kompetenzentwicklung in einem auf Teamarbeit aufbauenden Projekt umgesetzt werden kann. Des Weiteren wird ein Modell für die Entwicklung, Analyse und Klassifizierung von Aufgaben und Lösungsverhalten vorgestellt, das die Rolle von Erfahrungen beim Kompetenzaufbau berücksichtigt. Dadurch wird es möglich, den Einblick in die Struktur der Kompetenzen von Personen zu vertiefen, ohne den Testaufwand zu erhöhen, indem Charakteristika des Lösungsprozesses Facetten des zugrunde gelegten Kompetenzmodells zugeordnet werden.

1 Introduction

Competence-based teaching and learning models for the sector of tertiary education are an upcoming practice and their development is supported by several federal-funded projects. In the current debate on competence based education the differences between the different disciplines gained more and more importance. This led to several competence research branches (Schaper,

Reis, Wildt, Horvath, & Bender, 2012). This work will focus on the section of engineering and in particular on product development and mechanical engineering.

The profession of engineers is not only characterized by demands regarding technical knowledge and abilities but also by methodological requirements and requirements of soft skills (VDMA, 2013). It can be stated that technical problem solving competencies and skills in multi-project-management as well as other generic competencies are a key factor for vocational success of engineers (Matthiesen, 2011).

Vocational success can be viewed as a manifestation of a latent trait which is often referred to as "action competence", "competence to act" or "capacity to act" (Sonntag & Schaper, 1992). It is stated, that vocational competence to act is composed of professional competence, social competence, personal competence and methodological competence. The TUNING project (González & Wagenaar, 2003) revealed, that employers especially ask for problem-solving competencies, which include adapting and applying professional knowledge to new and unknown situations followed by teamwork- and social competencies.

The demand for sophisticated methods for competence assessment stems from requirements of quality assurance in education. In order to ensure a certain level of professional action competence, education institutions are currently looking for possibilities to overcome the traditional ways of teaching, which often mainly consist of lectures and lack sufficient active reflection of the subject matter (Alias, Lashari, Akasah, & Kesot, 2014). These more active types of teaching, such as project-based learning (Albers, Burkardt, & Ohmer, 2004) or problem-based learning (Pleul & Staupendahl, 2013) require a suitable way of assessing learning outcomes.

The structure of demands described above calls for a comprising teaching and testing model of learning objectives and learning activities that takes into account all of the facets of vocational action competence. In this context teaching efficiency poses a mentionable challenge since in winter semester 2012/13 approximately 500.000 students were registered in German engineering courses of studies which makes engineering education sector the second largest group (DESTATIS, 2013). The result is that typically 300-500 students per semester go through the lectures of an engineering study program. This means that teaching models, learning arrangements and assessments must satisfy the condition to be scalable for large groups (Friese & Wixfort, 2013).

However, current assessment tends to divide tasks and corresponding abilities into smaller sub-tasks respectively abilities (Jones & Moore, 1993), which significantly increases the number of necessary tasks for judging competence development. Having in mind that assessment efficiency is important in the reported setting, this poses a mentionable conflict of intentions.

The research presented here will discuss how quality assurance of learning outcomes can be optimized by a shared competence structure and rating scheme for oral and written assessments and how assessment of solution procedures can increase insight into a person's competence profile. Section 2 will present how vocational competence to act is developed and evaluated at the IPEK – Institute of Product Engineering at the Karlsruhe Institute of Technology (KIT) since 1998 and depict the relevance of practice and experience in mechanical engineering education. Section 2 will conclude with the research questions for this work. Section 3 will distinguish the theoretical and practical difference between competence and expertise. It will be stated, why expertise-based testing can yield mentionable benefits. Section 4 will present the current state of work on a new model for assessment of expertise. In section 5 the preliminary findings are discussed and an outlook is given.

2 Competence-based Education Concept for Engineering

In order to clarify the background and setting of the research work, this section will explain the teaching model in detail. The competence model will be presented and related to other known models for vocational action competence in engineering education. Afterwards the specific course investigated in this work and the corresponding examination and testing methods will be introduced. The section closes with the derived research questions of this work.

2.1 KaLeP – Karlsruhe Education Model of Product Engineering

The KaLeP – Karlsruhe Education Model of Product Engineering (Albers & Burkardt, 1998) is used at the IPEK – Institute of Product Engineering since 1998. Each semester approximately 700 students go through the different courses of the IPEK. This section will present the KaLeP in general and the specific course "Mechanical Design III & IV" in detail.

2.1.1 Concept of Competencies in KaLeP

In the current revision of KaLeP competencies are considered according to Weinert as latent context specific cognitive dispositions which's manifestations are influenced by motivational, orientation and attitudes (Weinert, 2002).

Figure 1: Competence Model of KaLeP

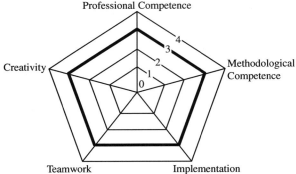

The specific competence model of the KaLeP is composed of five dimensions (see figure 1). The five dimensions are Professional Competence, Methodological Competence, Implementation, Teamwork and Creativity.

Table 1 shows the specific indicators which clarify the meaning of the five dimensions. Note that the indicators may not necessarily be intuitively assigned to the dimensions. The assignment was done based on empirical data (Helmich, Breitschuh, Albers, & Gidion, 2013).

Table 1: Facets and Indicators of the KaLeP's five-dimensional competence model

Competence Dimension	Indicators
Professional Competence	• Precise and correct answers to questions concerning lecture contents • Create neat technical drawings conforming to standards (Function, Form, Sealing-, Lubrication- and Mounting-concept) • Correct use of technical terms and proper technical design of models

Methodological Competence	• Professional use of CAD
	  • Structure of model, reasonable use of tools, no global interference
	• Organization and record keeping of project planning
	  • Work packages, milestones, Gantt-Diagram
	• Decision making process needs to be documented
	  • List of criteria, protocols of discussions, value-benefit-analysis

	• Supporting tools/softwares used in reasonable manner
	  • e. g. Maple, FEM, Blender, MS Visio, etc.
	• Taking into account and illustrating the properties of the entire system
	  • Production and maintenance costs, weight, etc.

Creativity	• Generating unconventional solutions (comp. progress of the lecture)
	  • Quality of ideas: general functioning and suitability to the problem
	• Ability to create a variety of ideas
	  • Quantity of ideas: variety

Teamwork	• Collaborative working inside and outside the project meetings
	  • Project and resource planning, distribution of tasks, meetings
	• Clear communication within but also outside the team
	• Transparent depiction of procedures within the team and ability to perform as a team
	  • Agreements, positions and tasks, organization of groupwork

Implementation	• Presentation of ideas and solutions as a group towards others
	  • "Selling" of one's ideas
	• Defending of one's conceptions against other views and criticism
	  • Objective arguing, adapting criticism in a constructive way
	• Brief depiction of localization of problems and selection of solutions
	  • Procedure in making a decision (Advantages, Disadvantages)

As can be seen in table 2 the five dimensions are oriented loosely on the conceptualization of competence to act (Sonntag & Schaper, 1992) and the TUNING model (González & Wagenaar, 2003). Particularly some facets of the other models were interpreted as separate dimensions in KaLeP.

The shift between the different dimensions and facets is done due to the focus in the curriculum of mechanical engineering laid in KaLeP, which makes in necessary e. g. to distinguish between Strength of Implementation and Creativity, which are facets of Personal Competence according to Sonntag and Schaper (Sonntag & Schaper, 1992).

Table 2: Comparison of Competence Dimensions: KaLeP, (Sonntag & Schaper, 1992; González & Wagenaar, 2003)

KaLeP Competence Dimension	Model of competence to act	TUNING [Facet name (Itemgroup)]
Professional Competence	Professional Competence	Basic general knowledge (1) Grounding in basic knowledge of the profession (4)
Methodological Competence	Methodological Competence	Capacity for analysis and synthesis (1) Research skills (6) Decision-making (7) Elementary computing skills (8)
Strength of Implementation	Personal Competence	Capacity for applying knowledge in practice (3) Oral/written communication in native language (5)
Teamwork	Social Competence	Ability to work in an interdisciplinary team (5) Interpersonal skills (7)
Creativity	Personal Competence	Capacity for generating new ideas (3) Capacity to adapt to new situations (4)

2.1.2 Basic Concept for Elements of Courses in the KaLeP-Framework

The corresponding teaching concept of KaLeP is based on the three aspects of the learning arrangement teaching, environment and key skills (figure 2 on the left side) and the three content dimensions systems, methods and processes (figure 2 on the top).

Figure 2: KaLeP framework for elements of courses

	Systems	Methods	Processes
Teaching: • Lectures • Tutorials • Workshops			
Environment: • Project organisation • Work in a Team			
Key Skills: • Implementation • Teamwork • Creativity			

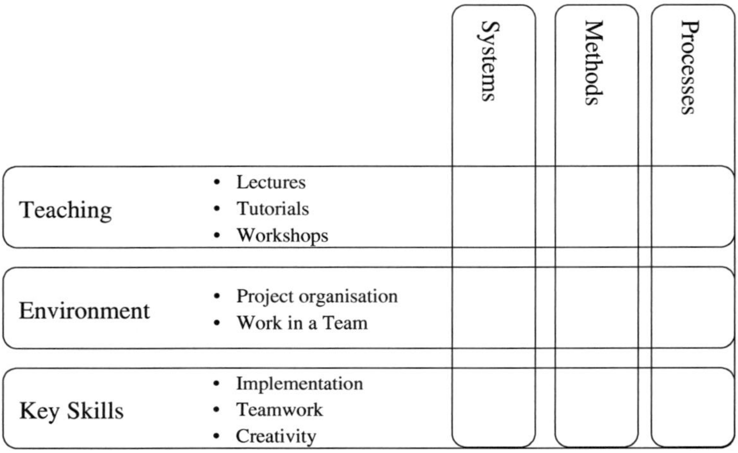

The three content dimensions systems, methods and processes condense the necessary prerequisites, strategies and organizational boundary conditions of product engineering work (Albers, Sadowski, & Marxen, 2011).

"Teaching" sums up all teaching activities, i.e. lectures, tutorials and workshops. "Environment" describes the belief that developing vocational action competencies is fostered if the learning arrangement takes up relevant aspects of professional working environment (Schiersmann & Remmele, 2002). One of the most important aspects in this context is teamwork and project-based learning (Palmer & Hall, 2011). "Key Skills" refers to the aforementioned facets of competence to act in a professional way regarding mechanical engineering demands. The combination of all six aspects is the fundament for any course at the IPEK – Institute for Product Engineering. In the context of this work, it is especially important to note the implications of "Environment" and "Key Skills", which will be explained for the course Mechanical Design in the following.

2.1.3 General Structure of the Course "Mechanical Design"

The specific course in focus of this research is "Mechanical Design III & IV". The course is embedded as mandatory in the third and fourth semester of the Bachelor's study program in mechanical engineering at the Karlsruhe Institute of Technology (KIT). During the first two semesters the students participate in the courses "Mechanical Design I & II" where a much stronger focus on lectures for the purpose of knowledge development is laid. Because of the broader learning objectives in the third and fourth semester which holds more challenges in efficient and reliable evaluation of learning outcomes, the following will focus on the Mechanical Design III & IV courses.

Both courses consist of lectures, tutorials and a project work (see figure 3). The lectures are held in lecture halls and are attended by a maximum of 700 students. In the lectures the teaching focus is laid on basic knowledge about technical components and systems, mechanical design strategies and development methods. In the tutorials, which also take place in lecture halls, the students practice design and development methods on rather simple technical systems and thus develop first abilities to apply their knowledge. The next step in knowledge application and transfer is done during the project work. This product development project is an accompanying learning arrangement where the students form small groups of five persons (which regularly do not change between third and fourth semester). During the two semesters a complex technical product such as a race-scooter or a street sweeper machine is developed from scratch.

Figure 3: General structure of KaLeP

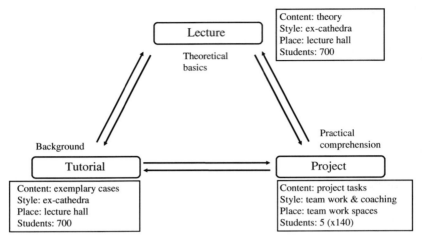

During the project work the students face six milestones where they are coached by student tutors and scientific assistants of the IPEK. It is this fact which brings the project work into focus of this research. Having divided 700 students into groups of five individuals and coaching them in six project milestones yields a huge effort for coaching, project progress monitoring, learning process controlling and thus for improvement of teaching efficiency, which will be explained later on. Nevertheless this is necessary in order to provide a suitable learning environment for the students to develop a certain expertise in mechanical design (Perdigones, Benedicto, Sánchez-Espinosa, Gallego, & García, 2014).

2.2 Characteristics of Mechanical Design Workshops

In the following the project task, the workshops and the role of formative assessment in the workshops will be explained in detail.

2.2.1 The Product Development Project Task

The project task is a two-step product development process. In the third semester the technical complexity compared to the fourth semester task is lower. However, the two parts of the task build upon one another, which means that successful completion of each part is mandatory.

Each task is typically presented as a requirements specification document, i.e. in written text form with conceptual sketches. In the following the Street Sweeper task from winter semester 2012/13 will be explained.

As mentioned before, providing a realistic task is crucial for developing professional competence to act (Schiersmann & Remmele, 2002). Thus the product development tasks base on existing products. Figure 4 shows the basic components of the Street Sweeper and was taken from Kärcher's manual.

Figure 4: Street Sweeper, taken from manual (Source: Kärcher). The numbers shown denote specific subsystems, which are not of interest in the context of this work

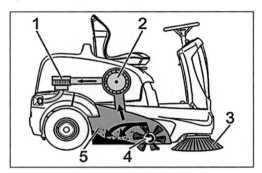

Based on the overall system's description the development task is derived by dividing the system into subsystems. Depending on the complexity of the subsystem it is either suitable for the third semester task or the fourth semester task. Typically in the fourth semester the task is the development of a complete drivetrain. Figure 5 shows the subsystem description for the third semester task. Note that the subsystem "Driving Shaft" is described as a blackbox and postponed to the fourth semester.

Figure 5: Schematic Sketch of the subsystems Sweeper Brush Drive Unit

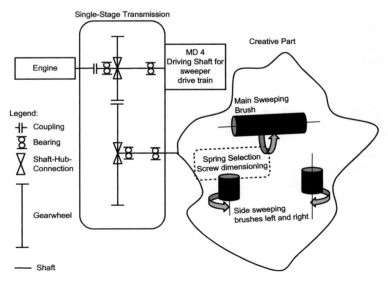

The specific subsystem tasks are then described in text form. Links to past lecture units or tutorials are explicitly given in the task description. This helps students to connect information gathered before and thus develop task-specific abilities from their knowledge.

In addition to the technical sub-tasks the students are required to organize their project work with project plans. In the way described above the sub-tasks form a complex product development project, which demands for a complete competence profile in terms of the KaLeP's five-dimensional model (see table 1).

2.2.2 The Workshop Learning Arrangement

The project task is given to the students at the beginning of the third semester. After approximately three weeks the first project milestone has to be passed. These milestones are organized as supervised meetings each of four hours duration between the student groups and student tutors from higher semesters. Each tutor is again supervised by a scientific assistant of the IPEK, where each assistant supervises three tutors (see figure 6).

Figure 6: Organizational Structure of the Workshops

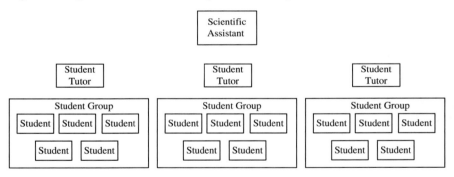

During these so-called workshops the work results of the groups are discussed and the current state of competence development is assessed in a semi-structured colloquium (see section 2.2.3). Figure 7 shows a typical workshop situation, where technical drawings are discussed.

Figure 7: Workshop Situation with students and scientific assistant

2.2.3 The Role of Assessment in the Workshops

The project task and the workshop setting together form a close to industry learning arrangement. In order to monitor competence development, in each workshop an assessment of the five competence dimensions (compare section 2.1.1) is done. This assessment consists of two parts. The first part is a colloquium, where basic knowledge is examined based on standardized questions. The other part is the presentation, discussion, evaluation and correction of the students' work results (e. g. the project plan and technical drawings). Note that each work result stems from a certain problem solving process, which the students performed outside the workshop setting. Since learning outcomes of teamwork and methodological competence, which may not be directly observable in the workshop, are also an objective of the course (see figure 1), it is necessary to take into account tacit elements of the solution procedure, too. This leads to the demand to systematically investigate the students' way of solving the given task. This will be discussed in section 2.4.2.

At the end of each workshop the student tutors and the scientific assistant discuss the observed individuals' and teams' performance and document their findings by giving ratings from zero to four points on form sheets of the competence model (compare figure 1). The result is then discussed with the teams and individual measures for improvement are derived.

It is important to note that the weighted average of points is considered in the final exam in form of a 0.3 grade bonus for performance above a certain threshold. This results in a demand for reliable, objective and fair rating by the student tutors and scientific assistants. In order to reduce bias in the rating process, the indicators for the five dimensions (compare table 1) are handed out to the students, the tutors and the assistants. This helps to clarify the rating criteria, enables teaching personnel and learners to compare self- and external evaluation and thus provides a common ground for discussion.

2.3 Examination Methods used in KaLeP

In the following a brief overview of examination methods in KaLeP will be given. These methods are established tools which will serve as a basis for improvements based on up-to-date assessment methods discussed later on.

2.3.1 Guided Peer Questioning in the Project Workshops

As described above, direct peer feedback is an inherent part of the Mechanical Design workshops. Assessment is done mainly through discussion and questioning accompanied by recording the performance in continuous protocols and condensing the observations in the rating of the competence dimensions at the end of the workshop. The detailed description of the indicators is used to provide specific and efficient feedback for measures to improve.

2.3.2 Examination of technical Documents

Technical documents (e. g. technical drawings or calculations) in the context of this work can be seen as manifestations of complex problem solving abilities. As such these solutions contain a high amount of information about the students' competence profiles. However, the documented solutions themselves are a complex subject for rating. Thus, the challenge is to evaluate a complex competence structure in detail based on a highly integrated and thus non-dividable manifestation. This issue will be reconsidered in section 3.3.

2.3.3 Task-Based Observation in the Project Workshops

Besides the continuous observation and discussion of the working behavior, some smaller tasks are used in the workshops to create assessment situations. These tasks typically address aspects of professional competence and creativity or methodological competences. Figure 8 shows a small task, where the students are required to think of a possible mechanism for force transfer between the shaft on the left to the lower shaft considering the possible change of rotation direction.

Figure 8: Small Task for the Design of a Force Transmission Mechanism

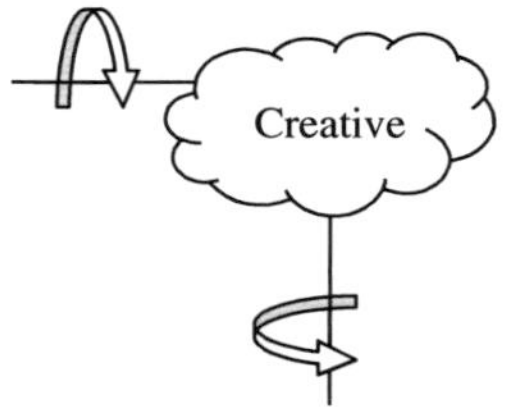

Tasks like this enable tutors and assistants to assess basic mechanical design abilities in an efficient way and complement the discussion of the much more complex project work results.

2.3.4 Final Written Exam

After the fourth semester the final exam has to be written. This exam is divided into two parts. The first part is a written exam where basic knowledge of the domain of mechanical design is assessed. The second part is a construction task where the students develop a mechanical gearbox system and present their solution in form of a sectional drawing similar to the workshop drawings. This construction task's complexity is settled between the smaller tasks (compare figure 8) and the project task described earlier (see figure 5). The time given is two hours for the first part and another three hours for the construction task. Improvement regarding competence assessment can be achieved since currently there is no direct and explicit matching of exam tasks (or competence requirements) to the KaLeP's five competence dimensions. Additionally the correction effort is very high.

2.3.5 Final Oral Exam

Another type of final exam is the oral exam. This type is applied in special cases, i.e. when students failed twice in the written exam or for special exchange students. However, since these students also participate in the regular courses of Mechanical Design, these assessments are a regular part of the lecture. Regarding terms of competence measurement it must be noticed that the comparability with the written exam is difficult since the alignment to the workshops and the corresponding competence dimensions can be influenced dynamically during the exam by the behavior of the examinee and the examiner (Davis & Karunathilake, 2005). This behavioral interference implies that the demands in oral exams can be quite different than the abilities necessary to prevail in a written exam (Joughin, 1998).

2.4 Intermediate Conclusion and Research Focus

Current methods for competence assessment in KaLeP are mainly based on common examination techniques. In contrast to competence assessment the measuring accuracy is rather low. The implementation of up-to-date and evidence-based methods for assessment of learning outcomes yields high potential for improvement of the level of detail in examination, exam reliability and efficiency.

However, the high number of students poses significant challenges to learning arrangements, examination and assessment methods. Additionally, teaching staff in the project workshops changes in short terms as student tutors join and leave and thus cause constant fluctuation of teaching experience. This makes a highly flexible but nevertheless reliable learning environment inevitable. In the context of this work the focus will be laid on the different aspects of assessment, because in order to regulate learning environments, suitable instruments for measuring the effect of regulations should be at hand for quality assurance reasons. The two main concerns identified are comparability of the different examination types and the challenge to evaluate the students' competence profile in detail based on complex task solutions.

2.4.1 Comparability of Examination Types

The structure of final written exams as a two-step process holds challenges regarding comparability of the examination methods and criteria. In the first part of the written exam mainly open text type questions and small sketching tasks are applied, whereas in the second part a complex design task with a demand for creativity is given. Current correction schemes do not allow for direct comparability between exam types or yearly cohorts, mainly because of the differences in the estimated underlying dominant competence demand (e. g. knowledge versus technical creativity). Additionally, in the possible oral exams the setting is quite different compared to the written exam, because in the oral exam there is need for an ability to express oneself and interact with the examiner, which may have significant influence on the students' performance. Additionally the need for comparability of different exam types is increased, if the assessment during the workshops is regarded as a case of oral examination.

Because of the quite different competence facets necessary for success in the exams, the resulting research question is *how can comparability regarding competence demands between the written exam (part I), the sketching task (part II), the oral exams and the examinations done in the project workshops be optimized?*

2.4.2 Evaluation of Competence Profiles based on complex Task Solutions

In the previous sections it was depicted, that solutions to complex problems require complex competence structures and thus the evaluation of the competence profile under investigation is complex, too. In order to segment the solution into its basic elements (i. e. the manifestations of single competence facets) to make detailed judgments possible, it is purposeful to partition along the process, during which the solution was created, i. e. the solution procedure.

The resulting research question is *how can evaluation of the solution procedure be done in a systematic but yet efficient way in order to enhance the information contents of tests and exams regarding competence levels?*

3 The Role of Expertise in Engineering Education

In the previous sections the necessity of learning arrangements and testing methods for the development of vocational action competence were discussed. In this section the concept of expertise will be introduced as a possibility to answer the research questions above.

3.1 Expertise and Competences

Where competences are regarded as latent cognitive dispositions (Weinert, 2002) and thus encode sets of specific abilities required for certain tasks (Herling, 2000), expertise can be seen as an abstracted sum of past manifestations of competence (Jones & Moore, 1993), i.e. applying competences creates experience.

The main difference in the two descriptions of the latent variable "ability to act in a successful way" is the purpose with which they are used. The concept of competences is purposeful for operationalization in a way that describes the set of required abilities for a task in great detail, which makes it necessary to divide complex task into smaller sub-tasks and map them to necessary competences (Herling, 2000). Expertise on the other hand rather describes the cause for successfully solving a task by means of reproduction: An experienced person is more likely to successfully apply (the same or different) sets of competences in varying situations than a novice person (Jones & Moore, 1993).

It can thus be stated, that expertise has a more integrating character than competence (Herling, 2000), which has rather segmenting properties (Eraut, 1998). Nevertheless, the commonality of the two constructs is an observable ability to non-randomly solve problems. This common property allows for mapping analysis of complex problem solving behavior with detailed diagnoses about the underlying competence structure.

3.2 Assessment of Expertise

In order to apply the concept of expertise to evaluation of learning outcomes, methods for assessing expertise are necessary. Expertise or skills acquisition can be described in five stages according to Dreyfus & Dreyfus (Dreyfus & Dreyfus, 1980). These five stages are novice, competence, proficient, expertise, mastery. Novices normally use given rules which they apply in different situations without reflection of purposefulness. Competence in this context means reflecting situational components (i. e. situation aspects) and applying multiple purposeful rules. Proficiency means that a person is able to prioritize the aspects of a situation and consequently make a more sophisticated decision about the rules to apply. Experience means applying the right rules without consciously having to select and use them, i.e. experts behave intuitively. Mastery is described more like a continuous state of intuitive (unconscious) reflection of the expert's performance and thus being able to focus completely on the task and actions performed. Dreyfus and Dreyfus condensed the mental activities performed into the model shown in table 3.

Table 3: Five-Stage model of Skill Acquisition with Mental Activities used. According to (Dreyfus & Dreyfus, 1980)

	Skill Level				
Mental Function	Novice	Competent	Proficient	Expert	Master
Recollection	Non-situational	Situational	Situational	Situational	Situational
Recogition	Decomposed	Decomposed	Holistic	Holistic	Holistic
Decision	Analytical	Analytical	Analytical	Intuitive	Intuitive
Awareness	Monitoring	Monitoring	Monitoring	Monitoring	Absorbed

Chi states that the structure of representation of knowledge is a primary determinant of expertise (Chi, 2006). This is very comparable to the concept of competences, but again the structure of knowledge and abilities as a cause for experts' behavior is not in focus in such a great detail as it is in competence diagnostics (Eraut, 1998).

Friege notes that most procedures for expertise evaluation mainly rely on nominative criteria (e. g. academic title or number of years in the job) for the definition of (sub-) samples and provide only little resolution since differentiating only between novices and experts (Friege, 2001). This is especially not suitable for analysis of samples with small expected variance in expertise.

3.3 Implications for Assessment of Learning Success

Expertise as a broader and non-segmented construct of problem solving ability yields the potential to assess a more abstract structural model of behavior compared to classical competence diagnostics. Yet the challenge is to maintain a certain level of detail in the diagnosis of the ability profile. This implies, that an assessment system based on expertise levels must deliver a clear discrimination.

This may be ensured by dividing the task attributes into the following three dimensions: The contents dimension defines the subject (e. g. construction of mechanical gears) of the test. The solution process dimension describes on the one hand the desired behavior of problem solving and on the other hand the actual behavior of the testtaker on a shared scale. The third aspect is task complexity, which is expected to be the main determinant of task difficulty within a content dimension.

Taking into account the aforementioned demands, a formalization based on the concept of expertise can enable teachers to systematically investigate an underlying structure of competences in detail based on complex task solutions by determining the student's level of expertise.

4 SPELL – Framework

The SPELL-Framework (Solution Procedure Examination for assessment of Learning Objectives and Learning Outcomes) is a description framework for planning and implementing efficient assessment of ability profiles. The framework is currently under development and in pre-testing state. It consists of two complementary tools for the design and rating of tasks, tests and observed outcomes (i. e. test results): A category system for constructs of solution procedures with associated tasks and scales for estimation and evaluation of task difficulty.

4.1 Categories of Constructs and associated Tasks

The category system was developed in order to serve as a mutual basis for evaluation of oral and written exams as well as increasing information contents of assessments by combining competence and expertise evaluation. As can be seen in table 4 the system is composed of four categories of solution procedures (A: Reproduction of Knowledge, B: Representation of Connections, C: Prioritizing and D: Exploration) and concretized by characteristics of the task situation context, the desired respective observable behavior (i. e. task activities) and examples for task types in written and oral tests.

Table 4: SPELL-Framework with Mental Constructs and suggestions for Operationalization

Category of Solution Procedure	A: Reproduction of *Knowledge*	B: Representation of *Connections*	C: *Prioritizing*	D: *Exploration*
Characteristics of Task Situation Context	Without context	Given situation aspects* and given relevance of aspects	Given situation aspects*	Situation aspects* explicitly not given
Observable Behavior (Task Activities)	Reporting of factual and procedural knowledge	Reporting of connections between and within domains of factual and procedural knowledge	Recognition and weighting of situation aspects* and interpretation in the context of the task	Identification and integration of (relevant) adjacent (knowledge) domains

Category of Solution Procedure	A: Reproduction of *Knowledge*	B: Representation of *Connections*	C: *Prioritizing*	D: *Exploration*
Exemplary Task Types	Definitions Rules Procedures Formulas Listings	Models Diagrams Descriptions Matching Compare Associate Relate Categorize	Selections Explanations "What If" Drawings Calculations Ordering Contrasting	Advanced explanations with focus on adjacent situation aspects

Note that the assignment of categories, situation context characteristics and the observable behavior is unique. This facilitates distinction between the different categories of solution procedures, when observing a testtaker's problem solving behavior. On the other hand, the mapping to exemplary task types enables testers to accurately develop tasks depending on the desired category to be investigated.

The four categories are based on the levels of skill acquisition of Dreyfus & Dreyfus (see table 3, section 3.2). Decontextualized knowledge is the characteristic of novices. Establishing connections between the knowledge domains but neglecting the priority of situation aspects is characteristic for the competent level. The proficient level is encoded by being able to weight the importance of situation aspects which is realized in the SPELL framework by giving situation aspects without giving their importance. The levels expert and master are not in focus of SPELL, because in general they require many years of experience to reach, which is a very special case to occur in the context of higher education courses (Albers, Turki, & Lohmeyer, 2012). Instead the domain of exploration was introduced. This can be seen as a special case of prioritizing, if the solution space is completely known to the examinee, but in general the ability to take additional, not directly given information into account must be considered as a separate level.

4.2 Categories for Estimation and Evaluation of Task Difficulty

Another aspect important for task design and result rating is the task's difficulty level. Based on the terminology of Wood (1986) a three dimensional model (see figure 9) was developed.

Figure 9: Categories for Estimation and Evaluation of Task Difficulty

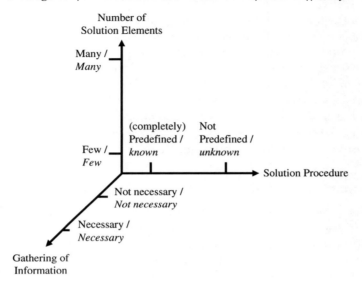

The upper label denotes the estimated attribute of a task, whereas the lower cursive label is the scale for the student's perceived difficulty. Note that the dimension "Number of Solution Elements" is the only continuous scale. The other two dimensions are discrete in terms of their labeling.

The dimension "Solution Procedure" determines whether or not the way to approach the given problem is explicitly given (respectively known) or not. Note that this corresponds to category D: Exploration (table 4 in the previous section), where exploration is defined as taking into account and gathering missing information.

The dimension "Gathering of Information" denotes whether or not additional information beyond the scope of the task is needed in order to carry out the solution procedure. At this point it is important to note that even if information gathering is needed, the actual solution procedure may be given or obvious. On the other hand even if the approach to solve the problem is not given, no further information necessary to carry out the solution procedure may be needed. This makes the two dimensions independent.

The third dimension "Number of Solution Elements" has a continuous scale. Here the number of necessary parts or segments of a task (respective solution) is represented. For instance the number of transmission steps in a gear would be denoted on this scale. This dimension corresponds to the task attribute of complexity mentioned earlier.

4.3 Intermediate Conclusion

The implementation of an early stage of the developed SPELL framework in oral exam protocol form sheets revealed a high perceived benefit regarding the protocols' efficiency and information contents. Since this very early preliminary study was carried out with N=1 rater and n=15 protocols no analysis of reliability or validity can be carried out in an appropriate way at this point. Nevertheless the application of the SPELL system in oral exam protocol form sheets indicated an increase in traceability of the exam, information contents regarding the expertise structure of the examinee and the degree of systematization of the exam.

5 Summary and Outlook

The course Mechanical Design during the first semesters of the Bachelor's degree in Mechanical Engineering at the Karlsruhe Institute of Technology (KIT) realizes a project-based learning environment where the students face close to industry challenges when developing a complex mechanical drivetrain. The great number of approximately 700 students per semester undergoing the project work holds high effort for continuous monitoring of learning progress. The challenge identified thus was to provide detailed insight into a students' competence profile without testing for each competence facet separately in order to increase formative testing efficiency.

This challenge was addressed by introducing the SPELL (Solution Procedure Examination for assessment of Learning Objectives and Learning Outcomes) model for assessment of expertise because of the more integrating character of expertise in contrast to the concept of competences. In order to evaluate a person's ability to perform in a desired way, this approach makes it possible to classify problem solving behavior in four distinct categories by simultaneously evaluating task solutions and solution procedures.

In future research validity of the SPELL system will be investigated in terms of construct validity, discriminant validity and reliability of derived assessments. Construct validity will be investigated in qualitative studies where multiple raters give feedback on applicability of the model in different assessment situations. In the same term the raters are questioned how well different solution procedures in exam situations fitted into the SPELL framework. Reliability of derived tools will be assessed by investigating inter-rater reliability for selected exam situations. Furthermore the framework will be used to create, implement, rate and evaluate written exam questions. Measures for the estimated task difficulty and the perceived task difficulty on the shared scale in figure 9 will be used to validate the second model. After pre-testing the SPELL system will be applied to the exams and tests in the context of the mechanical design course (see section 2.3).

As for now, the validity and the reliability of the SPELL system could not be confirmed finally, but intermediate results indicate, that the SPELL system yields high potential for efficient but yet reliable and detailed diagnosis of learning success.

Bibliography

Albers, A., & Burkardt, N. (1998). Experiences with the new educational model "Integrated Product Development" at the University of Karlsruhe. In Proceedings of the 4th International Symposium on Product Development in Engineering Education in Lohmar, GKN International College of Engineering Lohmar Germany (p. 284).

Albers, A., Burkardt, N., & Ohmer, M. (2004). The constructivist aspect of design education in the Karlsruhe education model for industrial product development KALEP. In Proc. 2nd Inter. Engng. and Product Design Educ. Conf.

Albers, A., Sadowski, E., & Marxen, L. (2011). A New Perspective on Product Engineering – Overcoming Sequential Process Models. In H. Birkhofer (Ed.), The future of design methodology (pp. 199–209). London; New York: Springer.

Albers, A., Turki, T., & Lohmeyer, Q. (2012). Assessment of Design Competencies by a five-level Model of Expertise. Presented at the International Conference on Engineering and Product Design Education, ARTESIS UNIVERSITY COLLEGE, ANTWERP, BELGIUM.

Alias, M., Lashari, T. A., Akasah, Z. A., & Kesot, M. J. (2014). Translating theory into practice: integrating the affective and cognitive learning dimensions for effective instruction in engineering education. European Journal of Engineering Education, 39(2), 212–232. doi:10.1080/03043797.2013.838543

Chi, M. T. (2006). Laboratory methods for assessing experts' and novices' knowledge. The Cambridge Handbook of Expertise and Expert Performance, 167–184.

Davis, M. H., & Karunathilake, I. (2005). The place of the oral examination in today's assessment systems. Medical Teacher, 27(4), 294–297.

DESTATIS. (2013). Statistisches Jahrbuch 2013. In Statistisches Jahrbuch Deutschland 2013 (pp. 73–112). Wiesbaden: Statistisches Bundesamt.

Dreyfus, S. E., & Dreyfus, H. L. (1980). A five-stage model of the mental activities involved in directed skill acquisition. DTIC Document.

Eraut, M. (1998). Concepts of competence. Journal of Interprofessional Care, 12(2), 127–139.

Friege, G. (2001). Wissen und Problemlösen: eine empirische Untersuchung des wissenszentrierten Problemlösens im Gebiet der Elektrizitätslehre auf der Grundlage des Experten-Novizen-Vergleichs. Logos, Berlin.

Friese, N., & Wixfort, J. (2013). Kompetenzerwerb im ingenieurwissenschaftlichen Bachelor-Studiengang verglichen mit beruflichen Anforderungen. In TeachING-LearnING.EU Tagungsband (pp. 60–71). Dortmund.

González, J., & Wagenaar, R. (2003). Tuning educational structures in Europe, final report. Bilbao; Groningen: University of Deusto; University of Groningen.

Helmich, A., Breitschuh, J., Albers, A., & Gidion, G. (2013). Technikdidaktik – Systematische Kompetenzentwicklung im Maschinenbau. In TeachING-LearnING.EU Tagungsband (pp. 139–144). Dortmund.

Herling, R. W. (2000). Operational Definitions of Expertise and Competence. Advances in Developing Human Resources, 2(1), 8–21. doi:10.1177/152342230000200103

Jones, L., & Moore, R. (1993). Education, Competence and the Control of Expertise. British Journal of Sociology of Education, 14(4), 385–397. doi:10.1080/0142569930140403

Joughin, G. (1998). Dimensions of Oral Assessment. Assessment & Evaluation in Higher Education, 23(4), 367–378. doi:10.1080/0260293980230404

Matthiesen, S. (2011). Seven Years of Product Development in Industry – Experiences and Requirements for supporting Engineering Design with Thinking Tools. In Proceedings of the 18th International Conference on Engineering Design (ICED11). Copenhagen.

Palmer, S., & Hall, W. (2011). An evaluation of a project-based learning initiative in engineering education. European Journal of Engineering Education, 36(4), 357–365. doi:10.1080/03043797.2011.593095

Perdigones, A., Benedicto, S., Sánchez-Espinosa, E., Gallego, E., & García, J. L. (2014). How many hours of instruction are needed for students to become competent in engineering subjects? European Journal of Engineering Education, 39(3), 300–308. doi:10.1080/03043797.2013.861388

Pleul, C., & Staupendahl, D. (2013). Problem-based Laborytory Learning in Engineering Education – PBLL@EE, 193–198.

Schaper, N., Reis, O., Wildt, J., Horvath, E., & Bender, E. (2012). Fachgutachten zur Kompetenzorientierung in Studium und Lehre. Bonn: Hochschulrektorenkonferenz – nexus.

Schiersmann, C., & Remmele, H. (2002). Neue Lernarrangements in Betrieben. QUEM-Report, 75.

Sonntag, K., & Schaper, N. (1992). Förderung beruflicher Handlungskompetenz. In Personalentwicklung in Organisationen (pp. 187–210). Göttingen [u. a.]: Hogrefe.

VDMA. (2013). Ingenieure im Maschinen- und Anlagenbau – Ergebnisse der VDMA-Ingenieurerhebung 2013. Frankfurt: VDMA.

Weinert, F. E. (2002). Leistungsmessungen in Schulen. Weinheim [u. a.]: Beltz-Verl.

Wood, R. E. (1986). Task complexity: Definition of the construct. Organizational Behavior and Human Decision Processes, 37(1), 60–82.

Acknowledgements

Grateful thanks to cand. mach. Sanda Sandic, Dipl.-Ing. Björn Ebel, Dr.-Ing. Tarak Turki, Annica Helmich, M. A., and cand. mach. Moritz Moser for great discussions and very valuable input.

Teil 3:
Instrumente zur Kompetenzerfassung und deren Validierung

Part 3:
Instruments to assess competence and their validation

Sebastian Brückner, Olga Zlatkin-Troitschanskaia,
Manuel Förster

Relevance of Test Adaptation and Validation for International Comparative Research on Competencies in Higher Education – A Methodological Overview and Example from an International Comparative Project within the KoKoHs Research Program

In competence assessment in higher education, validity of test-based assessment is still an important research issue. The German national research initiative on Modeling and Measuring Competencies in Higher Education (KoKoHs) needs assessment designs and validation concepts that can be applied across disciplines and allow comparisons across projects to set the ground for national and international alignment of project results. The present paper describes current international approaches and illustrates them at the example of one KoKoHs project.

Die valide testbasierte Erfassung von Kompetenzen im Hochschulbereich stellt noch immer ein Forschungsdesiderat dar. Aus der Perspektive der projektübergreifenden nationalen und internationalen Anschlussfähigkeit stellt sich für das Forschungsprogramm zur Kompetenzmodellierung und Kompetenzerfassung im Hochschulsektor (KoKoHs) insbesondere die Frage nach fachdisziplinübergreifend geeigneten und der Vergleichbarkeit zugänglichen Assessment Designs und Validierungskonzepten. Hierzu werden im vorliegenden Beitrag aktuelle internationale Ansätze dargestellt und exemplarisch an einem Projekt aus dem Forschungsprogramm veranschaulicht.

1 Introduction and Background to Test Adaptation and Validation in International Empirical Research

Despite the increasing importance of competence assessment in tertiary education, there is still a lack of appropriate models and measuring instruments for assessing competencies in most university subjects (Kuhn & Zlatkin-Troitschanskaia 2011; Blömeke, Zlatkin-Troitschanskaia, Kuhn & Fege, 2013). To narrow the gap in Germany, the Federal Ministry of Education and Research launched the national research program "Modeling and measuring competencies in higher education (KoKoHs)" in 2011. The program provides a systematic framework for 70 individual research projects organized in 23 project alliances in several domains of higher education, including educational sciences, engineering sciences, economic sciences, social sciences, and teacher training in the subjects of science, technology, engineering, and mathematics (STEM). In the KoKoHs projects, domain-specific and generic competence models and measuring instruments are developed to create a scientific basis for systematic competence assessment in the selected subjects in higher education[1] (Brückner, Zlatkin-Troitschanskaia, Kuhn & Schmidt, 2014). Thus, one of the key aims of the KoKoHs program is to develop or adapt as well as to validate test instruments in such a way as to generate results that are compatible with international research. This aim poses challenges with regard to the general assessment design and the test validation concept, which are part of the common practical framework for all KoKoHs projects. In this article, we give an overview of the general assessment design in KoKoHs with special reference to test adaptation and validation issues, and we discuss an example of how the assessment design was operationalized within an international comparative KoKoHs project.

Competence assessment that generates comparable empirical results is based on theoretical competence models and newly developed or adapted psychometrically valid measuring instruments (Zlatkin-Troitschanskaia, Kuhn & Toepper, 2014). There is an increasing demand for assessment tests that are tailored to specific curricular or job-related contexts. However, the development of new tests is not always the best option, since there also is a demand for international compatibility and comparability of domain-specific learning outcomes. This is why test developers also need to consider adapting proven international test instruments (Förster, Zlatkin-Troitschanskaia, Brückner, Happ, Hambleton, Walstad, Asano & Yamaoka, 2015; Hambleton, 2005). Adapting existing international tests has many advantages over developing new tests, such as cost and time savings and more fairness in international comparisons. However, test adaptation is a very complex task that includes more than a mere translation of test items. The adapted instrument also must meet comprehensive validity requirements (e.g., Hambleton, 2005; 2001; Beck & Krumm 1991; Pearce, in this issue).Test developers can start by defining an assessment design, for example, based on the assessment triangle. (Pellegrino, Chudowsky & Glaser, 2001) This triangle covers three fundamental aspects in assessment: "a model of student cognition and learning in the domain, a set of beliefs about the kinds of observations that will provide evidence of students' competencies, and an interpretation process for making sense of the evidence" (Pellegrino et al., 2001, p. 44). Accordingly, first key steps in test

---

1 For more information see http://www.kompetenzen-im-hochschulsektor.de/index_ENG.php.

development include defining the construct to be assessed (cognition) and creating a conclusive validation approach that indicates how to align theoretical and empirical evidence from the test scores (observation) and the conclusions drawn from the test scores (interpretation) (Marion & Pellegrino, 2006; Pellegrino et al., 2001). Validity is considered the most fundamental and most complex quality criterion in empirical educational research, and it requires thorough testing (Sijtsma, 2010, p. 780). There is broad consensus on the definitions of and testing methods for the quality criteria that are the preconditions of a valid measurement – objectivity means the test result is not affected by testing conditions; reliability is understood as the consistency of measurement (e.g. Rost, 2004). In contrast, there is no universal understanding of validity. The problem is usually attributed to vagueness in the terminology (Lissitz & Samuelsen, 2007). However, in many studies, the object of validation is not clearly defined either, varying between the test itself, the test score, and the potential interpretations of the test score in a given context (Hartig, Frey & Jude, 2012). With regard to internationalization and comparability, an additional challenge is that test results of comparison groups need to be equivalent across different countries (Hambleton, 2005; OECD 2011).

The KoKoHs research program requires an understanding of validity hat focuses less on theoretical labeling of validity concepts and more on adequate test development and validation for specific domains. This is particularly important since the KoKoHs projects are heterogeneous, having diverse project structures and covering dissimilar domains, such as engineering sciences and social sciences. The heterogeneity necessitates a validation framework that sets a common methodological focus for research practice, while still leaving enough room for the projects to position themselves according to their specific aims and needs (AERA, APA, NCME, 2004; 2014). This is enabled through an understanding of validity that follows the Standards for Educational and Psychological Testing (SEPT), thus providing orientation for validation practice in the KoKoHs projects in line with international standards. Accordingly, once objectivity and reliability of assessment are established, the main concern should be to ensure that the test score represents the targeted content, that is, the curricular or job-related requirements. The validation approach should also allow integration of classical definitions of validity, such as Messick's understanding of validity as an

> "integrated evaluative judgment of the degree to which empirical evidence and theoretical rationales support the adequacy and appropriateness of inferences and actions based on test scores" (1995, p. 741).

According to the basic definition from the SEPT, validity indicates "the degree to which evidence and theory support the interpretation of test scores entailed by proposed uses of tests" (2004, p. 9).

We adopted this definition, as it is in line with Messick's understanding (1995, p. 743). Accordingly, validity lies essentially in "explanatory concepts" and, thus, in the validity argument. Our understanding of validation does not follow the traditional theoretical distinction of content, criterion, and construct validation, which has little discriminatory power. Instead, we establish validity of assessment through a comprehensive validity argument. In this argument, the logical inferences should be supported to the largest possible extent by theoretical reasoning and empirical evidence (Kane, 2013).

In the adaptation of international tests, it is crucial to thoroughly examine the assessed construct. If there are cultural or curricular differences among the countries, a mere translation is not enough to obtain a valid test score. The adaptation of a test from another language poses diverse challenges. To provide universal criteria for the adaptation, the International Test Commission has issued Test Adaptation Guidelines (TAG), which are meant to ensure high quality adaptations of psychological tests (Coyne 2000; Hambleton 2005, 2001). The TAG have been used in the adaptation of tests such as the third Trends in International Mathematics and Science Study (TIMSS) and the Program for International Student Assessment (PISA) (Grisay 2003, Hambleton 2001). It is important to note that these studies specified the guidelines in different ways. This is possible since the TAG serve only as a general orientation and need to be specified substantially in content in accordance with the respective projects. Consequently, the TAG can contribute to the development of valid test instruments for specific countries only to a certain extent. They need to be complemented with further validity criteria, such as the ones indicated in the SEPT. Hambleton (2005, p. 5) highlights three standards that are directly relevant to test adaptation:

When a test user makes a substantial change in test format, mode of administration, instructions, language, or content, the user should revalidate the use of the test for the changed conditions or have a rationale supporting the claim that additional validation is not necessary or possible (Standard 6.2).

When a test is translated from one language or dialect to another, its reliability and validity for the uses intended in the linguistic groups to be tested should be established (Standard 13.4).

When it is intended that two versions of dual-language tests be comparable, evidence of test comparability should be reported (Standard 13.6).

However, these alone are not sufficient to guarantee a comprehensive validation.

Given the key relevance of the TAG and the SEPT in international competence research in higher education, we first describe different assessment designs in section 2.1.-In section 2.2, we discuss the practical implementation of the assessment design according to international adaption and validation criteria. In section 3, we illustrate the adaptation and validation process using the empirical example of an international comparative KoKoHs project. To conclude, we draw a number of implications for further research in section 4.

2 International Criteria for Test Adaptation and Validation

2.1 Theoretical Concepts of Assessment Designs in Educational Research

In international studies the methods used for testing validity are criticized for being, at best, only loosely connected to the underlying assessment concept as well as to one another (Borsboom, Cramer, Kievit, Zand Scholten & Franic 2009). To arrive at a conclusive evaluation of the validity of an assessment, researchers need to use methods for specific purposes within the study and, ideally, within the framework of a comprehensive validation approach that systematically connects the aspects of assessment and validation (see Borsboom et al. 2009).

In empirical educational research, many studies measuring latent constructs like competencies explicitly strive to integrate validity in their test development processes (Hattie, Bond & Jaeger, 1999). Study designs that deserve special mention include the Evidence-Centered Assessment Design (Mislevy & Haertel, 2006), the Four Building Blocks (Wilson, 2005), the Assessment Triangle (Pellegrino, Chudowsky & Glaser, 2001), the model of educational assessment (Crooks, Kane & Cohen, 1996), and the model of educational testing (Hattie & Bond & Jaeger, 1999).

These approaches to study design in educational assessment are outlined in table 1. Even though the approaches differ in how they define and name different phases of the process, they share a general sequence. Almost all approaches start by defining the domain and modeling the domain-specific construct to be assessed. Then, an assessment framework is defined, which serves for operationalizing the theoretical model and constructing the items. Next, the measuring instruments are tested empirically, and item responses are converted into test scores, which are aggregated. Subsequently, the test scores are analyzed using various psychometric models.

Table 1: Assessment Designs in Educational Research

Author(s)	Mislevy & Haertel (2006)	Wilson (2005)	Pellegrino et al. (2001)	Hattie, Bond & Jaeger (1999)	Crooks et al. (1996)
Name of study design	Evidence-centered Assessment	Four Building Blocks	Assessment Triangle	Model of educational testing	Model of educational assessment
Structure of assessment and test development concepts	1. Domain analysis 2. Domain modeling 3. Assessment framework 4. Assessment implementation 5. Assessment delivery	1. Construct map 2. Item design 3. Outcome space 4. Measurement model	1. Cognition 2. Observation 3. Interpretation	1. Conceptual models of measurement 2. Test and item development 3. Test administration 4. Test use 5. Test evaluation	1. Administration 2. Scoring 3. Aggregation 4. Generalization 5. Extrapolation 6. Evaluation 7. Decision 8. Impact

Analyses are always conducted to evaluate the fit of the data to the theoretically modeled constructs and to the related test score interpretations. The conclusive evaluation of the test instruments serves as a basis for further decisions. This general sequence can be traced in the approaches shown below, which can be considered, hence, not as contrary, but as different specification of this common sequence.

In most studies, however, validation is attributed to only one phase of test development instead of being understood as a global concept that should accompany the entire process of instrument development and testing from test developers' first outline of the targeted domain to test users' final conclusions about a person's abilities an individual consequences based on assessment results. Hattie, Bond, and Jaeger (1999) assign validity only to the test evaluation phase; nevertheless, they also discuss validity in connection to response processes and domain structure. Wilson (2005) rather generally integrates the SEPT into his system of the Four Building Blocks. An exception is the design by Crooks et al. (1996). For each assessment phase, they define a corresponding level of validation, and they even discuss valid competency assessment in higher education (see also Brückner & Kuhn, 2013). The drawback of this design is that it presupposes the existence of a theoretical model and items a priori; hence, the design does not include phases of theoretical modeling or item construction. We think that in a valid test development or adaptation process all phases must be connected with corresponding validation measures. The question of how to design such systematic connections has hardly been discussed yet in higher education research. Therefore, we emphasize the relevance of the SEPT and the TAG as an orientation for test development or adaptation (see section 2.2).

Assessment design can take many pathways and forms within specific projects, but in general, the KoKoHs theoretical framework (Zlatkin-Troitschanskaia, Kuhn & Toepper, 2014) describes it as reasoning from evidence with reference to the assessment triangle (Pellegrino et al., 2001). The assessment triangle provides a general outline for assessment design including validation as an essential constituent, but the individual steps in the adaptation and validation process remain to be further specified within the projects.

2.2 Adaptation and Validation as Part of the Assessment Design

In the TAG (International Test Commission, 2005), validity is discussed in connection with cultural and linguistic differences, technical issues, designs, methods, and interpretations of results. With regard to test translation, cultural and linguistic differences are the critical issues in the validity argument. They are discussed in each of the four main sections of the TAG, which are entitled context, test development and adaptation, administration, and documentation/score interpretations and are presented briefly in the following. (1) The guidelines on context are meant to ensure that assessments of knowledge of different populations target the same theoretical constructs or the same parts of constructs (Bereday, 1964).[2] They are also meant to minimize cultural influences irrelevant to the assessment. The two context guidelines (C1–C2, Hambleton 2005; 2001) refer mainly to cultural comparability and how to ensure comparability of assessed dimensions between countries. (2) The guidelines on test development and adaptation focus on issues related to translation, data collection, and statistical analyses (Hambleton 2005; 2001). The adequacy of the adapted test should be discussed with experts from the respective domain, and they should also be involved in the final review of the adapted test (D1–D3). Furthermore, test developers should establish measurement invariance of all items across the subpopulations to be compared in order to rule out estimation bias in the parameter estimates for different countries (D7–D10). (3) The guidelines on administration provide suggestions on testing procedures and issues arising when subjects have different cultural and linguistic backgrounds. The aim is to create identical testing conditions that allow comparisons between countries and across measuring dates. (4) The guidelines on documentation and

---

2 For international comparative studies, there are established approaches on how to conduct the adaptation process. For further information, see Bereday (1964) or Bray, Adamson & Mason (2007).

score interpretations highlight the importance of documenting the test and changes made during the adaptation process to ensure validity and to avoid diagnostic misinterpretation. Test developers should provide prospective users with sufficient information about the psychometric properties of the test instrument, for example, through test manuals that document the intended uses of a test. In addition, the test documentation should include preliminary assumptions on whether potential differences among countries are more likely to result from cultural effects or from other systematic effects (Hambleton, 2005; 2001).

Test validity can be evaluated using the TAG; however, the validity concept is too basic to guarantee comprehensive validation. Particularly response processes, which are central to cognitive validation efforts, are neglected in the TAG, but they play a major role in the SEPT. Therefore, the TAG should be complemented with the SEPT (AERA, 2004; 2014). In the SEPT, validation is operationalized in five categories. Accordingly, evidence of the test validity should be gathered with regard to the test content, response processes, internal structure, relations to other variables, and consequences of testing (AERA, 2004, pp. 11–17).

1) Evidence Based on Test Content
Test content is analyzed to determine how accurately it represents theoretical constructs (AERA, 2004, p. 11). The accuracy of representation can be determined through logical or empirical analysis (AERA, 2004, p. 11). Methods include literature reviews, curricular analyses, analyses of job descriptions, or interviews with experts from the respective domain (Lissitz & Samuelson, 2007). For instance, test developers can ask experts to evaluate how the test content relates to content from the respective field of study. This analysis is particularly important when a test is used in a new educational context, since the educational system and the curriculum might differ from the ones for which the test was originally designed. In the adaptation and validation of a test, existing curricular differences must be taken into account to enable valid assessment and comparisons within and among institutions in one country and among several countries.

2) Evidence Based on Response Processes
Analyses of response processes can be used to determine item clarity and to gain evidence of the subjects' mental processes taking place while they respond to test items (Leighton et al., 2011). To determine item clarity, subjects' individual response strategies are examined, which serves to identify items that are repeatedly misunderstood and need further revision (AERA, APA & NCME, 2004; 2014). The analysis of mental processes is a comparison between the theoretically modeled mental processes and the empirically

assessed mental processes. Mental processes can be assessed using neurophysiological methods such as eye tracking, or neuropsychological methods such as verbal reporting or concept mapping techniques. While the other four categories focus on product-oriented approaches of validation, the category of subjects' response processes opens up a process-oriented perspective, which enables an analysis of the causal origins of the test scores (Brückner & Kuhn, 2013).

3) Evidence Based on Internal Structure
The internal structure of a test is analyzed to determine whether a construct is coherently represented by the relations among single items or among different parts of a test. How the internal structure is analyzed and how the results are interpreted depends on the aim of the test, that is, on the assumed structure. For instance, a one-dimensional construct or test is expected to have rather homogenous items (AERA, 2004, p. 13). Typically, test developers would perform a comparison of multi-dimensional measurement models, which would help them identify the latent dimensions to which to map the test items. Common methods include exploratory or confirmatory factor analyses and reliability analyses of dimensions on the manifest level, such as calculating internal consistency using Cronbach's alpha, or on the latent level, such as calculating Expected A Posteriori/Plausible Value reliability (EAP/PV) using approaches from item response theory (e.g. Pohl & Carstensen, 2012).

4) Evidence Based on Relations to Other Variables
The relation of the test score to other, external variables is analyzed according to the relations in a nomological network (AERA, 2004, pp. 13–16; Cronbach & Meehl, 1955). External variables may be personal or group-related, such as verbal and numeric intelligence or motivation for taking the test. Evidence may indicate a convergent or discriminant relation between the construct and the respective variable. For instance, following the expert-novice paradigm (Pellegrino et al., 2001), test developers can assume that students who major in a specific field of study will outperform students who are novices in the field.

5) Evidence Based on Consequences of Testing
The consequences of testing refer to the conclusions drawn from the test scores, which are the basis for evaluating individual students or groups of students (AERA, 2004, pp.16–17). In addition to thoroughly documenting the test development and adaptation processes, test developers also should provide users with detailed test manuals that indicate the psychometric quality criteria and the intended uses of the test. For instance, quality criteria for job-related proficiency assessment in Germany are described in the DIN

33430 standard (DIN, 2002). With regard to international comparative research on competences in higher education, the TAG and the SEPT indicate specific steps to be taken in test adaptation and validation.

The different criteria of adaptation and validation mentioned above are assigned to different phases of an assessment design. In the following, we explain how these different criteria were implemented in an assessment design in a KoKoHs project.

3 Example of the Adaptation and Validation of International Instruments in the WiwiKom Project

Over the past decade the importance of economic skills has been increasing in both the U.S. and Europe. Sometimes basic economic skills also are discussed in connection with the term "financial literacy," which is important for other disciplines such as engineering. With increasing global interconnectedness in tertiary education as well as in the economy, the need for valid international assessments of students' business and economic competencies has grown (OECD, 2011). However, there is a lack of suitable German language test instruments for the assessment of business and economic competencies on an academic level. Since Germany is not participating in the AHELO study (OECD, 2011; Pearce, in this issue), the WiwiKom project was launched with the aim of modeling and measuring competencies in business and economics of university students and graduates (grant number 01PK11013A; for more information, see Zlatkin-Troitschanskaia, Förster, Brückner & Happ, 2014)[3]. To this end, two international measuring instruments were translated and combined into one German language instrument in the WiwiKom project. The instruments included the Spanish language test "Examen General para el Egreso de la Licenciatura en Administración" (EGEL; CENEVAL, 2011) and the English language "Test of Understanding in College Economics" (TUCE) (Walstad, Watts & Rebeck 2007). The new instrument should enable valid assessment of business and economic competency of university students in Germany and to provide a basis for international comparisons of findings between Germany and other countries using these instruments. For this purpose, it was not sufficient to simply translate the test. Instead, the adaptation process had to be complemented with the validation measures recommended in the SEPT and had to be integrated in a comprehensive study design for systematic test development. In the assessment design, the assessment had to be structured in different phases and specified with regard to the domain and the type of competencies to be studied. The WiwiKom project mainly followed the Evidence-Centered

---

3 http://www.kompetenzen-im-hochschulsektor.de/172_ENG_HTML.php

Assessment Design (Mislevy & Haertel, 2006), which is similar to the assessment triangle, but provides more detailed steps. This design was selected because it describes essential aspects of the project. For example, the design refers to a domain-specific model that associates item properties with student traits in an interactive approach (Mislevy & Haertel, 2006, p. 14).

The Evidence-Centered Assessment Design by Mislevy and Haertel (2006) comprises five layers[4] (see Table 1). The first layer is the Domain Analysis, which "requires gathering substantive information about the domain that is to be assessed" (2006, p. 5), in particular, on the content of this domain. In the WiwiKom project, domain analysis was a preliminary step towards the project goal of developing a domain-specific competency model that would be valid with respect to content and curricula and based on an internationally established understanding of competency (Zlatkin-Troitschanskaia et al., 2014). For the domain analysis, the WiwiKom team conducted document analyses of module manuals from 96 degree courses at 64 business and economics faculties at universities and universities of applied sciences. These faculties included the largest faculties in Germany and the ones that participated in the WiwiKom survey (Zlatkin-Troitschanskaia, Förster, Schmidt, Brückner & Beck, 2015). The findings from the curricular analysis were compared to results from an analysis of textbooks and were complemented by expert interviews conducted as part of a workshop. This validity evidence corresponded to the validity aspect of "test contents" and also served to establish construct equivalence across countries, as required by the TAG (Hambleton, 2005). While it is generally possible to use other methods in the domain analysis, this layer requires mainly exploratory research, for which qualitative methods such as content analysis or interview methods are well suited.

In domain modeling, the information gathered in the domain analysis needs to be organized in relation to the targeted latent construct (Mislevy & Haertel, 2006, p. 7). In WiwiKom, the target construct of business and economic competency was defined following Weinert's internationally established understanding of competency (2001). To be able to solve problems in economic situations, people need to have business and economic competency, which consists of an interaction of cognitive, metacognitive, affective, and self-regulatory dispositions. Current international research focuses mainly on the assessment of cognitive dispositions (Klieme & Leutner, 2006). Hence, in practice, studies usually focus on knowledge assessment. This includes assessment of content knowledge and the associated thought processes, which are regarded as fundamental dimensions of the competency construct (Rumelhart & Norman 1983; Alexander, Kulikowich & Schulze,

---

4 Mislevy and Haertel refer to 'layers' as in architecture and information technology.

1994). For example, the modeling approaches in international research in economics (e.g., Walstad, Watts & Rebeck, 2007; Jang, Hahn & Kim, 2010; Hansen, 2001) often follow Bloom's cognitive taxonomy of educational objectives (1956) and the further developed version by Anderson and Krathwohl (2001), which enables international comparisons for the content areas of microeconomics and macroeconomics. To ensure international compatibility, the WiwiKom project adopted the cognitive understanding of competency, too. In domain modeling, validity evidence is based mainly on literature reviews and expert interviews and also belongs to the SEPT category of test content.

With regard to the conceptual Assessment Framework (Mislevy & Haertel, 2006), the WiwiKom project modeled theory-related content knowledge in business and economics as well as the related thought processes and assessed them empirically via mental representations (Rumelhart & Norman, 1983) for various dimensions or sub-dimensions of business and economics. The domain-specific model comprised basic contents from the curricular sub-domains of business studies, including accounting, marketing, and management, and of economic studies, including microeconomics and macroeconomics. Furthermore, the domain model differentiated cognitive levels of expertise of novice and expert students in each content area and the students' mental representations of economic phenomena.[5] The model was to narrow down the object of study so as to enable practical operationalization (Klieme & Leutner, 2006). The WiwiKom team also took into account and operationalized the conceptualizations of the original test instruments. The TUCE uses a modified version of the Taxonomy of Educational Objectives by Bloom et al. (1956) and differentiates among the three cognitive levels of "recognition and understanding", "explicit application", and "implicit application".[6] For the EGEL, proficiency levels were extracted post hoc from the answers of the students using the bookmark method. The newly developed competency model was repeatedly tested, modified, and expanded in line with the findings from the further development and validation processes. Furthermore, the project team formulated preliminary hypotheses regarding the expected response behavior of business and economics students. This model of task performance (Leighton, 2004) combined theories from cognitive psychology, phenomenography, and conceptual change to model typical task-related mental processes in the domain of business and

---

5   For further information on the modeling of the construct, see Zlatkin-Troitschanskaia et al. (2014).
6   For further information on the cognitive levels, see Zlatkin-Troitschanskaia et al. (2014); on the operationalization of content areas, such as accounting and finance, see Förster, Brückner & Zlatkin-Troitschanskaia (2014).

economics and to assess them in an exploratory way using cognitive interviews in think-aloud studies (Brückner, 2013).[7]

The Assessment Implementation layer comprises all operational issues related to item construction, survey design, and scoring. Given the large number of items, which initially exceeded 400 items, the WiwiKom team introduced a systematic item selection process based on the findings from the domain analysis and domain modeling. The translated and adapted items were evaluated by experts from the respective fields. In a specifically designed online questionnaire, 78 lecturers evaluated all presented items with regard to their curricular validity and their relevance for practice, and they gave general feedback on the items (see test content in SEPT) (Zlatkin-Troitschanskaia et al., 2014). Furthermore, students participated in cognitive interviews conducted with the think-aloud method. The cognitive interviews served to obtain evidence from the target group with regard to formal errors of spelling, grammar, or graphic presentation (see response processes in SEPT). Over the same period of time, additional expert interviews were conducted to establish the correctness of the content and the clarity of the items. Of the initial 402 items, 220 were successfully adapted this way. They were subsumed in 43 test booklets in the form of several nested Youden square designs (Frey, Hartig & Rupp, 2009).

For the Assessment Delivery, these 43 test booklets were used in an empirical field survey during the winter term 2012/2013, assessing 3783 students of business and economics at 15 universities and 8 universities of applied sciences. The data from this survey were analyzed using methods from classical test theory and item response theory in order to determine whether the items were adequate and suited for further empirical modeling of competency structures and levels. Based on the results and another round of expert interviews, several items were deleted or modified in line with the psychometric criteria. The results were used to compile a valid version of the test for German speakers and to test and modify the theoretical competency model. Subsequently, 42 revised booklets were used in an updated test version in the main study, which assessed approximately 3512 students at 25 additional faculties of business and economics at universities and universities of applied sciences during the summer term 2013. The aim of the main study was to measure professional business and economic competency on the national level and to evaluate whether the gathered data could be used for international comparisons with student performance in other countries. In follow-up studies, the degree of measurement invariance between countries

---

7   The analyses also showed impeding cognitive and affective variables in the students' item response process, which can be used for drawing methodological implications about ways of optimizing teaching and learning.

was determined through multi-step analysis (Förster et al., 2015) and the data were used for international comparisons (Brückner, Förster, Zlatkin-Troitschanskaia & Walstad, 2015). Through selection of an appropriately large sample, the main study was also meant to enable normalization of the assessment instrument. The results from the main study will be used to test and modify the hypothesized competency model (see internal structure and relations to other variables in SEPT).

4 Implications

The example of the international comparative WiwiKom project from the KoKoHs research program was given to illustrate the diverse and complex challenges that can emerge in test adaptation and validation for international comparative studies. The example also highlighted the necessity to use a systematic framework for the test development and to integrate the TAG and the SEPT in order to ensure sufficient standardization and quality assurance in international empirical research. However, the above discussion also showed that the TAG and the SEPT provide rather general orientation, while their practical use in specific projects poses a number of further questions and challenges that are relevant for further international research. The SEPT provide very detailed descriptions of what aspects are important in validation; however, they do not indicate how these aspects can be combined and integrated into a comprehensive validation concept (see section 3.1) and how they should be interpreted. For example, it is not unlikely that different analyses of the test content or the relations to other variables result in opposite or even contradictory findings. For such cases, the SEPT and various studies recommend alignment (Pellegrino, Chudowsky & Glaser, 2001; Leighton, 2004) in order to see the extent to which different validation aspects can be aligned. However, in the evidence-centered assessment design, such an alignment can be difficult to perform if the validity criteria are very diverse, if some of them require careful interpretation and further critical discussion, or if some are not explicit enough with regard to their explanatory power in various contexts or different phases of the test development process.

The intended explanatory power is indicated in various modeling approaches describing the construct to be assessed on the levels of domain, test, and mental processes (e.g., Mis5levy & Haertel, 2006; Leighton, 2004). With regard to methods, it is necessary to evaluate how well different measuring methods can be combined. Combinations of methods can include purely qualitative or quantitative triangulation approaches or mixed approaches combining qualitative with quantitative findings, such as combining results from an expert interview with curricular effects. They can even include conversion of qualitative information into quantitative data, for example, to reconfirm qualitative findings with inferential statistical analyses (e.g.,

Kuckartz, 2011). Different methods can be combined only on the basis of adequate samples. Therefore, the selection of adequate sampling methods also merits further discussion (e.g., ADM, 2014; Merkens, 2000). Furthermore, a systematic assessment framework including the SEPT and the TAG also is necessary as a basis for subsequent international comparability studies. Findings to this effect are still scarce, but the situation is expected to change with the emergence of the first international comparative studies in some domains of higher education (see Pearce, in this issue).

In conclusion, both the SEPT and the TAG provide general guidance for international validation practice. However, in practice, they need to be further specified in terms of content to suit the respective domain and project. Nevertheless, we already are able to make some general recommendations based on the above overview: (1) Researchers should always provide a clear and detailed definition of the aims of an assessment, since this is the basis for later feasibility studies evaluating whether or not results can be compared across various settings, cultures, languages, or testing situations. (2) Documentation of results should include not only general psychometric properties of the test instruments, but also recommendations for test users indicating the possible uses of the test instruments in different settings. To ensure comparability, test documentation should also point out inappropriate uses of the test instruments and inadequate interpretations of the scores. (3) The understanding and use of methods should be stated clearly so that comparisons do not fail because of misinterpreted methods. For example, in international comparative studies, it would be important to know whether or not the scaling of the data, which may be based on different estimation methods or study designs, supports effective estimation of serial position and booklet effects. For an orientation on how to describe methods, researchers can follow international best practices from the school sector. For example, data analysis manuals or technical reports from large-scale assessment studies, such as AHELO, include explanations of why certain study designs and analyses were selected and those methods can be adapted to meet the specific needs and aims of individual projects (OECD, 2011).

Bibliography

Alexander, P. A., Kulikowich, J. M., & Schulze, S. K. (1994). How subject-matter knowledge affects recall and interest. American Educational Research Journal, 31(2), 313–337.

American Education Research Association (AERA), American Psychological Association (APA) & National Council on Measurement in Education (NCME) (2004, 2014). Standards for educational and psychological testing. Washington, DC: American Educational Research Association.

Anderson, L. W., & Krathwohl, D. R. (2001). A taxonomy for learning, teaching, and assessing: a revision of Bloom's taxonomy of educational objectives. New York u. a.: Longman.

Arbeitskreis deutscher Markt- und Sozialforschungsinstitute (2014). Stichprobenverfahren in der Umfrageforschung. Eine Darstellung für die Praxis. [Sampling Methods in Survey Research. Described for Practice.] Wiesbaden: Springer VS.

Beck, K., & Krumm, V. (1991). Economic Literacy in German Speaking Countries and the United States. First Steps to a Comparative Study. Economia, 1(1), 17–23.

Bereday, G. (1964). Comparative Method in Education. New York, NY: Holt, Rinehart, & Winston.

Blömeke, S., Zlatkin-Troitschanskaia, O., Kuhn, C., & Fege, J. (2013). Modeling and Measuring Competencies in Higher Education. Rotterdam: Sense Publishers.

Bloom, B. S., Englehart, M. B., Furst, E. J., Hill, W. H., & Krathwohl, D. R. (1956). Taxonomy of Educational Objectives, the classification of educational goals – Handbook I: Cognitive Domain. New York: McKay.

Bray, M., Adamson, B., & Mason, M. (2007). Comparative Education Research – Approaches and Methods. Hong Kong: Springer.

Brückner, S. (2013). Construct-irrelevant mental processes in university students' responding to economic test items: Using symmetry based on verbal reports to establish the validity of test score interpretations. Brunswik Society Newsletter, 28, pp. 16–20.

Brückner, S., & Kuhn, K. (2013). Die Methode des lauten Denkens und ihre Rolle für die Testentwicklung und Validierung. [The think-aloud method and ist significiance in test development and validation] In: O. Zlatkin-Troitschanskaia, R. Nickolaus, K. Beck (Eds.), Kompetenzmodellierung und Kompetenzmessung bei Studierenden der Wirtschaftswissenschaften und der Ingenieurwissenschaften. Lehrerbildung auf dem Prüfstand (Sonderheft). Landau: Verlag Empirische Pädagogik, pp. 26–48.

Brückner, S., Zlatkin-Troitschanskaia, O., Kuhn, C., & Schmidt, S. (2014). Die Entwicklung der Kompetenzmodellierung und -erfassung im Hochschulbereich im Rahmen des BMBF-Forschungsprogramms KoKoHs. [Development of Competence Modeling and Measurement in Higher Education within the BMBF-Funded KoKoHs Research Program.] contribution to the conference proceedings "Teaching is Touching the Future – Emphasis on Skills", pp. 65–76.

Brückner, S., Förster, M., Zlatkin-Troitschanskaia, O., & Walstad, W. B. (2015). The Effects of Prior Economic Education, Native Language and Gender on Economic Knowledge by first-year Students in Higher Education. A comparative Study between Germany and the United States. In: O. Zlatkin-Troitschanskaia, R. Shavelson (Eds.), Assessment of Competence in Higher Education. In Journal Studies in Higher Education (Special Issue). (in press).

Borsboom, D., Cramer, A., Kievit, R., Zand Scholten, A., & Franic, S. (2009). The End of Construct Validity. In: R. W. Lissitz (Ed.): The Concept of Validity. Information Age Publishing, pp. 135–170.

CENEVAL (2011). EGEL Administration. Präsentation zum Workshop „Kompetenzmodel-lierung in der Betriebs- und Volkswirtschaftslehre". Berlin.

Coyne, I. (2000). ITC Test Adaptation Guidelines. In: International Test Commission – April 21, 2000 Version. Retrieved from http://www.intestcom.org/test_adaptation.htm

Cronbach, L. J., & Meehl, P. E. (1955). Construct validity in psychological tests. Psychological Bulletin, 52(4), 281–302.

Crooks, T. J., Kane, M. T., Cohen, A. S. (1996). Threats to the valid use of assessments. Assessment in Education, 3(3), 265–285.

DIN (2002). DIN 33430: Anforderungen an Verfahren und deren Einsatz bei berufsbezogenen Eignungsbeurteilungen. [Requirements for proficiency assessment procedures and their implementation.] Berlin: Beuth.

Förster, M., Brückner, S., & Zlatkin-Troitschanskaia, O. (2014). Assessing professional competences in business administration of university students in Germany. In: O. Zlatkin-Troitschanskaia, R. Shavelson (Eds.) Empirical Research in Vocational Education and Training [Special Issue]. (in review).

Förster, M., Zlatkin-Troitschanskaia, O., Brückner, S., Happ, R., Hambelton, R., Walstad, B. W., Asano, T., & Yamaoka, M. (2015). Validating Test Score Interpretations by Comparing the Results of Students from Japan and Germany on an US-American Test of Economic Knowledge in Higher Education. In: S. Blömeke, J.-E. Gustafsson & R. Shavelson. (Eds.). Assessment of Competencies in Higher Education [Special Issue]. Journal of Psychology (in press).

Frey, A., Hartig, J., & Rupp, A. (2009). Booklet Designs in Large-Scale Assessments of Student Achievement: Theory and Practice. Educational Measurement: Issues and Practice, 28, pp. 39–53.

Grisay, A. (2003). Translation procedures in OECD/PISA 2000 international assessment. Language Testing, 20(2), 225–240.

Hambleton, R. K. (2005). Issues, Designs, and Technical Guidelines for Adapting Tests into Multiple Languages and Cultures. In: R. K. Hambleton, P. F. Meranda, C. D. Spielberger (Ed.): Adapting Educational and Psychological Tests for Cross-Cultural Assessment. Mahwah & New York: Lawrence Erlbaum, pp. 3–38.

Hambleton, R. K. (2001). The Next Generation of the ITC Test Translation and Adaption Guidelines. European Journal of Psychological Assessment, 17(3), 164–172.

Hansen, W. L. (2001). Expected Proficiencies for Undergraduate Economics Majors. The Journal of Economic Education, 2001, 32(3), 231–242.

Hattie, J., Jaeger, R. M., & Bond, L. (1999). Persistent Methodological Questions in Educational Testing. Review of Research in Education, 24, 393–446.

Hartig, J., Frey, A., & Jude, N (2012). Validität. [Validity.] In: H. Moosbrugger, A. Kelava (Ed.): Testtheorie und Fragebogenkonstruktion. [Test theory and Survey Construction]. Berlin & Heidelberg: Springer, pp. 143–171.

International Test Commission (2005). International Guidelines on Test Adaptation. [www.intestcom.org]

Jang, K., Hahn, K., & Kim, K. (2010). Comparative Korean Results of TUCE with U.S. and Japan. In: M. Yamaoka, W. B. Walstad, M. W. Watts, T. Asana, S. Abe (Eds.), Comparative Studies on Economic Education in Asia-Pacific Region. Tokio: Shumpusha, pp. 53–78.

Kane, M. T. (2013). Validating the Interpretations and Uses of Test Scores. Journal of Educational Measurement, 50(1), 1–73.

Klieme, E., & Leutner, D. (2006). Kompetenzmodelle zur Erfassung individueller Lernergebnisse und zur Bilanzierung von Bildungsprozessen. [Competence models for assessing individual learning outcomes and educational processes] Beschreibung eines neu eingerichteten Schwerpunktprogrammes der DFG. Zeitschrift für Pädagogik, 52(6), 876–903.

Kuckartz, U. (2011). Mixed Methods: Methodologie, Forschungsdesigns und Analyseverfahren. [Mixed Methods: Methodology, Study Designs, and Methods of Analysis.] Wiesbaden: VS Verlag für Sozialwissenschaften.

Kuhn, C., & Zlatkin-Troitschanskaia, O. (2011). Assessment of Competencies among University Students and Graduates – Analyzing the State of Research and Perspectives. Johannes Gutenberg University Mainz: Arbeitspapiere Wirtschaftspädagogik, 59.

Leighton, J. P., Heffernan, C., Cor, M. K., Gokiert, R. J., & Cui, Y. (2011). An Experimental Test of Student Verbal Reports and Teacher Evaluations as a Source of Validity Evidence for Test Development, Applied Measurement in Education, 24(4), 324–348.

Leighton, J. P. (2004). Avoiding misconception, misuse, and missed opportunities: The collection of verbal reports in educational achievement testing. Educational Measurement: Issues and Practice, 23(4), 6–15.

Lissitz, R. W., & Samuelsen, K. (2007). A Suggested Change in Terminology and Emphasis Regarding Validity and Education. Educational Researcher, 36(8), 437–448.

Marion, S. F., & Pellegrino, J. W. (2006). A Validity Framework for Evaluating the Technical Quality of Alternate Assessments. Educational Measurement: Issues and Practice, 25(4), 47–57.

Merkens, H. (2000). Auswahlverfahren, Sampling, Fallkonstruktion. [Selection Methods, Sampling, Case Construction.] In: U. Flick, E. von Kardorff, I. Steinke (Eds.), Qualitative Forschung. Ein Handbuch. Reinbek bei Hamburg: Rowohlt, pp. 286–299.

Messick, S. (1995). Validity of Psychological Assessment. American Psychologist, 50(9), 741–749.

Mislevy, R., & Haertel, G. (2006). Implications of Evidence-Centered Design for Educational Testing (Draft PADI Technical Report 17). Menlo Park, CA: SRI International.

OECD (2011). Tuning-AHELO Conceptual Framework of Expected and Desired Learning Outcomes in Economics, OECD Education Working Papers, No. 59, OECD Publishing.

Pellegrino, J. W., Chudowsky, N., & Glaser, R. (2001). Knowing what students know. The Science and Design of Educational Assessment. Washington: National Academy Press.

Pohl, S., & Carstensen, C. H. (2012). NEPS Technical Report–Scaling the Data of the Competence Tests (NEPS Working Paper No.14). University of Bamberg: National Educational Panel Study.

Rost, J. (2004). Testtheorie und Testkonstruktion [Test theory and Testconstruction]. Bern: Hans Huber.

Rumelhart, D. E., & Norman, D. A. (1983). Representation in memory. San Diego: University of California.

Sijtsma, K. (2010): Review of: Lissitz, R. W. (2009). The concept of validity. Revisions, new directions, and applications. Psychometrika, 75, pp. 780–782.

Walstad, W. B., Watts, M., & Rebeck, K. (2007). Test of understanding in college economics: Examiner's manual, 4. New York: National Council on Economic Education.

Weinert, F. E. (2001). Concept of Competence: A Conceptual Clarification. In D. S. Rychen & L. H. Salganik (Eds.), Defining and selecting key competencies. Seattle: Hogrefe und Huber, pp. 45–65.

Wilson, M. (2005): Constructing Measures. An Item Response Modeling Approach. Mahwah: Lawrence Erlbaum Associates.

Zlatkin-Troitschanskaia, O., Förster, M., Brückner, S., & Happ, R. (2014). Insights from a German assessment of economics competence. In: H. Coates (Ed.): Assessing Learning Outcomes: Perspectives for quality improvement. Frankfurt/Main: Peter Lang Publishing Group (in press), pp. 175–197.

Zlatkin-Troitschanskaia, O., Kuhn, C., & Toepper, M. (2014). Modelling and assessing higher education learning outcomes in Germany. In: H. Coates (Ed.): Assessing Learning Outcomes: Perspectives for quality improvement. Frankfurt/Main: Peter Lang Publishing Group (in press), pp. 213–235.

Zlatkin-Troitschanskaia, O., Förster, M., Schmidt, S., Brückner, S., & Beck, K. (2015). Erwerb wirtschaftswissenschaftlicher Fachkompetenz im Studium – Eine mehrebenanalytische Betrachtung von hochschulischen und individuellen Einflussfaktoren. In: S. Blömeke & O. Zlatkin-Troitschanskaia (Eds.), Kompetenzen von Studierenden. Zeitschrift für Pädagogik (Special Issue). (in press).

Jacob Pearce

Ensuring quality in AHELO item development and scoring processes

This chapter summarizes the work undertaken in the Engineering Strand of the OECD's Assessment of Higher Education Learning Outcomes (AHELO) Feasibility Study. The iterative processes of design, review and revision that were followed to ensure that the assessment instrument and scoring processes were of high quality are outlined in detail. There are several lessons which can be drawn out of these experiences for future practice. The chapter offers an example of the amount of thinking and effort that is required in the development of an assessment instrument and the scoring processes related to it, if high quality data and directions for educational improvement are the desired outcome.

Dieser Beitrag liefert einen Überblick zu den Arbeiten, die zur Entwicklung der OECD Machbarkeitsstudie „Assessment of Higher Education Learning Outcomes (AHELO)" im Bereich der Ingenieurwissenschaften unternommen wurden. Der iterative Entwurfs-, Bewertungs- und Überarbeitungsprozess zur Sicherstellung einer hohen Qualität des Instruments und des Korrekturprozesses wird im Detail dargestellt. Daraus werden mehrere Schlussfolgerungen für zukünftige Arbeiten gezogen. Der Beitrag liefert ein Beispiel dafür, welcher Aufwand an konzeptionellen Überlegungen und Ressourcen zur Entwicklung eines Assessment Instruments und dessen Korrektur notwendig ist, wenn qualitativ hochwertige Daten und Empfehlungen für Verbesserungen im Bildungswesen angestrebt sind.

1 Introduction

The Assessment of Higher Education Learning Outcomes (AHELO) Feasibility Study was recently completed by the Organization for Economic Co-operation and Development (OECD). This landmark study was the first of its kind for higher education—international in scope and ambitious in intent. The study was designed to determine a robust approach for measuring learning outcomes in ways that were valid across borders, cultures, languages and the diversity of institutional contexts. However, the focus remained on providing rich contextual data to participating institutions, without the results being reported as rankings or tables.

AHELO followed the practices and procedures of many large-scale assessments. At the school level, many international projects (such as PISA, TIMMS, ICILS and PIRLS) are designed and developed according to tried and tested procedures, which are followed to ensure validity and reliability in assessment. But validity and reliability are only part of the picture.

Meaningful information can only be gained if the assessment instrument is of sufficient quality, as well as being technically sound.

The paper outlines the processes followed to ensure that the AHELO engineering assessment instrument was of high quality. This will be discussed through two areas of the assessment. Firstly, the development of the test items will be reviewed. The iterative process of design, review and revision will be presented in detail. Secondly, the development of scoring processes will be discussed. This includes both the iterative development of scoring guides with complete item rubrics, the training of scorers and the deployment of scoring itself. Finally, lessons learnt in the AHELO feasibility study which pertain to ensuring quality in item development and scoring processes will be presented, in the hope that future work in this area of assessment can benefit from the outcomes of AHELO. Before moving onto the discussion of item quality and scoring quality, the engineering strand of AHELO will be briefly outlined in order to contextualize the study.

2 Background: What is AHELO?

The research questions in AHELO centered on the feasibility of such a concept for an assessment instrument being delivered at the end of a first-cycle or bachelor degree. The project asked: whether it is scientifically possible to produce cross-linguistic, cross-cultural and cross-institutional valid comparisons of higher education learning outcomes; and whether it is feasible to implement a valid cross-linguistic, cross-cultural and cross-institutional assessment of higher education learning outcomes.

The project took place on a global scale, with 17 countries (or systems) participating the development and validation of assessments, and engagement from experts, institutions, governments, and key higher education bodies from around the world. AHELO involved the development and validation of assessment in three core areas: Generic Skills, Economics and Civil Engineering. It also included the development of contextual instruments to aid with the interpretation of assessment data. The assessments were targeted at students in the final year of bachelor degrees and aimed to assess their capacity to apply their skills and knowledge to real-world problems.

There were many rationales for the study, which have been detailed elsewhere (Coates and Richardson, 2011; OECD, 2009; OECD, 2010a; OECD, 2010b). Broadly speaking, the contexts that encompass higher education have become increasingly complex. Higher education is an industry that is faced with large costs and competitive pressures. The scale and significance of higher education is increasing internationally. The need for an evidence-base for quality in higher education programs is known. There has been an over-reliance on research-based metrics, which rank institutions based on research outputs, rather than measures of the genuine attainment of competencies in graduates in institutions across the world.

In response, the AHELO Feasibility Study was specifically designed to explore the possibility of creating a richer source of information and contextual data, linked with assessment constructs that give weight to student learning outcomes. The emphasis of the project on *feasibility* is of utmost importance. Although there are established guidelines for projects of this scope in certain disciplines in schools, the terrain that the work enters in the higher educational realm is, to-date, unexplored. Based on the outcomes of the feasibility study, deliberations are currently in train as to whether a full-scale AHELO should go ahead.

2.1 AHELO Engineering Strand

The AHELO Feasibility Study was participated in by 17 countries, 248 Higher Education Institutions (HEIs) and approximately 23000 students. The Civil Engineering (hereafter "engineering") strand was participated in by 9 countries, approximately 90 HEIs and approximately 6000 students. The study was conducted for the OECD by an international consortium led by the Australian Council for Educational Research (ACER). Conceptualization for the AHELO feasibility study began in 2007. The instrumentation development and qualitative testing phase (Phase 1) ran from 2010 to 2011. The larger scale implementation and quantitative phase (Phase 2) ran from 2011 to 2012. (See Tremblay, Lalancette & Roseveare, 2012; OECD, 2013a; OECD 2013b).

Engineering was selected as a domain specific area in AHELO. Civil engineering, specifically, was deemed to be a scientific, professional discipline suitable for assessing the feasibility of AHELO. Engineers have to work increasingly in global contexts. Yet the foundations of engineering, in terms of the basic engineering sciences, are international in their articulation. For example, although structural engineering codes may differ marginally across borders, the science of structural engineering does not. Today's engineers are required to have strong technical knowledge and skills, coupled with an understanding of the environmental, social and economic contexts in which they work. In addition, engineers are required to be effective communicators, good team-workers, and to be able to conduct themselves in an ethical and professional manner. Engineering generic skills are well covered in engineering education literature. (e.g. Bons & McLay, 2003; Walther, Mann & Radcliffe, 2005; Gill, Mills, Sharp & Franzway, 2005).

Due to the above requirements of graduated engineers in the world of work, the common trend in engineering education is to increase focus onto graduates' capacity to work collaboratively, to communicate effectively, and to display ethical understanding in authentic real-world problems through project work (Boles, Murray, Campbell & Iyer, 2006; Walkington, 2001;

West & Raper, 2003). Accordingly, many curriculums have learning outcomes articulated in this way. National engineering accreditors often require institutions to have their programs designed in this way. Further, the substantial commonality amongst engineering student competencies is reflected in international work undertaken: Washington Accord, 2009; European Network for Accreditation of Engineering Education (ENAEE), 2008; USA Accreditation Board for Engineering and Technology, ABET 2008; Engineers Australia (EA), 2006; UK Quality Assurance Agency (QAA) 2006; and EU Tuning Process (Tuning Project, 2004). More background to the design and development of the engineering strand is given by Hadgraft, Pearce, Edwards, Fraillon & Coates (2012).

2.2 AHELO Engineering Assessment Framework

The AHELO instrumentation was developed in close consultation with the Engineering Assessment Framework (OECD, 2012a). The framework (or construct) was built through an iterative process of drafting, review, and revision. This involved a review of research, accreditation documentation, and consultation with educators and industry representatives. Significant development and validation work was conducted between July 2010 and April 2011, building on the AHELO-Tuning document (Tuning Association, 2009b), the Tertiary Engineering Capability Assessment Concept Design (Coates & Radloff, 2008) and several symposia in Europe and Asia. A provisional Engineering Assessment Framework reflective of an international consensus about important learning outcomes was finalized and delivered to the OECD in May 2012.

The framework contains substantive, technical and practical considerations for developing an assessment of engineering students' competencies. It defines the domain to be tested. Engineering proficiency is defined as

> "... demonstrated capacity to solve problems by applying basic engineering and scientific principles, engineering processes and generic skills. It includes the willingness to engage with such problems in order to improve the quality of life, address social needs, and improve the competitiveness and commercial success of society" (OECD 2012a, p. 5).

In the assessment framework, first-cycle engineering competency is defined as the demonstrated capacity to solve problems by applying (i) analysis using basic engineering and scientific principles, (ii) engineering design and (iii) engineering practice skills. These components correspond to the three components of Engineers Australia's Stage 1 Competency Standard (Engineers Australia, 2011). The skills are supported by generic skills which are assessed through the generic skills component of AHELO. Figure 1 (OECD, 2012a) illustrates the key components of the Assessment Framework.

The aim of an assessment instrument is to tap into the different aspects of a test taker's proficiencies. The framework allows assessment items to be specifically mapped onto an area of competence, and items can be developed which ensure the appropriate balance of the framework components, as deemed relevant by the project leaders. Each of the key components is broken down into more detailed competencies. There are two competencies under the Engineering Generic Skills component; seven competencies under the Basic and Engineering Sciences component; six competencies under the Engineering Analysis component; two competencies under the Engineering Design component; and six competencies under the Engineering Practice component.

Figure 1: AHELO Engineering Assessment Framework: Key Components

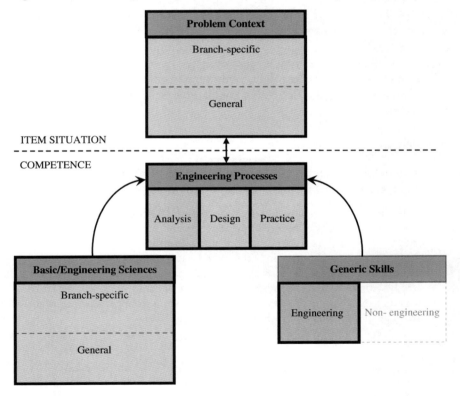

It is important to note that these competencies are deliberately generic, in the sense that they focus on the "above content" areas of the engineering curriculum. For instance, "Engineering Analysis 3: The ability to select and apply relevant analytic and modelling methods". No specific methods are mentioned, but it is assumed that given enough information, an engineering graduate should be able to apply the relevant methods in an authentic and unfamiliar context. Engineering problems occur in a diverse range of situations. Accordingly, the framework recommends building a representative sample of engaging contexts for items to assess the acquisition of the constituent components of engineering competency.

2.3 AHELO Engineering Assessment Instrument

After much consultation, the AHELO assessment instrument was set at 90 minutes in length. It was made up of both constructed response tasks (CRTs) and Multiple Choice Questions (MCQs). The CRTs introduce an authentic engineering scenario or problem in a specific context, and present students with a set of items. The tasks aim to engage students with interesting, real-world problems that arise in the discipline. These tasks genuinely focus on whether the student can think like a graduate engineer, perform appropriate tasks, and display the non-technical competencies that practicing engineers must possess. The MCQs were designed as an efficient and effective way of collecting assessment data, with items that did not require scoring. These items targeted the Basic and Engineering Sciences component of the framework.

3 Ensuring item quality

Trying to define the concept of "quality" is not at all straightforward. In the context of test items, Schuwirth and Pearce outline quality considerations thus:

> "For test items we have chosen to use the extent to which an item is an optimal indicator for presence or absence of the requisite ability or knowledge. In other words, the item must be a sort of little diagnostic test for 'knowledge' or 'competence'. As such, a high-quality item should have minimal false-positive and false-negative response. The former means that candidates can answer the item correctly without having the necessary knowledge or competence and the latter means that they answer the item incorrectly despite having sufficient relevant knowledge or competence." (Schuwirth & Pearce, 2014).

Further,

> "A high-quality item is more than an item that just does not have any violations against agreed-upon item-construction rules and it also means that the item is creative, relevant for the discipline and appropriately difficult. It is clear that these are judgements and therefore require communication and agreement between partners." (Schuwirth & Pearce, 2014).

A major issue in a large-scale assessment of this kind is achieving consensus amongst a wide array of people on what counts as quality. Different perceptions of what makes quality test material are almost certain to arise throughout the process of development, as there are often various views as to what makes a test item high quality or not. One mistake is to assume that the validity and reliability of an assessment is a direct correlate of quality. A valid and reliable test is of no use, if the items are not deemed to be relevant to the cohort that is being tested. The content of the assessment remains an essential ingredient. And quality items are more likely to produce quality results.

3.1 Phase 1 instrumentation

The instrumentation development and qualitative testing phase (Phase 1) ran from 2010 to 2011. The instrumentation phase proceeded in the following way. An Engineering Expert Group (EEG) was formed, and the assessment framework was developed. Next, wide-ranging consultation on the framework occurred. The EEG was involved in revising the framework based on feedback. The consortium, led by ACER, began developing test items. The items were sent to the EEG for review, which were then revised based on other consultation. The draft assessment was finalized for Phase 1 and institutions were recruited for pilot testing. Focus groups with students were undertaken, and items were reviewed by academics. Responses from countries were collated and the instrument was again reviewed and revised based on feedback.

3.1.1 Development of items

The actual development of test items began in the following way. An assessment development team, led by ACER test-developers, began researching civil engineering contexts and building test items. Materials were also submitted to the development team by consortium partners following an AHELO Engineering Assessment Workshop held at ACER in Melbourne in January 2010. Based on the resources collected, tasks were drafted and developed to fit the specifications of the Assessment Framework.

This led to the draft versions of 12 initial CRTs, each one beginning with an authentic civil engineering scenario and 6-8 items following on. The CRTs focused on the "above content" areas of the framework – the engineering processes (analysis, design and practice). The scenarios included images, graphs, tables, and data, which allowed candidates to interpret and synthesize information to answer questions. The difficulty of the questions was designed to increase throughout the task. Each item was supposed to map to one specific competency in the framework.

Initial drafts were interrogated by item developers from the project team in Australia, Japan and Italy in panel sessions where each element of the item was scrutinized and revised according to criteria such as: content validity, clarity and context, format, test takers perspective, and scoring options.

Concurrently, a set of MCQ items were designed to measure the competencies articulated in the Basic and Engineers Sciences area of the framework. Development of the multiple-choice items began with licensing examinations developed by the Institution of Professional Engineers Japan and the Japan Society of Civil Engineers. An extensive list of translated items from this source was presented by the Japanese National Institute for Educational Policy Research (NIER) to the Engineering Expert Group for their review. Forty items were selected and revisions and further developments were advised, with Engineering Expert Group members approving final versions.

All items were subjected to review and discussion with an international panel of experts in civil engineering. The panel included some country representatives, and people with expertise in engineering education and from within industry (OECD, 2011b). Some items were culled, and others revised in the process before a final set of items were prepared for implementation in focus groups among a number of countries.

3.1.2 Translation and adaptation

Before the items were trialed in focus groups, the Phase 1 source version of the instrument was subjected to a rigorous translation and adaptation process. The participating countries represented a variety of different languages and alphabets. The five countries that implemented the Phase 1 material were Australia, Canada, Japan, Colombia and the Slovak Republic. The source version was translated from English into Japanese, Spanish and Slovak. For each country, the source version was translated and adapted for each national context by cApStAn; a translation agency who specialize in work of this kind.

The first step was dual translations of the source version by national translators. This meant that two separate translations occurred independent of each other. Then, national teams reconciled these two translations, ironing out any inconsistencies. The next step was a domain expert (in this case, civil engineering) reviewed the translation along with a linguistic expert from cApStAn. Finally, national teams agreed upon a final translation.

3.1.3 Focus groups

At this stage in the instrument development, focus groups were run in the countries which had joined the study. University students in Australia, Canada (Ontario province), Japan, Colombia and the Slovak Republic sat parts of the test in 2011 in structured focus groups. Approximately 10 institutions per country ran focus groups. Students from the target population (final year students) undertook a sample of the assessment materials and then discussed the items facilitated by a moderator. The moderator following a set of prescribed discussion questions. Each session lasted approximately two hours. In the first hour, the students (no more than 10 per group) completed several tasks. This was followed by a short questionnaire about each task. Finally, the moderator led a discussion about the tasks.

Detailed reports from institutions were collated by each national project manager, and sent to the assessment development team to assist with the evaluation of the materials. Some indicative psychometric analysis was also undertaken at this stage to guide revision and selection of final items. The aim of the focus groups was to gauge the content validity of the assessment, to check the outcomes of the translation and adaptation process, to see whether students found any aspect of the tasks vague or problematic, and to determine an estimate of the level of difficulty of the items.

3.1.4 Phase 1 results

The results from Phase 1 were indicative only, due to the low number of responses for each item. As items were only run in small-scale focus groups, this was to be expected, but it made the psychometric analysis difficult. The Phase 1 Engineering Assessment Development Report (OECD, 2011b) shows an output of statistics for a MCQ item with a mere 66 responses. However, the values indicate that the item is still performing in line with the predicted item theory—for instance, the correct response has a positive point biserial and the incorrect responses all have negative ones.

The indicative psychometric results were coupled with detailed qualitative feedback from systems, institutions, and even students (completed in the focus groups). Some suggestions were explicit and specific, others were more general and highlighted more broad conceptual matters. After this stage, some items were removed altogether from the item pool, while some were modified. This resulted in a revised source version of the assessment instrument.

3.2 Phase 2 implementation

The larger scale implementation and quantitative phase (Phase 2) ran from 2011 to 2012. This phase involved a great deal of planning and the implementation of many standards across the world. After countries confirmed participation, institutions (and later students) needed to be recruited to sit the assessment. Different sampling measures were deployed and reported to the AHELO project team. Contextual data was collected from staff and institutions. Data files were prepared and significant analysis occurred, before reports were delivered to the OECD, focusing at the institutional and international level. The focus in this chapter, however, remains on the processes relating to the development of the items.

Several new systems joined the project as AHELO went into Phase 2. The extra regions were the United Arab Emirates (Abu Dhabi), Egypt, Mexico and the Russian Federation. The source version for these countries was put through the same translation and adaptation process outlined earlier. The additional languages were, therefore, Arabic and Russian.

The source version was imported into a custom built online testing system. National teams checked and reviewed the translated version of the assessment in the testing system, before each translated national adaptation was finalized. Now the Phase 2 version was ready for the field trial.

3.2.1 Test design

Of the 12 CRTs that were initially prepared for the EEG meeting, 4 were selected for the Phase 1 focus group trial. The 4 CRTs were the reduced to 3 CRTs for the Phase 2 implementation. Of the 40 MCQs that were selected for Phase 1, these were reduced to 30 MCQs for the Phase 2 implementation.

One recurring theme in the feedback received from Phase 1 was that students required more time to complete the assessment in the designated 90 minutes. Thus, for Phase 2, each student attempted one CRT and 25 MCQs. The 30 MCQs were divided into 6 sets of 5, with each student attempting 5 of the sets. This design allows for more items to be implemented in field testing in the limited time available, and ensures that no one CRT or MCQ is seen by candidates more often than others.

3.2.2 Test implementation

Prior to field testing in Phase 2, all participating systems re-subjected the revised materials to the translation and adaptation processes outlined earlier. The five countries from Phase 1 expanded to nine „systems". These were: Australia, Canada (Ontario province only), Japan, Colombia, the Slovak Republic, United Arab Emirates (Abu Dhabi only), Egypt, Mexico and the Russian Federation. Once again, participating systems were able to provide feedback, either through their respective National Project Managers (NPMs), or through domain specific experts. A small number or minor modifications or „enhancements" were made to the source version of the test instrument at this stage, in different national contexts where required.

The final stage of preparing the instrument for testing in Phase 2 was the large task of importing the instrument into the AHELO online delivery system. The system was purpose built and took many months to perfect. It was capable of handling every language and alphabet used in the engineering assessment, and was required to operate seamlessly and securely. NPMs double-checked the accuracy of the online version after the AHELO team ensured that the versions matched each other.

Candidates were given individual logins and undertook the assessment in lecture theatres or computer labs with invigilators present. Once they had completed the assessment, their responses were securely housed in an external data server, and their test login was closed down to prevent further use. The responses were then ready for scoring.

Although the description of the test implementation here is necessarily brief, the process from the beginning of Phase 2 to the roll-out of online testing across the globe was a mammoth task and should not be underestimated in the planning of this kind of work in the future.

4 Ensuring scoring quality

Once processes have been completed to ensure that the items are of high quality, the follow up step, which is equally as important, is to ensure that that scoring of the items is both valid and reliable. If an item is scored without detailed and thorough scoring rubrics, then the validity of the item is called into question. If scorers do not follow these rubrics accurately, then the reliability of the scoring is dubious. In developing the scoring processes around the AHELO engineering assessment, issues of inter-rater (across different scorers) and intra-rater (within the same scorer) reliability were integral to ensuring the quality of scoring.

4.1 Scoring guides

For each item in the assessment instrument, detailed scoring guides were given. The MCQ items were computer scored, and did not require human scoring. The correct options for these items were determined during the item development processes, and the correct responses were coded into the online scoring platform, and reported to the data center. The CRTs, however, required significant intellectual investment and thorough scoring procedures.

4.1.1 Rubric development

For each item within each CRT, a detailed scoring rubric was developed. This was done concurrently with the item development, and the rigorous processes detailed in the previous section on item quality were also followed for scoring rubrics. However, these scoring rubrics were further honed during a scorer training meeting in Paris prior to in system scoring was undertaken.

A detailed scoring guide was produced for the scorer training. Project leaders and test developers from the ACER consortium were present at this meeting, along with domain experts from each participating system. During this meeting, more material was added to the scoring rubrics to ensure that no student in differing contexts would be not be awarded the correct score for an unconventional, but technically correct response. See the appendix for an example CRT item and scoring rubrics.

The scoring guide was translated by cApStAn for each participating system, although a further training module with example responses and correct scorers for each item was not. This was made available to each scoring team.

4.2 Scoring procedures

A comprehensive account of the scoring procedures is given in the International Scoring Manual (OECD, 2011c). The first and most important part of the process was selecting a Lead Scorer (LS) for each participating system. The LS was responsible for the quality of the scoring in systems, and was selected by the AHELO Consortium and the NPMs. The LS managed scoring activities in country, monitored the quality of scoring processes and the quality of the outputs reported back to the AHELO Consortium.

The International Scoring Manual outlines that the LS should have: a PhD relevant to civil engineering; national or international high standing in their field; extensive experience assessing university students; strong language skills in the language of testing and in English, amongst other qualities.

4.2.1 Scorer training

Each LS attended scorer training at the OECD in Paris, which included a thorough working through of all CRTs and their accompanying scoring rubrics. The detailed engineering scoring guide was distributed, along with a comprehensive list of example student responses. These responses were scored by each LS, and then reviewed and discussed together, led by the Assessment Development team. This allowed scorers to see where they have made mistakes in applying the scoring guide, or at times, issues with the clarity in the scoring guide itself.

Once back in their own countries, LS and NPMs worked to recruit a national scoring team. These scorers were expected to have: a graduate qualification in civil engineering (or at least to be currently enrolled in one); extensive experience in assessing university students, and strong language skill in both the testing language and English.

4.2.2 Scoring process

The first step was to train the national scoring teams. This was done through a review of the CRTs and the scoring guide, and encompassed the actual scoring of „dummy" responses. These responses had to be built into the online testing system and were entered by the LS. This allowed the scorers to „practice" accurately applying the rubrics in the scoring guide, prior to scoring real student responses.

Once actual scoring began, the LS was responsible for the quality monitoring of the scoring. This included random checks of scored responses by the scoring team. If scored responses has to be „overridden" by the LS, this was highlighted to the scorer in question and further monitoring took place. A minimum of 20% of all responses were randomly allocated for double-scoring, so that inter-rated reliability statistics could be gathered.

5 Results and comments

5.1 Item results and comments

In summary, therefore, and as the Engineering Assessment Development Report makes clear (OECD, 2011b), the assessment instrument was developed to provide necessary and sufficient coverage of the assessment domains by:

- iterative mapping of draft items against the Engineering Assessment Framework during item development, and continuing monitoring of the breadth of framework coverage;
- the selection by ACER, and subsequently by the Engineering Expert Group, of three CRT and 30 MCQs from a much larger pool of 12 CRT and 100 MCQ items;
- balancing of item types and content against the Engineering Assessment Framework during the face-to-face Expert Group meeting;
- review by the Engineering Expert Group to ensure that items were defined to measure across the anticipated performance spectrum, and that each item was designed to be pitched above curriculum content and require students to demonstrate their ability to use the language and reasoning skills of engineers; and
- development by ACER and review by the Engineering Expert Group and NPMs of mapping documents and rubrics for scoring the CRTs.

All items in the assessment were designed to reflect the „above content" focus of the AHELO Feasibility Study and to measure students' ability to think like an engineer and display the non-technical competencies that practicing engineers must possess. They were developed so that students from particular countries were not disadvantaged due to the inclusion of culturally specific information. This involved ensuring that the essential commonality of Civil Engineering degrees around the world was emphasized and that students were able to apply their competencies and capacities rather than simply their content knowledge. Thus, the assessment is a clear case of an internationalizable outcomes assessment of engineering proficiency.

5.1.1 High attrition rate

One thing that is worth noting when considering the processes for developing quality items is the high attrition rate that is likely to occur. Considering the number of items that were initially developed, at each stage of the development process more items were culled. This is typical when there are many different people involved with different interests and perspectives. However, it does mean that the resulting items are likely to have their content validity strengthened. Putting the items through this rigorous iterative process of review and revision results in items that the community deems to be relevant to the cohort.

However, relevance is only part of the equation. The items must also demonstrate favorable item statistics if they are to form part of a valid and reliable assessment instrument. Phase 2 of AHELO can be seen as a full-scale field trial. In this phase, approximately 6000 students completed the engineering assessment. This provided much needed statistical and psychometric information for analysis to investigate the item characteristics. After this stage, it was anticipated that more items would need to be removed and, indeed, this was the case.

5.1.2 Item statistics

The AHELO Engineering raw data was analyzed through a number of sophisticated psychometric measures. The items were calibrated by Rasch modeling (Rasch, 1960), along with many traditional item analysis methods. These included goodness-of-fit, item facility, item discrimination, point-biseral correlations, and a number of other item parameters. Several items showing bias were uncovered for specific countries, and items were selected for removal by country prior to constructing the final scale. The OECD AHELO feasibility report outlines this further (OECD, 2013a). The final reliability of the engineering assessment, with plausible values and conditions was reported as 0.75 (OECD, 2013a, p. 177). Although this falls below the recommended technical standards, it is in line with other large-scale assessments of this kind, especially in the „field trial" phase, prior to calibrating the instrument further for a main study.

5.1.3 Item difficulty

As the OECD AHELO Feasibility study final report indicates (OECD, 2013a), the students as a whole found the assessment items too difficult. See the item map below in Figure 2 (OECD, 2013a, p. 187). This item map shows the distribution of the cohort on the left hand side, indicated with each „X", and the item locations, based on Rasch estimates, on the right hand side.

Figure 2: Item Map Engineering Strand (n=6078)

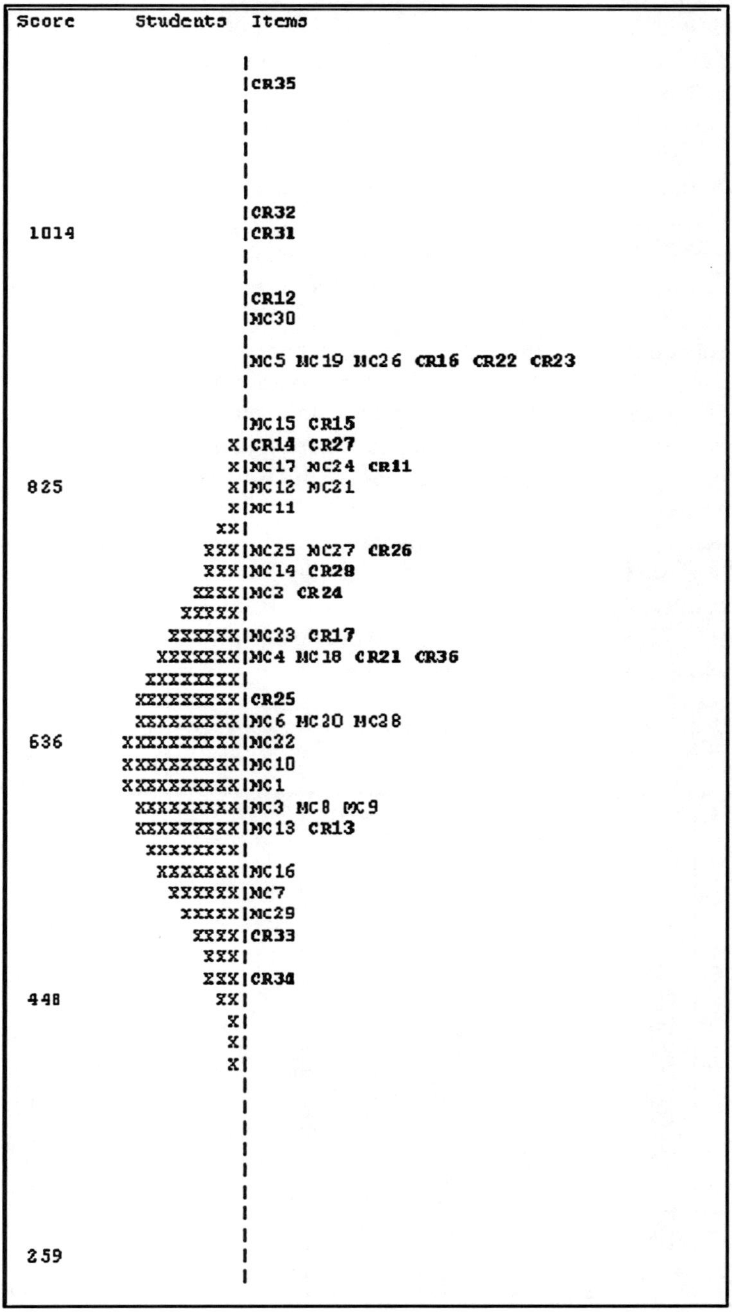

```
Score      Students   Items
                      |
                      |CR35
                      |
                      |
                      |
                      |
                      |CR32
1014                  |CR31
                      |
                      |
                      |CR12
                      |MC30
                      |
                      |MC5 MC19 MC26 CR16 CR22 CR23
                      |
                      |
                      |MC15 CR15
                     X|CR14 CR27
                     X|MC17 MC24 CR11
825                  X|MC12 MC21
                     X|MC11
                    XX|
                   XXX|MC25 MC27 CR26
                   XXX|MC14 CR28
                  XXXX|MC2 CR24
                 XXXXX|
                XXXXXX|MC23 CR17
               XXXXXXX|MC4 MC18 CR21 CR36
              XXXXXXXX|
             XXXXXXXXX|CR25
            XXXXXXXXXX|MC6 MC20 MC28
636        XXXXXXXXXXX|MC22
           XXXXXXXXXXX|MC10
           XXXXXXXXXXX|MC1
            XXXXXXXXXX|MC3 MC8 MC9
             XXXXXXXXX|MC13 CR13
               XXXXXXX|
                XXXXXX|MC16
                 XXXXX|MC7
                  XXXX|MC29
                   XXX|CR33
                   XXX|
                   XXX|CR34
448                 XX|
                     X|
                     X|
                     X|
                      |
                      |
                      |
                      |
                      |
                      |
                      |
259                   |
                      |
```

A candidate located at the same location as an item has a 50% probability of answering the item correctly. If they are located above the item location, the likelihood of answering the item correctly increases. Conversely, if they are located below the item, the likelihood of them answering the item correctly decreases.

In a full-scale field trial, this information would be used to select items for a main study. That is, items would be selected which matched the cohort, in order to allow for an even spread of discrimination across the cohort. This type of „test targeting" allows the difficulty of the items to be set at a level that matches the cohort. Once again, this level of scrutiny means that more test items will be lost, as items which are too difficult or too easy for a cohort are removed, and a good balance of items to the cohort are selected.

On reflection, it is difficult to know whether the items were truly too difficult for the cohort, or if there are motivational issues at play. Clearly, as the assessment was delivered in a low-stake environment, it is likely that the difficulty of the items as shown in Figure 2 is not an accurate representation of the actual capabilities of the candidates. While this is disappointing, the formative environment of the AHELO delivery appears to have had an influence on the effort put in by candidates. Supporting this hypothesis, the OECD final report indicates that student self-reported effort into the assessment was only moderate—see Figure 3 (OECD, 2013a, p. 180). Self-reporting a value 1 indicated that a student put little effort into the assessment, while 4 was their best effort.

Figure 3: Self-reported effort put into the engineering assessment by country (n=6078)

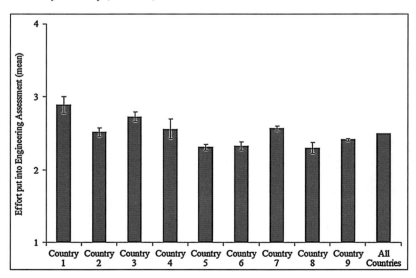

5.2 Scoring results and comments

The procedures put in place to ensure quality scoring was necessary in order to obtain international, national, and individual consistency. Nevertheless, even after all of these processes were put into place, the results of the inter-rater reliability statistics were only reasonable. Table 1 shows some of the scoring statistics for the CRTs (OECD, 2013a, p. 178).

A more in-depth study into these processes would be beneficial, and would indicate whether the scoring guides were not comprehensive enough, or more likely, that they were not adequately followed and deployed by scoring teams 100% of the time. In a project spanning as wide as AHELO, ensuring quality of scoring in every scoring team in each participating system was not a straightforward endeavor, even with the processes implemented in the way that they were.

Table 1: Engineering inter-rater reliability statistics (n=8084)

CRT	Item	$\bar{X}_d$	$s(\bar{X})$	%$_A$	ρ	κ
1	1	0.24	0.43	75.57	0.56	0.38
	2	0.23	0.39	76.80	0.56	0.45
	4	0.22	0.38	79.36	0.64	0.48
	5	0.24	0.39	76.91	0.60	0.45
	6	0.26	0.36	75.53	0.43	0.37
	7	0.21	0.39	79.80	0.64	0.47
2	2	0.06	0.20	94.26	0.82	0.76
	3	0.21	0.35	81.42	0.69	0.57
	4	0.42	0.56	66.60	0.65	0.44
	6	0.19	0.37	80.57	0.59	0.45
	7	0.15	0.31	85.20	0.63	0.49
	8	0.53	0.65	59.88	0.79	0.43
3	1	0.03	0.12	97.29	0.92	0.87
	2	0.19	0.37	81.07	0.69	0.57
	3	0.09	0.24	91.13	0.88	0.79
	4	0.10	0.25	90.11	0.85	0.77
	5	0.16	0.32	83.63	0.74	0.62
	6	0.54	0.72	61.76	0.67	0.37

6 Lessons for future practice

In light of the AHELO experience, the question is just how hard is it to achieve quality in item development and scoring processes? It seems that for an international cross-border, cross-cultural assessment, some issues regarding the quality still remained even after these lengthy processes were implemented and followed. There are several lessons which can be drawn out of these experiences for future practice.

The first major lesson is that quality is a time consuming and expensive processes. In a context as broad as AHELO, skipping any of these steps would reduce the confidence is the validity and reliable of the assessment. And yet, the steps undertaken were extensive and costly. In smaller scale assessments, the processes are still important considerations when thinking about achieving high quality. Although some may not apply (translation and adaptation for instance), the model of collaborative, iterative item amount of time and money can be spent on producing quality items and quality scoring processes. For MCQ items, the scoring processes are removed, but the input required for quality outputs are the same in the item development realm. If the aim is to produce a valid and reliable test, then much infrastructure and investment is required. And ensuring that beyond simply producing good item statistics, the processes required to ensure that a test is relevant and can achieve consensus amongst experts in the field is another non-trivial task.

A necessary step in ensuring quality, which the AHELO experience highlights, is that items must be trialed and item statistics gathered and analyzed. If this not done, any reported data stemming from such an assessment has the potential to be substandard. Or, even worse, it may be substandard in an insidious way – test developers may not detect flaws in items which have good face validity.

In the AHELO case, Phase 2 of the feasibility study should be seen as a large-scale trialing of the items and scoring processes. In this sense, the high attrition rate is to be expected, and can then be acted upon. Losing items at this stage due to unfavorable statistics is unfortunate, but it would allow for the test to be re-calibrated and better targeted to the cohort. If a full-scale AHELO goes ahead, rigorous trialing of the items is a must.

The AHELO feasibility study demonstrated that it is feasible to develop instruments with reliable and valid results across different countries, languages, cultures and institutional settings. However, there remains much room for improvement, and further trialing and test development can enhance the validity and reliability of the assessment.

This chapter is deliberately descriptive in order to offer one example of the amount of thinking and effort that went into the development of a test instrument and the scoring processes related to it. In future work where investigations to the competencies acquired by engineering (or indeed, any) students, it is important to remember that a great deal of work must go into the actual construction of the items and the scoring procedures. Even prior to item development, the assessment framework or construct required significant attention. If the data output is to be of high quality, so must be the inputs at the front end.

7 Appendix

This appendix provides one example MCQ, and one example item within a CRT. The scoring rubrics are listed as well. These are taken from the AHELO Feasibility Report Volume 1, where more examples can be found (Tremblay, Lalancette & Roseveare, 2012).

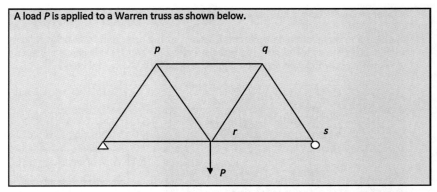

If the self-weight of the members is ignored, which of the following statements is correct?

A. Compressive force exists in both the upper-chord member (p-q) and the lower-chord member (r-s).

B. Tensile force exists in both the upper-chord member (p-q) and the lower-chord member (r-s).

C. Compressive force exists in the upper-chord member (p-q), while tensile force is applied to the lower-chord member (r-s).

D. Tensile force exists in the upper-chord member (p-q), while compressive force is applied to the lower-chord member (r-s).

Key

	Description: *Identifies the forces on a Warren truss when a load is applied.* Competencies: *BES iii.* *Demonstrates: comprehensive knowledge of their branch of engineering including emerging issues.* *Specialised area: Structural Engineering, including: structural statics; earthquake engineering; maintenance management.*

© OECD 2012

Code	Description of Response
1	C.
0	Other responses.
9	Missing

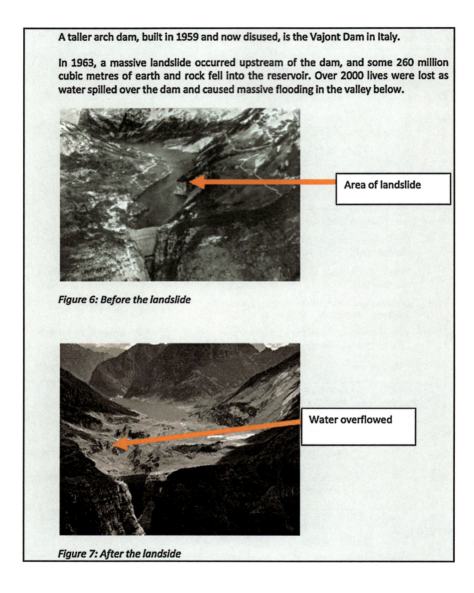

CRT1 7

> After construction of the Vajont Dam, and recognising the possibility of hillside failure, outline two planning measures an engineer could have suggested to minimise potential harm to people.

CRTM17(a) Evacuation procedures

Code 1: Refers generally to the implementation of evacuation procedures / warning system (can include communication of these procedures)

- Implement a warning system, whereby increased geological movement could trigger an evacuation alarm so that the town is warned of the possible disaster. Such warning is commonplace for large earth and rock-fill dams for instance.

Code 0: Other responses, including vague, incoherent, or irrelevant responses.

CRTM17(b) Town planning

Code 1: Refers generally to town planning initiatives.

- In a location such as this, the town could have been encouraged to move itself away from the river over time. A 'danger zone' could have been declared so that no new buildings were built over the next 20 years, for example. This is linked to town planning possibilities.
- Relocation of the entire town over a 5 year period could be planned. Although this is not appealing, it may be the only way to ensure safety to the population.

Code 0: Other responses, including vague, incoherent, or irrelevant responses.

CRTM17(c) Town protection

Code 1: Refers generally to town protection measures.

- A safety wall could be erected which is designed to withstand any possible overflow from the dam and divert water elsewhere. Major planning and implementation would need to be carried out to ensure that such a measure was viable.

Code 0: Other responses, including vague, incoherent, or irrelevant responses.

CRTM17(d) Monitoring

Code 1: Refers generally to monitoring the operation of the dam.

- Set up a team of experts who can advise regarding dam operation in the event of imminent dam failure.
- A monitoring program could detect possible dam failure (or slope failure) in the case of the Vajont Dam.

Code 0: Other responses, including vague, incoherent, or irrelevant responses.

CRTM17(e) Operation

Code 1: Refers generally to changing the utilisation (operation) of the dam (including abandoning/dismantling the dam)

- Reduce the amount of water in the reservoir by releasing water from the dam. Although this will negatively affect the dam's functional efficiency, it will reduce the risk of massive flooding caused by landslide in the upstream areas.
- Implement a system whereby the dam capacity is reduced prior to the wet season (the likely period of failure).
- Dismantlement/abandonment of the storage

Code 0: Other responses, including vague, incoherent, or irrelevant responses.

CRTM17(f) Communication plan (public education) regarding the risks

Code 1: Make people aware about the possible danger of the dam.

- Educate the public through some form of community engagement so that they are aware of the risks of the dam.

Code 0: Other responses, including vague, incoherent, or irrelevant responses.

CRTM17(g) Strengthening/reinforcement of the dam wall and/or the hillside

Code 1: Refers generally to strengthening the dam wall or hillside.

- Rock bolt the embankment into the bedrock.
- Rock bolt the hillside to increase stability.

Code 0: Other responses, including vague, incoherent, or irrelevant responses.

Bibliography

ABET (2008). *Criteria for accrediting engineering programs: effective for evaluations during the 2008–2009 cycle*. Engineering Accreditation Commission, Retrieved from http://www.abet.org/forms.shtml

Boles, W., Murray, M., Campbell, D. & Iyer M. (2006). Engineering the learning experience: Influences and options. *Proceedings of the 17th Annual Conference of the Australasian Association for Engineering Education*, Auckland, 10–13 Dec.

Bons, W. & McLay, A. (2003). Re-Engineering Engineering curricula for tomorrow's engineers: Engineering education for a sustainable future. *Proceedings of the 14th annual conference for Australasian Association for Engineering Education and 9th Annual Women in Engineering Forum*, Melbourne, 29 Sept–1 Oct.

Coates, H. & Radloff, A. (2008). *Tertiary Engineering Capability Assessment: Concept Design*. Canberra: Group of Eight Universities.

Coates, H. B., & Richardson, S. (2011). An international assessment of bachelor degree graduates' learning outcomes. *Higher Education Management and Policy, 23*(3), 1–19. doi: 10.1787/17269822

Engineers Australia (2011). Stage 1 Competency Standard for Professional Engineer, Retrieved from http://www.engineersaustralia.org.au.

European Network for Accreditation of Engineering Education (2008): *EUR-ACE® Framework Standards for the Accreditation of Engineering Programmes*. Retrieved from www.enaee.eu

Gill, J., Mills, J., Sharp, R. & Franzway, S. (2005). Education beyond technical competence: gender issues in the working lives of engineers. *Proceedings of the 4th ASEE/AaeE Global Colloquium on Engineering Education*, Sydney, 26–29 Sept.

Hadgraft. R., Pearce, J., Edwards, D., Fraillon, J., Coates, H. (2012). Assessing Higher Education Learning Outcomes in Civil Engineering: the OECD AHELO Feasibility Study. *Proceedings of the 2012 AAEE Conference, Melbourne, Victoria*.

OECD (2009). *A Tuning-AHELO Conceptual Framework of Expected/Desired Learning Outcomes in Engineering*. Paris: OECD. Retrieved from http://www.oecd.org/dataoecd/46/34/43160507.pdf

OECD (2010a). *AHELO Feasibility Study Analysis Plan*. Paris: OECD. Retrieved from http://www.oecd.org/edu/highereducationandadultlearning/ahelodocuments.htm

OECD (2010b). *AHELO Assessment Design*. Paris: OECD. Retrieved from http://www.oecd.org/edu/highereducationandadultlearning/ahelodocuments.htm

OECD (2011a). A Tuning-AHELO Conceptual Framework of Expected/Desired learning Outcomes in Engineering. *OECD Publishing Education Working Papers No. 60*. Retrieved from http://www.oecd.org/dataoecd/46/34/43160507.pdf

OECD (2011b), *Engineering Assessment Development Report*, ACER consortium and AHELO consortium, Group of National Experts on the AHELO Feasibility Study, 8th Meeting of the AHELO GNE, Paris, 28–29 November 2011. Retrieved from http://www.oecd.org/edu/highereducationandadultlearning/ahelodocuments.htm

OECD (2011c), *International Scoring Manual*, ACER consortium and AHELO consortium, Group of National Experts on the AHELO Feasibility

Study, 8th Meeting of the AHELO GNE, Paris, 28-29 November 2011. Retrieved from http://www.oecd.org/edu/highereducationandadultlearning/ahelodocuments.htm

OECD (2012a), *Engineering Assessment Framework*, ACER consortium and AHELO consortium, Group of National Experts on the AHELO Feasibility Study, 8th Meeting of the AHELO GNE, Paris, 28–29 November 2011. Retrieved from http://www.oecd.org/edu/highereducationandadultlearning/ahelodocuments.htm

OECD (2012b), *AHELO Feasibility Study Technical Standards*, ACER consortium and AHELO consortium, Group of National Experts on the AHELO Feasibility Study, 9th Meeting of the AHELO GNE, Paris, 19–20 March 2012. Retrieved from http://www.oecd.org/edu/highereducationandadultlearning/ahelodocuments.htm

OECD. (2013a). *Assessment of Higher Education Learning Outcomes AHELO: Feasibility Study Report, Volume 2*. Data Analysis and National Experiences. Paris: OECD.

OECD. (2013b). *Assessment of Higher Education Learning Outcomes AHELO: Feasibility Study Report, Volume 3*. Further Insights. Paris: OECD.

Quality Assurance Agency (QAA). (2006). Subject benchmark statement: Engineering. Retrieved from http://www.qaa.ac.uk/academicinfrastructure/benchmark/statements/Engineering06.pdf

Rasch, G. (1960). Probabilistic models for some intelligence and attainment tests. Copenhagen, Danish Institute for Educational Research.

Schuwirth, L, & J Pearce. (2014). Determining the Quality of Assessment Items in Collaborations; Aspects to Discuss to Reach Agreement. *Australian Medical Assessment Collaboration*. Melbourne, Australia.

Tremblay, K., Lalancette, D., & Roseveare, D. (2012). Assessment of Higher Education Learning Outcomes AHELO: Feasibility Study Report, Volume 1. Design and Implementation. Paris: OECD.

Tuning Project (2004). *Tuning educational structures in Europe: Generic competencies*. Retrieved from http://www.tuning.unideusto.org/tuningeu/index.php?option=content&task=view&id=183&Itemid=210

Walkington, J. (2001). Designing the Engineering curriculum to cater for generic skills and student diversity. *Australasian Journal of Engineering Education, 9*(2), 127–135.

Walther, J., Mann, L. & Radcliffe, D. (2005). Global Engineering education: Australia and the Bologna Process. *Proceedings of the 4th ASEE/AaeE Global Colloquium on Engineering Education*, Sydney, 26–29 Sept.

Washington Accord (2009). *Graduate Attributes and Professional Competencies*. Retrieved from http://www.washingtonaccord.org/IEA-Grad-Attr-Prof-Competencies-v2.pdf

West, M. & Raper, J. (2003). Cultivating generic capabilities to develop future engineers: An examination of 1st year interdisciplinary Engineering projects at the University of Sydney. *Proceedings of the 14th annual conference for Australasian Association for Engineering Education and 9th Annual Women in Engineering Forum*, Melbourne, 29 Sept–1 Oct.

Acknowledgements

I would like to thank Ali Radloff, Daniel Edwards and Frank Musekamp for feedback on previous versions of this chapter. I would also like to thank the OECD for allowing this publication to go ahead. I am grateful to all colleagues who made the Feasibility Study possible (especially Hamish Coates, Sarah Richardson, Julian Fraillon, Daniel Edwards and Roger Hadgraft), and to all staff and students across the globe who participated.

Teil 4:
Ergebnisse von Kompetenzmessungen und deren Interpretation

Part 4:
Results of competence measurement and their interpretation

Frank Musekamp, Britta Schlömer, Mostafa Mehrafza

Fachliche Anforderungen an Ingenieure in der Technischen Mechanik – eine empirische Analyse von Aufgabenmerkmalen

Ein wesentliches Ziel bei der Entwicklung von Instrumenten zur akademischen Kompetenzmessung besteht in der systematischen Beschreibung von Anforderungen, die der Lehrstoff den Studierenden stellt. Im Rahmen dieses Beitrags werden diese für das Fach der Technischen Mechanik theoretisch hergeleitet und zur Charakterisierung von Testaufgaben (Items) herangezogen. Die Anforderungsmerkmale werden ausführlich erläutert und es wird die Frage beantwortet, in welchem Maße sie die Varianz in den empirischen Schwierigkeiten der Testaufgaben aufklären. Es wird diskutiert, welchen Nutzen die Kenntnis von relevanten schwierigkeitsbestimmenden Merkmalen für die Methode des Feedbacks an Hochschulen haben kann.

The systematic description of requirements of the contents matter students are confronted with is a fundamental aim during the development of instruments for measuring academic competences. Within the framework of this article, these requirements will be theoretically deduced for the subject of Engineering Mechanics and applied for the characterization of test items. The characteristic requirements will be explained in detail. In addition the question will be answered to which extent they can explain the variance in the empirically estimated item difficulties. The article also discusses the likely benefits of knowledge of relevant characteristics determining the grades of difficulties for the method of feedback practiced at Universities.

1 Hintergrund und Zielstellung

Bis vor kurzem spielte Feedback in der akademischen Bildung eine untergeordnete Rolle (Nicol & Macfarlane-Dick, 2006), obwohl Feedback als eine der effektivsten Methoden des Lehren und Lernens gilt (Hattie & Timperley, 2007; Kluger & DeNisi, 1996). Als Ursache können nicht nur die großen Lerngruppen gelten, die insbesondere in den Grundlagenfächern der ersten Fachsemester verschiedener Studiengänge häufig anzutreffen sind.

Auch wird Feedback inhaltlich wie organisatorisch häufig als sehr voraussetzungsvoll wahrgenommen. Nach Sadler (1989, S. 121) muss zunächst ein expliziter Standard der Leistungserbringung vorhanden, den Lernenden bekannt und von diesen akzeptiert sein. Zudem muss der Leistungsstand der Studierenden mit Bezug auf den Standard zu diagnostizieren sein und schließlich müssen die gewonnenen Ergebnisse interpretiert und geeignete Maßnahmen zur Förderung von Lernen ergriffen werden, was gemeinhin als große Herausforderung verstanden wird (z. B. Lesgold, Ivill-Friel & Bonar, 1989, S. 337–338).

Obwohl schon Sadler hervorhebt, dass die Rückmeldung im Feedback-Konzept nicht zwangsläufig vom Lehrenden ausgehen muss (also die Bewertungs- bzw. Verbesserungskomponente enthält), findet eine Interpretation von Feedback als Rückmeldeprozess vom Lernenden zum Lehrenden erst in jüngster Zeit eine verstärkte Beachtung (Hattie, 2010, S. 173). Unter diesem Aspekt wird die Äußerung der Lernenden über ihre aktuellen Lernstände und zu ihren Verständnisschwierigkeiten als die zentrale Komponente von Feedback verstanden, die dem Lehrenden Hinweise auf angemessene didaktische Reaktionen liefert.

Die zentrale Herausforderung auch bei dieser Akzentuierung von feedbackbasierten Methoden ist jedoch nach wie vor die Identifikation von ausreichend vielen Fachfragen, die das wiederholte Diagnostizieren der Lernstände auch tatsächlich erlauben. Dazu bedarf es einer systematischen Aufbereitung des Lehrstoffs unter einer entwicklungslogischen Perspektive. Es muss zudem sichergestellt sein, dass die Fragen tatsächlich die Kompetenz erfassen, deren Erwerb Ziel der Lehrveranstaltung ist. Derartige Fragen zu entwickeln ist sehr aufwendig und muss systematisch erfolgen, um ihre Qualität zu gewährleisten.

Das KOM-ING Projekt[1] (siehe Musekamp, Spöttl & Mehrafza in diesem Band) ist in besonderer Weise dazu geeignet, die Dozierenden bei dieser Aufgabe im Fach der Technischen Mechanik (TM) zu unterstützen. Es werden nicht nur zahlreiche Aufgaben entwickelt, die dem durch ein Kompetenzmodell repräsentierten Lehrziel explizit und in überprüfbarer Weise zugeordnet werden können. Im Projekt wird der diagnostische Wert auch dadurch gesteigert, dass die Aufgaben durch Merkmale beschrieben werden, von denen auszugehen ist, dass sie die Lösungswahrscheinlichkeit der Aufgaben systematisch beeinflussen. Diese Merkmale werden schwierigkeitsbestimmende Itemmerkmale genannt.

Ein für die Lehre besonderer Nutzen der Bestimmung von schwierigkeitsbestimmenden Itemmerkmalen ist, dass man die „Natur der zu erfassenden Kompetenz" (Hartig, 2007, S. 94) oder auch die Art des Könnens inhaltlich beschreiben kann. Dies ist umso besser möglich, je genauer man weiß, was Aufgaben für die Lernenden schwieriger oder leichter macht. Das Wissen über die Schwierigkeiten, die bestimmte Aufgaben Studierenden auf bestimmten Niveaus bereiten, ermöglicht nicht nur die angemessene Auswahl der Aufgaben zur Leistungsdiagnostik, sondern im Idealfall auch die darauf abgestimmten, didaktischen Reaktionen durch die Lehrenden.

Im Folgenden wird der Forschungsstand zu schwierigkeitsbestimmenden Itemmerkmalen in naturwissenschaftlichen Fächern skizziert (siehe

---

1 Dieses Vorhaben wird aus Mitteln des Bundesministeriums für Bildung und Forschung unter dem Förderkennzeichen 01PK11012A gefördert. Die Verantwortung für den Inhalt dieser Veröffentlichung liegt bei den Autoren.

Abschnitt 2), um nach einer kurzen Erläuterung des Kompetenzmodells (siehe Abschnitt 3) ein Konzept zur Beschreibung von Aufgaben in der Technischen Mechanik zu entwickeln (siehe Abschnitt 4). Im Anschluss werden die Merkmale einzeln inhaltlich beschrieben (siehe Abschnitt 5). Der empirische Teil beginnt mit einer kurzen Übersicht zu Stichproben- und Studiendesign (Abschnitt 6), bevor die Methoden und Ergebnisse der Itemanalysen vorgestellt werden. Im Zentrum dieser Analysen steht die Frage, welche Merkmale tatsächlich Einfluss auf die empirischen Itemschwierigkeiten nehmen (Abschnitt 7). Schließlich werden diese Ergebnisse im Hinblick auf Ihre Entstehungsbedingungen diskutiert und die Studie in ihrer Reichweite eingeordnet.

2 Schwierigkeitsbestimmende Itemmerkmale in den Naturwissenschaften

Im Gegensatz zur Hochschulforschung hat die fachdidaktische Forschung für die Sekundarstufe I und II eine lange Tradition und ist in den Naturwissenschaften sehr weit fortgeschritten. Als Ausgangspunkt für die Bestimmung von Itemmerkmalen sind die Erfahrungen im naturwissenschaftlichen Sekundarbereich daher auch für die akademisch vermittelte TM von einiger Bedeutung. In der deutschsprachigen empirischen Bildungsforschung haben theoretische Kompetenzkonzepte eine vorherrschende Stellung, die nicht auf das *Verständnis* von fachlichen Konzepten abzielen, sondern auf das *Anwenden Können* von psychischen Voraussetzungen auf konkrete Anforderungen (Kompetenz, Klieme & Hartig, 2007, S. 14). Die zahlreichen auf diesem Paradigma aufbauenden Kompetenzmodelle weisen immer ein oder mehrere Inhaltsdimensionen und mindestens eine Dimension kognitiver Prozesse auf, die teilweise hierarchisch gestuft sind (Musekamp et al., 2013 sowie Musekamp, Spöttl & Mehrafza in diesem Band).

Niveaubeschreibungen innerhalb von eindimensionalen Kompetenzkonstrukten beruhen auf schwierigkeitsbestimmenden Itemmerkmalen. Diese lassen sich allgemein in vornehmlich *kognitive*, vornehmlich *inhaltliche* und vornehmlich *formale* Merkmale unterscheiden. Da Denken (ebenso wie Handeln) niemals als allein inhaltlich oder allein mit Bezug auf kognitive Strukturen beschrieben werden kann, sondern immer als eine Kombination aus beidem zu verstehen ist (vgl. Straka & Macke, 2009, S. 17), ist eine eindeutige Zuordnung von Merkmalen zu der einen oder anderen Kategorie nicht immer möglich. Um Hinweise auf die *inhaltliche* Gestaltung von Lehre zu bekommen, ist eine Unterscheidung dennoch sinnvoll, denn es ist davon auszugehen, dass die inhaltlichen anders als die kognitiven Itemmerkmale das Charakteristische des Fachs bzw. dessen Identität konstituieren und deshalb schwerpunktmäßig zur Gestaltung von Lehre herangezogen werden sollten.

Kognitive Itemmerkmale sind Merkmale, die in ihrer Definition Bezüge zu Art und Umfang von mentalen Verarbeitungsprozessen herstellen, die zwar immer auf Fachinhalte anzuwenden sind, deren schwierigkeitsrelevante Effekte jedoch auf kognitionspsychologische Ursachen zurückgeführt werden. Beispielsweise kann über das Merkmal ‚Anzahl der notwendigen Schritte zur Aufgabenlösung' angenommen werden, dass der schwierigkeitserzeugende Effekt durch die höhere Beanspruchung des Arbeitsgedächtnisses der Probanden zustande kommt. Auch gehen mehr Lösungsschritte mit mehr Möglichkeiten zu deren Ablaufreihenfolge einher und damit in der Regel mit mehr Fehlermöglichkeiten. Weitere kognitive Merkmale beruhen auf qualitativen Annahmen zur kognitiven Verarbeitung wie die Bloom'sche Taxonomie (Bloom, 1956) mit den Klassen Wissen, Verstehen, Anwenden, Analysieren, Synthetisieren und Evaluieren, die in zahlreichen Varianten in die Testentwicklung und Unterrichtsgestaltung eingegangen sind (z. B. Metzger, Waibel, Henning, & Hodel, 1993, Geißel, Gschwendtner, & Nickolaus, 2009).

Vornehmlich *inhaltliche* Itemmerkmale werden aus Begründungen abgeleitet, die sich aus entwicklungslogischen Abfolgen im Verständnis fachlicher Konzepte ergeben. Darunter fallen insbesondere Bezüge zur Conceptual Change Forschung (z. B. Vosniadou & Baltas, 2007).

Die Bedeutung vornehmlich *formaler* Itemmerkmale für die empirischen Itemschwierigkeiten wurde in zahlreichen Studien zur Kontrolle der inhaltlichen Validität herangezogen. Sie umfassen Merkmale der Aufgabendarstellung (grafisch vs. textbasiert) oder des Antwortformates (zwischen vollständig offen und vollständig geschlossen). Diese Merkmale sollten im Vergleich zu den inhaltlichen und kognitiven Merkmalen möglichst wenig Einfluss auf die empirischen Itemschwierigkeiten aufweisen, weil sie kaum Hinweise auf die fachlichen Stärken und Schwächen der Lernenden liefern (Kauertz, 2008).

Erste Erfolge bei der Vorhersage von empirischen Schwierigkeitsparametern durch vornehmlich *kognitive Itemmerkmale* (Kauertz, 2008) für den Kompetenzbereich Fachwissen wurden konsequent zur Beschreibung von Niveaubeschreibungen weiterentwickelt (Neumann, Viering, & Fischer, 2010), die in die Kompetenzstufenmodelle der Bildungsstandards Eingang finden (IQB, 2013). Grundlage ist ein Konzept zunehmender Komplexität durch (Wissens-)Vernetzung (Fischer, Glemnitz, Kauertz, & Sumfleth, 2007), in dem eine ansteigende Schwierigkeit von Aufgaben angenommen wird, je nachdem ob sie den Umgang mit einem Faktum (1), mehrere Fakten (2), einem Zusammenhang (3), mehreren unverbundenen Zusammenhängen (4), mehreren verbundenen Zusammenhängen (5) oder ein übergeordnetes Konzept (6) erfordern. Ein erstes entsprechend sechsfach gestuftes Modell kommt zu signifikanten Mittelwertunterschieden in den Itemschwierigkeiten je Niveaustufe. 31 % der Varianz in den Itemschwierigkeiten wurden durch das Modell aufgeklärt, wobei die angenommene Reihenfolge der Niveaus sich nicht durchgängig ergab (Kauertz, 2008). Ein in der Folge entwickeltes Modell der Komplexität mit fünf Stufen kommt ebenfalls zu signifikanten Mittelwertunterschieden und erfüllt auch die Annahme eines zunehmenden Trends in den Schwierigkeiten bei steigenden Kompetenzniveaus (Wellnitz et al., 2010). Zudem lässt sich dieses Modell weitgehend auf die Fächer Chemie und Biologie generalisieren (vgl. ebd.). Auch andere Kompetenzbereiche in der Physik werden auf der Grundlage allgemeinpsychologischer Annahmen in ihrem Niveau graduiert: So entwickeln Kulgemeyer & Schecker (2009) das Merkmal des kognitiven Beiwerts, das die Anzahl der bei der Aufgabenlösung zur Geltung kommenden kognitiven Aktivitäten umfasst und 65 % der Itemschwierigkeiten im Bereich physikalischer Kommunikation aufklärt. Ähnliche Maße werden auch in anderen naturwissenschaftlichen Fächern (Bernholt, Parchmann, & Commons, 2009) oder in der beruflichen Bildung verwendet (Nickolaus, 2011).

Neben kognitionspsychologischen Annahmen werden seltener auch *inhaltliche Annahmen* zur Vorhersage von Itemschwierigkeiten herangezogen. Viering et al (2010) betrachten Kompetenzentwicklung in der Physik (Sek. I) als die Erweiterung und Differenzierung von Wissen, welches mit einem steigenden konzeptuellen Verständnis einhergeht (vgl. S. 95). Sie überprüfen die von Liu & McKeough (2005) aufgestellte Hypothese, dass sich das Energiekonzept von Schülern hierarchisch aufsteigend entlang der vier inhaltsspezifischen Stufen Energieformen und –quellen (1), Energieumwandlung und -transport (2), Energieentwertung (3) und Energieerhaltung (4) entwickelt und finden erwartungskonform einen signifikanten statistischen Zusammenhang zwischen empirischer Aufgabenschwierigkeit und Entwicklungsstufe. Im Rahmen einer Varianzanalyse klärt die Entwicklungsstufe 50 % der Varianz in den Itemschwierigkeiten auf.

Auch auf die Conceptional Change Theorie wird für die inhaltliche Graduierung von Kompetenzmodellen in Einzelfällen zurückgegriffen. Hardy et al. (2010) unterscheiden in einem naturwissenschaftlichen Kompetenzmodell für die Grundschule die zwei Dimensionen „naturwissenschaftliches Wissen" im Sinne von inhaltlich/konzeptionellem Wissen in den Naturwissenschaften sowie „Wissen über Naturwissenschaften" als Wissen über naturwissenschaftliche Methoden und Wissenschaftsverständnis. Sie graduieren die Kompetenzdimensionen anhand der drei Stufen

- „naive Fehlvorstellungen, die einer empirischen Prüfung in verschiedenen Kontexten nicht standhalten
- Zwischenvorstellungen, mit denen Phänomene begrenzt erklärt werden können und
- Wissenschaftliche Vorstellungen, die auf in der Wissenschaft geteilten Konzepten beruhen" (S. 116).

Diese drei Stufen werden um die Stufe 3+ ergänzt, die dann vorliegt, wenn Personen nicht nur über wissenschaftliche Vorstellungen in der Physik verfügen, sondern zusätzlich alle Vorstellungen der vorherigen Stufen überwunden haben. Die Operationalisierung des Modells über geschlossene Items fußt auf (z. T. qualitativ erhobenen) Vorkenntnissen über Fehlvorstellungen in den Inhaltsbereichen „Schwimmen und Sinken" sowie „Verdunstung und Kondensation". Inwieweit die empirischen Itemschwierigkeiten den prognostizierten Stufen des Modells entsprechen wird über eine vorläufige Studie hinaus (Kleickmann et al., 2010) nicht weiter berichtet.

Tendenziell gelingt in den Naturwissenschaften die Vorhersage von Itemschwierigkeiten nicht so umfänglich (Neumann, Kauertz, Lau, Notarp, & Fischer, 2007; Prenzel, Rost, Senkbeil, & Häußler, 2001, S. 202f; Viering et al., 2010, S. 93) wie in den Sprachwissenschaften. Während dort nicht selten eine Varianzaufklärung von über .5 erreicht wird (Beck & Klieme, 2007; Isaac, Eichler, & Hosenfeld, 2007; Kirsch, 2001), ist dies in den Naturwissenschaften bisher nur in Ausnahmen der Fall (z. B. Kulgemeyer & Schecker, 2012). Auch die Reliabilitäten naturwissenschaftlicher Instrumente kommen oft nicht über .7 hinaus und verfehlen bislang ein Niveau, welches für individuelle Rückmeldungen wünschenswert wäre (Neumann, Viering, Boone, & Fischer, 2013; Pollmeier, Hardy, Koerber, & Möller, 2011; Viering et al., 2010, S. 99; Wellnitz et al., 2010, S. 282).

Vor dem Hintergrund dieses Forschungsstandes sollten schwierigkeitsbestimmende Merkmale für das Fach der Technischen Mechanik möglichst spezifische Hinweise auf Inhalte und Anforderungshöhe von Lern- und Übungsaufgaben zu bestimmten Lernständen generieren und damit das Reagieren von Lehrenden auf Assessmentergebnisse erleichtern. Diese Merkmale werden im Folgenden ausführlich erläutert. Im Anschluss wird die Frage beantwortet, in welchem Maße die theoretisch hergeleiteten Aufgabenmerkmale die Varianz in den empirischen Itemschwierigkeiten aufklären.

Aus Gründen besserer Nachvollziehbarkeit wird zuvor jedoch in aller Kürze das TM-Modell vorgestellt, das den theoretischen Rahmen für die Entwicklung von Itemmerkmalen vorgibt.

3 Kompetenzmodell zur Technischen Mechanik

Das im KOM-ING Projekt entwickelte TM-Modell gliedert kontextspezifische kognitive Leistungsdispositionen (in Anlehnung an Klieme & Leutner, 2006) in die drei Wissensbereiche ‚starre Körper im Gleichgewicht', ‚elastische Körper im Gleichgewicht' und ‚bewegende Körper'. Auf Grundlage dieses Wissens wird erwartet, dass Studierende vier kognitive Prozesse des mechanischen Analysierens vollziehen müssen: Reale Objekte auf ein mechanisches Modell abstrahieren (1), das Modell in Gleichungen überführen (2), die gewonnen Gleichungen lösen (3) und die Ergebnisse evaluieren (4).

TM-Kompetenz wird damit definiert als die Summe der 12 resultierenden Teilfähigkeiten in der TM (drei Wissensbereiche x vier kognitive Prozesse) und als zu erreichendes Lehrziel von akademischen TM-Veranstaltungen gesetzt. Die Begründung und Herleitung des Modells wird ausführlich bei Musekamp, Spöttl & Mehrafza (in diesem Band) dargestellt.

In den folgenden Kapiteln wird aus dem Gesamtmodell die Teilfähigkeit „starre Körper im Gleichgewicht auf mechanisches Modell abstrahieren" zu können in grundlegendere Fähigkeiten zerlegt und auf diese Weise Lehrstoffhierarchien gebildet (vgl. Gagné & Paradise, 1961; Klauer, 1974). Deren Struktur wird als wichtigste Determinante für die Schwierigkeit der Testaufgaben angenommen. Darüber hinaus wird ein Itemmerkmal auf der Grundlage so genannter Randbedingungen konzipiert, die den Verschiebungs- und Kräftezustand der Ränder von Objekten in mechanischen Systemen beschreiben (vgl. Schnell et al. 1990, S. 95f.). Dieser Index soll ein Maß für die Komplexität mechanischer Systeme darstellen, der mit wenig Interpretationsspielraum durch verschiedene Fachexperten einheitlich bestimmbar ist (niedrig inferent, vgl. Kauertz, 2008). Es wird angenommen, dass auch die Komplexität Varianz in den Itemschwierigkeiten aufklärt.

4 Modellierung von Lehrstoffhierarchien im Inhaltsbereich Statik

Auf Grundlage des TM-Modells soll Diagnostik zur Gestaltung von Lehre innerhalb des Inhaltsbereiches Statik entlang der Dimension kognitiver Prozesse möglich werden (vgl. im Folgenden Musekamp et al., 2013, S. 182). Das bedeutet, Lehrende der Statik sollen ihre Veranstaltungen auf Informationen aufbauen können, die die Stärken und Schwächen ihrer Studierenden in den Fähigkeiten „Abstrahieren", „Formulieren", „Rechnen" und „Evaluieren" beschreiben. Das in einem Kompetenztest erfasste aktuelle Kompetenzniveau stellt dabei den Ist-Zustand eines Lernenden dar, welcher mit dem angestrebten Kompetenzniveau verglichen werden kann. Das angestrebte Kompetenzniveau ist demnach als Lehrziel aufzufassen und bezieht sich auf die Kompetenz einer Person, eine bestimmte Aufgabenmenge bearbeiten zu können (vgl. Musekamp, Spöttl & Mehrafza in diesem Band).

Durch die Erstellung von Lehrzielhierarchien wurden die Lehrziele der Matrixzellen des TM-Modells weiter ausdifferenziert. Dies erfolgte unter der Annahme, dass das Lösen einer bestimmten Testaufgabe immer auch Teilfähigkeiten erfordert, die wiederum durch andere Aufgaben ermittelt werden können. Demnach wurde ein gegebenes Lehrziel auf einer untergeordneten Ebene zunächst vollständig in seine Voraussetzungen zerlegt. Diese Voraussetzungen wurden wiederum auf einer untergeordneten Ebene in ihre Voraussetzungen untergliedert.

Für den Inhaltsbereich Statik ergibt sich für die Teilfähigkeit „mechanische Modelle in Gleichungen überführen können (kurz: Formulieren)" eine Vier-Ebenen-Hierarchie, die dem angestrebten Detaillierungsgrad der Kompetenzerhebung angemessen ist (siehe Abbildung 1). Durch Analyse von TM-Lehrbüchern (vgl. z. B. Dankert & Dankert, 2011; Gross, Hauger, Schröder, Wall, & Rajapakse, 2013) wird deutlich, dass diese Fähigkeit weiter konkretisiert werden kann. Zum Beispiel gibt es Aufgaben, bei denen an Tragwerken Gleichgewichtsbedingungen aufgestellt werden müssen, um Auflagerreaktionen oder Verbindungsgrößen zu bestimmen (SF 4.2, siehe Abbildung 1). In einer anderen Aufgabenklasse ist das Aufstellen von Gleichgewichtsbedingungen unter Berücksichtigung von Reibung erforderlich (SF 4.1). Außerdem gibt es noch eine Klasse von Aufgaben, bei denen das Prinzip der virtuellen Arbeit für Systeme im Gleichgewicht angewendet werden soll (SF 4.3). Diese Aufgabenklassen lassen sich jeweils weiter differenzieren, indem ermittelt wird, welche Teilfähigkeiten zum erfolgreichen Bearbeiten dieser Aufgaben erforderlich sind.

Abbildung 1: Lehrstoffhierarchie „Statik-Formulieren" (Weiterentwicklung der Hierarchie von Musekamp et al. (2013, S. 183))

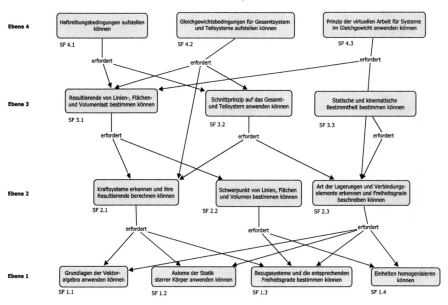

Um beispielsweise die Fähigkeit zu besitzen, Gleichgewichtsbedingungen für Gesamt- und Teilsysteme aufstellen zu können (SF 4.2), muss man auch über die darunter angesiedelte Fähigkeit verfügen, das so genannte Schnittprinzip auf Gesamt- und Teilsysteme anwenden zu können (SF 3.2). Gleiches gilt für die Fähigkeiten, Resultierende von Linien-, Flächen- und Volumenlast bestimmen zu können (SF 3.1) usw. Auf diese Weise werden Fähigkeiten in Teilfähigkeiten niedrigerer Hierarchiestufen zerlegt. Die Zerlegung endet auf der Ebene SF 1, sobald ein zuvor definiertes Abbruchkriterium erreicht wurde. Eine verbreitete Möglichkeit wäre ein Abbruch an der Stelle, an der man auf die Voraussetzungen stößt, die die Lernenden schon mitbringen (vgl. Klauer 1974, S. 156). Die Voraussetzungen der Studierenden des Maschinenbaus sind jedoch heterogen (z. B. aufgrund unterschiedlicher Schulbildung, Berufsausbildung etc.). Trotzdem ist davon auszugehen, dass Studierende eines Ingenieurstudiengangs gewisse naturwissenschaftliche Voraussetzungen mitbringen. Daher wurde im Projekt festgelegt, die Analyse nur innerhalb der Inhalte, die im Studium behandelt werden, fortzuführen. Stellt sich beim Test anschließend heraus, dass bereits die Testaufgaben der untersten Ebene einem Teil der Studenten Schwierigkeiten bereiten, ist ggf. eine Anpassung des Abbruchkriteriums notwendig.

Sowohl die in der Arbeitswelt als auch die in der Lehre typischen Statik-Aufgaben sind unterschiedlich kompliziert (gestaltet) und stellen somit z. T. nur Teilanforderungen der gesamten in der Lehrstoffhierarchie beschriebenen Fähigkeiten. Selbst wenn für das Beherrschen einer bestimmten Fähigkeit eine untergeordnete Fähigkeit im Prinzip verfügbar sein muss, so muss nicht zwangsläufig für einzelne Items dieser Stufe die volle zugrundeliegende Fähigkeitsstruktur notwendig sein. Somit sind nicht immer alle in Beziehung stehenden, untergeordneten Teilfähigkeiten zum erfolgreichen Bearbeiten einer Aufgabe erforderlich. Aus diesem Grunde ist zu erwarten, dass allein die Ebenenzugehörigkeit von Items (Itemmerkmal „LSH-Ebene") nicht genügend über deren Schwierigkeit aussagt.

5 Schwierigkeitsbestimmende Itemmerkmale

Ein zentraler Anspruch des Modells und ein wichtiges Ziel des KOM-ING Projekts besteht darin, die Anforderungen systematisch zu beschreiben, die die TM an Studierende stellt. Dazu wurden verschiedene Anforderungsmerkmale identifiziert und damit die Testaufgaben charakterisiert. Jede Subdimension des TM-Modells weist spezifische Merkmale auf. Die folgenden Abschnitte erläutern die Itemmerkmale der Subdimension „Statik Formulieren" im Detail, die üblicherweise den Kern der TM-Lehre ausmacht. Jedes der Itemmerkmale wird zunächst allgemein beschrieben und es wird erläutert, welcher Einfluss des Merkmals auf die Schwierigkeit des Items angenommen wird. Anschließend wird das folgende Beispielitem herangezogen (siehe Abbildung 2), um das Vorgehen bei der Einordnung zu demonstrieren.

Abbildung 2: Beispielitem der Ebene 4.2 „Gleichgewichtsbedingungen für Gesamt- und Teilsysteme aufstellen"

Stellen Sie die Gleichgewichtsbedingungen für den Knoten K_i im dargestellten idealen Fachwerk (2D) auf. Alle Stäbe, die parallel zur x- oder y-Achse sind, haben die gleiche Länge a.

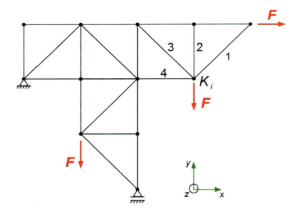

Zur Beschreibung der Testaufgaben aus der Subdimension Statik Formulieren konnten insgesamt die fünf Merkmale

1. Lehrstoffhierarchie: Voraussetzungen,
2. Lehrstoffhierarchie: Komplexität,
3. die Anzahl der Lösungsschritte,
4. die Notwendigkeit zur Aufstellung der Gleichgewichtsformel bei der Itemlösung und
5. die Abdeckung nach TM Themen

identifiziert werden.

5.1 Lehrstoffhierarchie: Voraussetzungen

Das wichtigste Merkmal zur Beschreibung der Testaufgaben beruht auf den Lehrstoffhierarchien, die für die einzelnen Zellen des TM-Modells entwickelt wurden. Es wird angenommen, dass die Aufgaben umso schwieriger sind, je mehr Teilfähigkeiten zu ihrer Lösung heranzuziehen sind (Itemmerkmal „LSH Voraussetzungen").

Die Beispielaufgabe aus Abbildung 2 ist auf der vierten Ebene der LSH angesiedelt (SF 4.2). Die Aufgabe erfordert die Fähigkeit SF 3.2 der dritten Ebene und schließlich drei weitere Voraussetzungen auf der untersten Ebene (SF 1.1, 1.2 und 1.3). Das Merkmal *LSH-Voraussetzungen* ergibt sich als aus der Summe der so ermittelten Einzelvoraussetzungen (Beispielitem: 1 (Ebene 4) + 1 (Ebene 3) + 3 (Ebene 1) = 5).

Über alle Items verteilen sich die Voraussetzungen folgendermaßen (siehe Abbildung 3).

Abbildung 3: Verteilung der Testitems nach der Höhe ihrer LSH Voraussetzungen

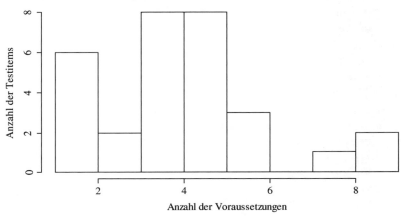

5.2 Lehrstoffhierarchie: Komplexität

Der ursprüngliche Versuch, einen einheitlichen Anforderungsindex zur Beschreibung der *Kontext*seite des gesamten TM-Modells zu formulieren (vgl. Musekamp, Spöttl & Mehrafza in diesem Band), wurde frühzeitig im Projekt verworfen. Die Idee war, ein objektives Merkmal zur Beschreibung technisch-mechanischer Objekte auf der Grundlage von Rand- und Übergangsbedingungen zu konzipieren. Es zeigte sich jedoch, dass ein solcher Index für eine Matrixzelle aus sehr vielen Parametern bestanden hätte, die jeweils auf einen Großteil der Items nicht anwendbar gewesen wären. Der Index wäre damit sehr unübersichtlich und fehleranfällig in seiner Anwendung auf die einzelnen Items gewesen. Zudem hätten statistische Prozeduren zur Analyse des Index' problemlos mit großen Mengen an fehlenden Werten umgehen können, was für die üblicherweise genutzten Regressionsanalysen (siehe unten!) nicht der Fall ist. Aus diesem Grund entstand ein K-Index in Bezug auf die Lehrstoffhierarchie, dessen Parameter den einzelnen Aufgabenklassen zugeordnet sind. Damit wird der ursprünglich rein objektiv definierte Anforderungsindex zu einem Merkmal, das nur in Bezug auf die psychische Seite des Kompetenzmodells seine Bedeutung erhält, und zwar in Form der auf Teilfähigkeiten beruhenden Lehrstoffhierarchien.

Die Komplexität der im Aufgabenkontext zu betrachtenden mechanischen Objekte kann über *Art und Anzahl der sogenannten Rand- und Übergangsbedingungen* konkretisiert werden. Da diese den Verschiebungs- und Kräftezustand mechanischer Objekte an ihren Rändern und

Lastangriffspunkten beschreiben, ist ihre *Anzahl* abhängig von der Beschaffenheit des mechanischen Objekts (z. B. keine Querkräfte und Momente in Stäben). Ihre *Art* ist zum einen abhängig von der Beschaffenheit der Lagerung (sogenannte Null-Randbedingungen sind spezifisch für jede Lagerungsart) und zum anderen von der Beschaffenheit der Last und des Lastangriffs (diese Parameter nehmen Einfluss auf die Randbedingungen ungleich Null und auf die Übergangsbedingungen).

Abbildung 4 zeigt die um den K-Index erweiterte Lehrstoffhierarchie für die Subdimension „Statik-Formulieren". Beispielsweise wird in Aufgabenklasse SF 2.3 die Komplexität der Bestimmung von Lagerung und Verbindungselementen bzw. der Beschreibung von Freiheitsgraden darüber charakterisiert, ob es sich in der Testaufgabe um ein 2D oder ein 3D System handelt. Außerdem wird in Aufgabenklasse SF 3.2 angenommen, dass die Anwendung des Schnittprinzips je nach mechanischem Objekt (Stabwerk bzw. 2D-Rahmenwerk oder 3D- bzw. mehrteiliges Rahmenwerk) unterschiedlich komplex ist.

Abbildung 4: Lehrstoffhierarchie „Statik Formulieren" mit zugehörigem Komplexitätsindex

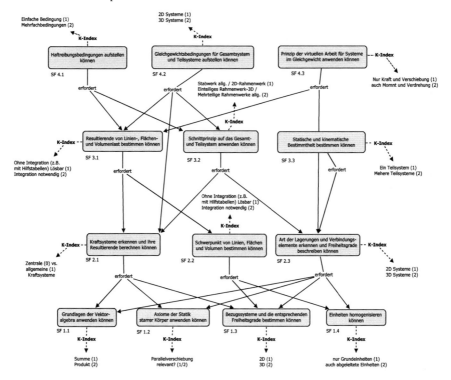

Für das Beispielitem (Abbildung 2) ergibt sich folgende Komplexität: Da das beschriebene System ein 2D System darstellt, ist die Komplexität für SF 4.2 und SF 1.3 $k_{4.2} = k_{1.3} = 1$. Weiterhin handelt es sich bei diesem System um ein Fachwerk, somit ergibt sich für die Aufgabenklasse SF 3.2 ebenfalls $k_{3.2} = 1$. Für die Zerlegung der Stabkräfte in horizontale und vertikale Anteile müssen Grundlagen der Vektoralgebra bezüglich der Vektoraddition angewandt werden, daraus ergibt sich auch für Aufgabenklasse SF 1.1 $k_{1.1} = 1$ und schließlich ist bei der Anwendung der Axiome der Statik starrer Körper in diesem Beispiel eine Parallelverschiebung nicht relevant und damit auch $k_{1.2} = 1$. Insgesamt ergibt sich für dieses Beispielitem die Komplexität $k = 5 * 1 = 5$.

Die 30 Testaufgaben der Dimension „Statik Formulieren" haben einen Komplexitätsindex zwischen drei und zehn, wobei 11 der Items eine mittlere Komplexität von 5 aufweisen (siehe Abbildung 5).

Abbildung 5: Verteilung der Testitems nach der Höhe ihrer Komplexität

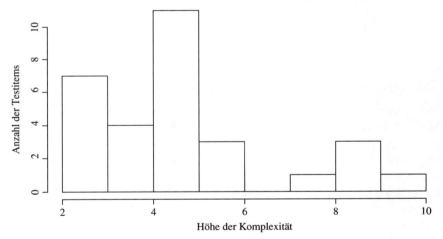

5.3 Anzahl der Lösungsschritte

Neben Merkmalen, die auf Lehrstoffhierarchien beruhen, wurden die zur Lösung der Items notwendige Anzahl der Schritte bestimmt. Es wird dabei angenommen, dass eine Aufgabe umso schwieriger ist, je mehr Schritte zur Lösung notwendig sind.

Zur Lösung des Beispielitems (Abbildung 2) sind die folgenden sieben Schritte notwendig:
1x Freischneiden
4x die entsprechenden Kraftanteile bestimmen
2x die Gleichgewichtsbedingungen aufstellen

Für die Lösung der 30 Testaufgaben der Dimension Statik Formulieren sind zwischen ein und 14 Lösungsschritte notwendig, wobei 12 der Items eine mittlere Anzahl von vier bis sechs Lösungsschritte erfordern (siehe Abbildung 6).

Abbildung 6: Verteilung der Testitems nach der Anzahl notwendiger Lösungsschritte

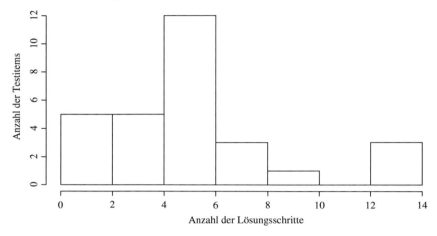

5.4 Notwendigkeit zum Aufstellen einer Gleichung

Ein weiteres Itemmerkmal ist die Notwendigkeit bei der Bearbeitung die Gleichgewichtsbedingungen zu formulieren, also die eigentliche Systemgleichung aufzustellen. Obwohl die Dimension Formulieren das „Überführen mechanischer Modelle in Gleichungen" zum Gegenstand hat, erfordern nur 13 der 30 Testaufgaben deren endgültige Formulierung. Erstens behandeln Items zu niedrigeren LSH-Stufen Teilschritte dieses Prozesses, zweitens geht es bei einigen Items auch um das prinzipielle Verständnis von Gleichgewichtsbedingungen, ohne die Formulierung selbst zu erfordern. Beispielsweise müssen bei der grafischen Darstellung von Momenten-, Querkraft- oder Normalkraftverläufen die Gleichgewichtsbedingungen angewendet aber nicht aufgeschrieben werden. Auf diese Weise werden unterschiedliche Anforderungshöhen erzeugt, die sich in unterschiedlichen Itemschwierigkeiten ausdrücken sollten.

5.5 Abdeckung der Technischen Mechanik nach Themen

Bei der Testentwicklung wurde darauf geachtet, dass möglichst viele verschiedene inhaltliche Bereiche aus der Technischen Mechanik behandelt werden. Inwieweit die Schwierigkeit von Testitems davon abhängt zu welchen Themen sie zuzuordnen sind, wurde nicht im Vorfeld theoretisch hergeleitet. Nichtsdestotrotz ist vorstellbar, dass bestimmte Themen je nach Art der Lehre oder inhaltlicher Beschaffenheit schwieriger sind als andere.

Insgesamt lassen sich die 30 Testaufgaben der Dimension „Statik Formulieren" 12 Themen zuordnen (siehe Tabelle 1). Das Beispielitem (siehe Abbildung 2) wurde den Themen „Ebene Fachwerke" und „Allgemeine Kräftesysteme" zugeordnet.

Tabelle 1: Anzahl der Testaufgaben aus der Subdimension „Statik Formulieren" nach Themenbereichen (Mehrfachabdeckungen möglich)

Themen	Anzahl Items
Grundlegende Begriffe und Gesetze	7
Allgemeine Kräftesysteme	19
Zentrale Kräftesysteme	2
Gleichgewicht des starren Körpers	13
Ebene Fachwerke	4
Ebene Tragwerke	14
Resultierende	8
Schwerpunkt (Flächenmoment 1. Ordnung)	4
Schnittgrößenbestimmung in linienförmigen Tragwerken (N-, Q-, M-Linien)	7
Haft & Reibung	2
Prinzip der virtuellen Arbeit	1
Sonstiges	7
Gesamt	81

Besonders häufig waren die Themen „Allgemeine Kräftesysteme" und „Ebene Tragwerke" vertreten. Etwa bei jedem dritten Item wurde der Umgang mit „grundlegenden Begriffen und Gesetzen" abgeprüft bzw. die Bestimmung von Schnittgrößen verlangt.

5.6 Formale Itemmerkmale

Typische Statik-Aufgaben sind sowohl in der Arbeitswelt als auch in der Lehre unterschiedlich kompliziert (gestaltet). Diese Kompliziertheit wird zum einen durch fachliche, aber auch durch formale Anforderungen beeinflusst. Zu den formalen Itemmerkmalen, die zur Schwierigkeitsbestimmung in diesem Projekt einbezogen wurden, zählt die Anzahl der Wörter im Aufgabentext n_W (siehe Abbildung 7).

Es zeigt sich, dass die Mehrheit der Aufgabenbeschreibungen in den Testitems mit nur wenig Text auskommt. Mehr als die Hälfte der Items umfasst lediglich 25 Wörter oder weniger.

Es ist ein Hinweis auf die inhaltliche Validität des Tests, wenn die Testaufgaben möglichst unabhängig von formalen Aufgabenmerkmalen sind. Das Merkmal „Anzahl der Wörter im Item" wurde deshalb lediglich zu

Kontrollzwecken in die Analyse aufgenommen und hat keinen didaktischen Wert.

Abbildung 7: Verteilung der Anzahl von Wörtern in den Testaufgaben

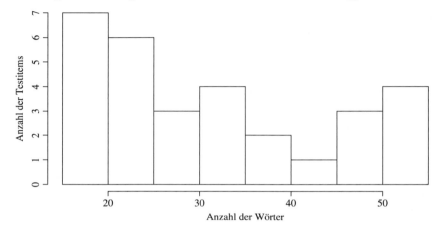

6 Stichprobe und Studiendesign

Die im Rahmen dieses Beitrags vorgestellten Analysen beruhen auf dem Pilotierungsdatensatz, der bei Musekamp et al. (2013) bereits verwendet wurde. Dort wurde aus den 4 Dimensionen innerhalb der Statik je eine möglichst repräsentative Stichprobe an inhaltsvaliden Aufgaben für den Test gezogen. Das Erhebungsinstrument variiert damit die Statikinhalte in Form von 32 Items systematisch über die vier Prozessdimensionen Abstrahieren, Formulieren, Rechnen und Evaluieren. Auf Grund der üblichen Anforderungen in Veranstaltungen zur TM waren die Aufgaben überwiegend offen formuliert; wegen der großen Anzahl zu testender Items wurden diese in einem Balanced Incomplete Block Design (BIBD, vgl. z. B. Frey, Hartig, & Rupp, 2009) in 15 Testheften arrangiert, die jeweils 32 Items umfassten (8 Items pro Prozessdimension Dimension).

Die im Folgenden dargestellten Ergebnisse beruhen auf Pilotierungsdaten, welche im Querschnitt am Ende des ersten Fachsemesters im Wintersemester 2012/2013 an zwei Universitäten (n=258) und einer Fachhochschule (n=20) erhoben wurden. Die Gesamtstichprobe umfasst 278 Ingenieurstudierende der Fachrichtung Maschinenbau. Jedes Item wurde durch das BIBD und individuelle Missings zwischen 19 und 77 mal bearbeitet. Die Auswertungsobjektivität wurde durch unabhängige Doppelratings bei einem Drittel aller Testhefte bestimmt. Sie ist für alle Items größer.51 (ICC1, siehe Shrout & Fleiss, 1979) und beträgt im Mittel für die 21 in die Analyse eingehenden Items.73.

Das Instrument weist über alle Dimensionen eine WLE-Reliabilität von Rel=.75 und für die Dimension Statik Formulieren eine nicht ausreichende WLE-Reliabilität von Rel=.418 auf, die insbesondere auf die Kürze der Skala zurückzuführen sein dürfte. Für die hier vorgenommenen Analysen der Itemparameter spielt die Personenbezogene Messgenauigkeit jedoch eine untergeordnete Rolle.

7 Methoden und Ergebnisse

Während die Schätzung der Itemparameter aus den bei Musekamp et al. (2013) vorgestellten Analysen übernommen wurden, ist die Konzeption und das Rating der Itemmerkmale überarbeitet und erweitert worden. Auf eine Vorstellung der Skalierungsmethoden und -Ergebnisse wird daher an dieser Stelle verzichtet.

Zur Abschätzung der Bedeutung der identifizierten Itemparameter für die empirische Schwierigkeit der Testaufgaben wurden (multivariate) Regressionen mit dem Itemschwierigkeitsparameter als abhängiger und den Itemmerkmalen als unabhängige Variablen berechnet. Dazu wurde zunächst jedes Merkmal in eine einfache lineare Regression aufgenommen und auf einen signifikanten Beitrag zur Varianzaufklärung untersucht. Während das Merkmal LSH Voraussetzung mit einem Bestimmtheitsmaß von $R^2= 0,23$ ein knappes Viertel der Varianz in den Itemschwierigkeiten aufklärt (siehe Tabelle 2) liefert kein weiteres der betrachteten Itemmerkmale einen signifikanten Beitrag zur Varianzaufklärung.

Tabelle 2: Einfaches Regressionsmodell zur Vorhersage von empirischen Itemschwierigkeiten mit dem Itemmerkmal LSH Voraussetzung ($R^2=0,2322$; $R^2adj.=0,1918$, df=1 und 19; F=5,746, p=0,02697)

	Estimate	Std, Error	t value	Pr(>|t|)
Konstante	-1,8271	0,8622	-2,119	0,0475**
LSH Voraussetzungen	0,45	0,1877	2,397	0,0270*

Signifikanzniveaus: *** $p<0.001$, ** $p< 0.01$, * $p< 0.05$

Im Anschluss wurden die in den einfachen Regressionsanalysen nicht signifikanten Itemmerkmale abwechselnd zusätzlich in das signifikante Modell aufgenommen. Die Reihenfolge wurde dabei anhand der fachlich-theoretischen Bedeutsamkeit festgelegt:

Komplexität (1), Anzahl der Lösungsschritte (2), Notwendigkeit zum Aufstellen der Gleichgewichtsbedingungen (3), die Anzahl der Wörter in der Aufgabenstellung (4) und die Abdeckung nach TM-Themen (5). Dabei erwies sich die Anzahl der Lösungsschritte als erklärungsstarkes Merkmal, nach dessen Aufnahme 42 % der Varianz in den Itemschwierigkeiten mit zwei Prädiktoren aufgeklärt werden konnten (siehe Tabelle 3)

Tabelle 3: Multivariates Regressionsmodell zur Vorhersage von empirischen Itemschwierigkeiten mit den Itemmerkmalen „LSH Voraussetzung" und „Anzahl Lösungsschritte" (R^2=0,4811; R^2adj.=0,42, df=2 und 17; F=7,88, p=0,0037)

	Estimate	Std. Estimate	Std, Error	t value	Pr(>ltl)
Konstante	-4,18991	-0,1371	1,12762	-3,716	0,00172 ***
LSH Voraussetzungen	0,69533	1,4128	0,18124	3,837	0,00132 **
Anzahl Lösungsschritte	0,21507	0,7627	0,09962	2,159	0,04545 *

Signifikanzniveaus: *** $p<0.001$, ** $p<0.01$, * $p<0.05$

Anhand der standardisierten Schätzer für die ß-Koeffizienten wird deutlich, dass der Einfluss der LSH Voraussetzung auf die Itemschwierigkeit etwa doppelt so groß ist wie der Einfluss der Anzahl an Lösungsschritten. Eine Prüfung des Modells auf Multikollinearität mithilfe des Variance Inflation Factors (vgl. Eid, Gollwitzer, & Schmitt, 2013) liefert keine Hinweise auf Verletzung dieser Modellvoraussetzung.

Die anschließend zusätzliche Aufnahme des Merkmals „Notwendigkeit zur Aufstellung der Gleichgewichtsbedingungen" führte erneut zu einer leichten Erhöhung der Varianzaufklärung, jedoch ohne dass der β-Koeffizient dieses Merkmals signifikant wurde.

Die Aufnahme des Merkmals „Anzahl der Wörter" anstelle des Merkmals „Notwendigkeit zur Aufstellung der Gleichgewichtsbedingungen" war im Gesamtmodell zwar auf dem 5 % Niveau signifikant (df=3 und 16; F=5,273, p=0,01), brachte aber keine zusätzliche Varianzaufklärung (R^2_{adj}=0,402).

8 Zusammenfassung, Interpretation und Ausblick

Ausgehend von fachlichen Überlegungen zu den Anforderungen von Aufgaben in der Technischen Mechanik wurden fünf *inhaltliche* Aufgabenmerkmale und ein *formales* Merkmal identifiziert, von denen ein Einfluss auf die Schwierigkeit der Aufgaben zu erwarten war.

Insgesamt klären die untersuchten *inhaltlichen* Itemmerkmale „LSH Voraussetzungen" und „Anzahl der Lösungsschritte" die Varianz in den Itemschwierigkeiten mit über 42 % in einem Maße auf, welches für naturwissenschaftliche Fächer in einem typischen Bereich liegt. Für die Güte des Instruments spricht auch die geringe Bedeutung des formalen Merkmals „Anzahl der Wörter", das einen geringen Einfluss der Lesefähigkeit auf die Testergebnisse erwarten lässt.

Im Vergleich zum Aufgabenmerkmal der Komplexität nach Kauertz (2008), das bisher in den Naturwissenschaften die weiteste Verbreitung gefunden hat, bietet die zugrunde gelegte LSH eine Verknüpfung von inhaltlich beschriebener Fähigkeitsstruktur und quantitativem Anforderungsmaß. Dieses Plus an Informationen hat das Potenzial, Lehrende stärker auf die Ursachen für möglicherweise vorhandene Defizite der Studierenden zu verweisen und inhaltliche Interventionen entsprechend nahe zu legen (vgl. die Erläuterungen zur „konsequentiellen Validierung von Schaper in diesem Band). Für das Instrument spricht zudem, dass dieses inhaltlich besonders gehaltvolle Merkmal der LSH Voraussetzung wesentlich mehr zur Aufklärung der Varianz in den Itemschwierigkeiten beiträgt als das TM unspezifische Merkmal „Anzahl der Lösungsschritte".

Gleichzeitig zeigen sich Merkmale als nicht schwierigkeitsrelevant, die zuvor als besonders einflussreich vermutet wurden. Dies betrifft insbesondere das Merkmal der Komplexität, welches die mechanische Beschaffenheit der behandelten Objekte anhand der Rand- und Übergangsbedingungen beschreibt. Dies ist inhaltlich unplausibel, kann aber eventuell mit der besonderen Konstruktionsweise des Komplexitätsindex mit starkem konzeptionellen Bezug zu der Lehrstoffhierarchie erklärt werden. Nachteil dieses Verfahrens ist der hohe Zusammenhang zwischen dem Merkmal „LSH Voraussetzungen" und dem Merkmal „Komplexität" ($r=.86$).

Generell problematisch ist bei Analysen der Itemmerkmale mithilfe von Regressionsmodellen die geringe Anzahl an Items, die als Fälle in die Regressionen eingehen (Hartig, 2007). Dies führt dazu, dass die Regressionsmodelle sehr empfindlich gegenüber der Itemauswahl reagieren, und das Auslassen oder Hinzufügen von einzelnen Items (z. B. wegen inhaltlicher Bedenken oder schlechter Passung zum IRT Modell) zu stark veränderten Ergebnissen führen können. So ist auch in den hier vorgenommenen Analysen eine derartige Abhängigkeit von einzelnen Items vorfindbar. Daraus ergibt sich die bisher offene Frage, inwieweit die theoretisch hergeleiteten TM-spezifischen Itemmerkmale tatsächlich einen generalisierbaren Einfluss auf die Schwierigkeit von Aufgaben haben, oder ob es sich um einen test- und stichprobenspezifischen Befund handelt (siehe die Erläuterungen zum Thema „Verallgemeinerungsbezogene Validierung" Schaper in diesem Band).

Trotz derartiger Einschränkungen zum aktuellen Zeitpunkt leisten die hier vorgenommenen Analysen einen dringend nötigen, *inhaltlichen* Beitrag zur Entwicklung von feedbackorientierten Methoden zum Einsatz in der akademischen TM-Lehre. Diese erfahren derzeit einen besonderen Schub durch neue technische Hilfsmittel wie Clicker- oder Smartphone-basierte Systeme (z. B. Temmen, 2013), die eine unmittelbare Rückmeldung der Studierenden an den Dozenten während der Veranstaltung erlauben. Auf diesen technikgestützten Informationen bauen neuere Methoden der Hochschullehre auf, die auch Feedback in großen Lerngruppen handhabbar und fruchtbar machen sollen. Darunter fällt z. B. das Just-in-time-Teaching (Novak, 1999), bei dem Dozierende im Vorfeld der Veranstaltung über Onlineplattformen den Lernstand diagnostizieren und die Präsenzlehre insbesondere dazu nutzen, an identifizierten Stärken und Schwächen der Studierenden anzuschließen. Mit der Methode der Peer-Instruction (Mazur, 1997) beantworten Studierende mithilfe eines kleinen Gerätes (Clicker) individuell geschlossene Fachfragen und diskutieren mit ihren Sitznachbarn die selbst gewählten Lösungen. Verbessert sich nach dieser Peer-Instruction-Phase das Ergebnis nicht, kann vonseiten der Dozierenden noch einmal eine Erklärung geliefert werden.

Es ist anzunehmen, dass die Effekte dieser elaborierten Methoden deutlich gesteigert werden können, wenn die eingesetzten Aufgaben das Kompetenzkonstrukt systematisch abdecken und nach den entwickelten Merkmalen konstruiert werden. Es ergeben sich Hinweise auf die Ursachen von Schwächen der Studierenden und auf Aufgabentypen, die helfen können, die nächsten Lernschritte erfolgreich zu meistern. Effekte von feedbackbasierten Methoden in großen Lehrveranstaltungen können so über bloße Motivationssteigerungen durch mehr technische Abwechslung hinausgehen. Zudem kann die systematische Beschreibung von Anforderungen in der TM die Lehrenden bei der Erstellung von Aufgaben entlasten, sei es durch gezielte merkmalbasierte Konstruktionsanleitungen oder gar durch gemeinsam genutzte Aufgabendatenbanken, deren Inhalt durch die vorgestellte inhaltliche Beschreibung von Items für Lehrende schnell transparent wird.

Literatur

Beck, B. & Klieme, E. (Hrsg). (2007). Sprachliche Kompetenzen: Konzepte und Messung. DESI-Studie (Deutsch Englisch Schülerleistungen International). Weinheim: Beltz.

Bernholt, S., Parchmann, I., & Commons, M. L. (2009). Kompetenzmodellierung zwischen Forschung und Unterrichtspraxis. Zeitschrift für Didaktik der Naturwissenschaften, 15, 219–245.

Bloom, B. S. (Hrsg.). (1956). Taxonomy of Educational Objectives: The Classification of Educational Goals: Handbook 1: cognitive domain. New York: McKay.

Dankert, J., & Dankert, H. (2011). Technische Mechanik: Statik, Festigkeitslehre, Kinematik/Kinetik. Wiesbaden: Vieweg + Teubner.

Eid, M., Gollwitzer, M., & Schmitt, M. (2013). Statistik und Forschungsmethoden: Lehrbuch. Weinheim, Basel: Beltz.

Fischer, H., Glemnitz, I., Kauertz, A., & Sumfleth, E. (2007). Auf Wissen aufbauen - kumulatives Lernen in Chemie und Physik. In E. Kircher,

R. Girwidz, & P. Häußler (Hrsg.), (S. 657–678). Berlin, Heidelberg: Springer-Verlag.

Frey, A., Hartig, J., & Rupp, A. A. (2009). Booklet Designs in Large-Scale Assessments of Student Achievement: Theory and Practice. Educational measurement: issues and practice, 28(3), 39–53.

Gagné, R. M., & Paradise, N. E. (1961). Abilities and learning sets in knowledge acquisition. Psychological Monographs: General and Applied, 75(14), 1–23.

Geißel, B., Gschwendtner, T., & Nickolaus, R. (2009). Kompetenzniveaumodelle gewerblich-technischer Grundbildung: Gemeinsamkeiten, Unterschiede und zentrale Schwierigkeitsmerkmale fachspezifischer Aufgaben im Kfz- und Elektrohandwerk. In D. Münk, J. van Buer, K. Breuer, & T. Deißinger (Hrsg.), Forschungserträge aus der Berufs- und Wirtschaftspädagogik. Probleme, Perspektiven, Handlungsfelder und Desiderata der beruflichen Bildung in der Bundesrepublik Deutschland, in Europa und im internationalen Raum (S. 130–139). Opladen: Verlag Barbara Budrich.

Gross, D., Hauger, W., Schröder, J., Wall, W. A., & Rajapakse, N. (2013). Engineering Mechanics 1: Statics. Berlin, Heidelberg: Springer.

Hardy, I., Kleickmann, T., Koerber, S., Mayer, D., Möller, K., Pollmeier, J., et al. (2010). Die Modellierung naturwissenschaftlicher Kompetenz im Grundschulalter: Projekt Science-P. In E. Klieme, D. Leutner, & M. Kenk (Hrsg.), Kompetenzmodellierung. Zwischenbilanz des DFG-Schwerpunktprogramms (S. 115–125). Weinheim: Beltz.

Hartig, J. (2007). Skalierung und Definition von Kompetenzniveaus. In B. Beck & E. Klieme (Hrsg.). Sprachliche Kompetenzen. Konzepte und Messung. DESI-Studie (Deutsch Englisch Schülerleistungen International) (S. 79–95). Weinheim: Beltz.

Hattie, J. A. C. (2010). Visible learning: A synthesis of over 800 meta-analyses relating to achievement. London: Routledge.

Hattie, J. & Timperley, H. (2007). The Power of Feedback. Review of Educational Research, 77(1), 81–112.

IQB (2013). Kompetenzstufenmodelle zu den Bildungsstandards im Fach Physik für den Mittleren Schulabschluss: Kompetenzbereiche „Fachwissen" und „Erkenntnisgewinnung". – ENTWURF –. Berlin.

Isaac, K., Eichler, W., & Hosenfeld, I. (2008). Ein Modell zur Vorhersage von Aufgabenschwierigkeiten im Kompetenzbereich Sprache und Sprachgebrauch untersuchen. In B. Hofmann & R. Valtin (Hrsg.), Checkpoint Literacy. Tagungsband 2 zum 15. Europäischen Lesekongress 2007 in Berlin (S. 12–27). Berlin: Deutsche Gesellschaft für Lesen und Schreiben.

Kauertz, A. (2008). Schwierigkeitserzeugende Merkmale physikalischer Leistungstestaufgaben. Berlin: Logos-Verlag

Kirsch, I. S. (2001). The International Adult Literacy Survey (IALS): Understanding What Was Measured (Research Report No. RR-01-25). Verfügbar unter https://www.ets.org/Media/Research/pdf/RR-01-25-Kirsch.pdf

Klauer, K. J. (1974). Methodik der Lehrzieldefinition und Lehrstoffanalyse. Düsseldorf: Pädagogischer Verlag Schwann.

Kleickmann, T., Hardy, I., Möller, K., Pollmeier, J., Tröbst, S., & Beinbrech, C. (2010). Die Modellierung naturwissenschaftlicher Kompetenz im Grundschulalter: Theoretische Konzeption und Testkonstruktion. Zeitschrift für Didaktik der Naturwissenschaften, 16, 265–283.

Klieme, E. & Hartig, J. (2007). Kompetenzkonzepte in den Sozialwissenschaften und im erziehungswissenschaftlichen Diskurs. In M. Prenzel, I. Gogolin, & H.-H. Krüger (Hrsg.), Kompetenzdiagnostik. Zeitschrift für Erziehungswissenschaft. Sonderheft 8 (S. 11–29). Wiesbaden: VS Verlag für Sozialwissenschaften/GWV Fachverlage GmbH.

Klieme, E. & Leutner, D. (2006). Kompetenzmodelle zur Erfassung individueller Lernergebnisse und zur Bilanzierung von Bildungsprozessen. Zeitschrift für Pädagogische Psychologie, 20, 137–138.

Kluger, A. N. & DeNisi, A. (1996). The effects of feedback interventions on performance: A historical review, a meta-analysis, and a preliminary feedback intervention theory. Psychological Bulletin, 119(2), 254–284.

Kulgemeyer, C. & Schecker, H. (2009). Kommunikationskompetenz in der Physik: Zur Entwicklung eines domänenspezifischen Kommunikationsbegriffs. Zeitschrift für Didaktik der Naturwissenschaften, 15, 131–153.

Kulgemeyer, C. & Schecker, H. (2012). Physikalische Kommunikationskompetenz - Empirische Validierung eines normativen Modells. Zeitschrift für Didaktik der Naturwissenschaften, 18, 29–54.

Lesgold, A., Ivill-Friel, J., & Bonar, J. (1989). Toward Intelligent Systems of Testing. In L. B. Resnick (Hrsg.), Knowing, learning, and instruction. Essays in honor of Robert Glaser (S. 337–360). Hillsdale, N.J: L. Erlbaum Associates.

Liu, X. & McKeough, A. (2005). Developmental growth in students' concept of energy: Analysis of selected items from the TIMSS database. Journal of Research in Science Teaching, 42(5), 493–517.

Mazur, E. (1997). Peer instruction: A user's manual; Prentice Hall series in educational innovation. Upper Saddle River, NJ: Pearson/Prentice Hall.

Metzger, C., Waibel, R., Henning, C., & Hodel, M. &. L. R. (1993). Anspruchsniveau von Lernzielen und Prüfungen im kognitiven Bereich. IWP: St. Gallen.

Musekamp, F., Mehrafza, M., Heine, J.-H., Schreiber, B., Saniter, A., Spöttl, G. et al. (2013). Formatives Assessment fachlicher Kompetenzen von angehenden Ingenieuren. Validierung eines Kompetenzmodells für die Technische Mechanik im Inhaltsbereich Statik. In O. Zlatkin-Troitschanskaia, R. Nickolaus & K. Beck (Hrsg.), Kompetenzmodellierung und Kompetenzmessung bei Studierenden der Wirtschaftswissenschaften und der Ingenieurwissenschaften. Lehrerbildung auf dem Prüfstand, Sonderheft. 6, 177–193. Landau: VEP.

Neumann, K., Kauertz, A., Lau, A., Notarp, H., & Fischer, H. E. (2007). Die Modellierung physikalischer Kompetenz und ihrer Entwicklung. Zeitschrift für Didaktik der Naturwissenschaften, 13, 101–121.

Neumann, K., Viering, T., Boone, W. J., & Fischer, H. E. (2013). Towards a learning progression of energy. Journal of Research in Science Teaching, 50(2), 162–188.

Neumann, K., Viering, T., & Fischer, E. H. (2010). Die Entwicklung physikalischer Kompetenz am Beispiel des Energiekonzepts. Zeitschrift für Didaktik der Naturwissenschaften, 16.

Nickolaus, R. (2011). Die Erfassung fachlicher Kompetenzen und ihrer Entwicklungen in der beruflichen Bildung – Forschungsstand und Perspektiven. In O. Zlatkin-Troitschanskaia (Hrsg.), Stationen empirischer Bildungsforschung. Traditionslinien und Perspektiven. (S. 331–351). Wiesbaden: VS-Verlag

Nicol, D. J. & Macfarlane-Dick, D. (2006). Formative assessment and self-regulated learning: a model and seven principles of good feedback practice. Studies in Higher Education, 31(2), 199–218.

Novak, G. M. (1999). Just-in-time teaching: Blending active learning with web technology. Prentice Hall series in educational innovation. Upper Saddle River, NJ: Prentice Hall.

Pollmeier, J., Hardy, I., Koerber, S., & Möller, K. (2011). Lassen sich naturwissenschaftliche Lernstände im Grundschulalter mit schriftlichen Aufgaben valide erfassen? Zeitschrift für Pädagogik, 57(6), 834–853.

Prenzel, M., Rost, J., Senkbeil, M., & Häußler, P. K. A. (2001). Naturwissenschaftliche Grundbildung: Testkonzeption und Ergebnisse. In J. Baumert & M. Neubrand (Hrsg.), PISA 2000. Basiskompetenzen von Schülerinnen und Schülern im internationalen Vergleich (S. 191–248). Opladen: Leske + Budrich.

Sadler, D. R. (1989). Formative assessment and the design of instructional systems. Instructional Science, 18, 119–144.

Shrout, P. E. & Fleiss, J. L. (1979). Intraclass Correlations: Uses in Assessing Rater Reliability. Psychological Bulletin, 86(2), 420–428.

Straka, G. A. & Macke, G. (2009). Neue Einsichten in Lehren, Lernen und Kompetenz (ITB-Forschungsberichte Nr. 40). Bremen. Verfügbar unter http://elib.suub.uni-bremen.de/ip/docs/00010417.pdf

Temmen, K. (2013). Einsatzmöglichkeiten des Web-basierten Live-Feedback-Systems PINGO in ingenieurwissenschaftlichen Großveranstaltungen: Poster auf der teachING learnING Veranstaltung am 18./19.06.2013 in Dortmund. Paderborn.

Viering, T., Fischer, E. H., & Neumann, K. (2010). Die Entwicklung physikalischer Kompetenz in der Sekundarstufe I: Projekt Physikalische Kompetenz. In E. Klieme, D. Leutner, & M. Kenk (Hrsg.), Kompetenzmodellierung. Zwischenbilanz des DFG-Schwerpunktprogramms (S. 92–102). Weinheim: Beltz.

Vosniadou, S., & Baltas, A. V. X. (2007). Re-framing the conceptual change approach in learning and instruction. Advances in learning and instruction series. Amsterdam: Elsevier.

Wellnitz, N., Fischer, E. H., Kauertz, A., Mayer, J., Neumann, I., Pant, H. A., ... (2010). Evaluation der Bildungsstandards - eine fächerübergreifende Testkonzeption für den Kompetenzbereich Erkenntnisgewinnung. Zeitschrift für Didaktik der Naturwissenschaften, (12), 261–291.

Andreas Saniter

Wie falsch ist falsch? Ausgesuchte halbrichtige Lösungen eines Tests in der technischen Mechanik und ihr didaktisches Potenzial

Im Jahr 2001 löste der „Pisa-Schock" die sogenannte „empirische Wende" in der Bildungspolitik und -forschung aus. Genauer gesagt, müsste nicht von einer empirischen, sondern von einer quantitativen Wende gesprochen werden: „Large Scale Assessments" der Kompetenzdiagnostik, an denen große Gruppen von Lernenden teilnehmen und deren Ergebnisse statistisch, gerne Rasch-skaliert, ausgewertet werden, treten gegenüber vorherigen, qualitativ orientierten, Forschungsansätzen wie zum Beispiel dem des „Conceptual Change" (z. B. Duit, 1996, 2000) in den Vordergrund. In diesem Beitrag sollen nicht zum wiederholten Male die Vor- und Nachteile der jeweiligen Forschungsparadigmen diskutiert werden, stattdessen wird exemplarisch für einen quantitativen Test analysiert, ob die erhobenen Daten auch das Potenzial der interpretativen, fachdidaktischen Nutzung besitzen und wie psychometrische Tests weiterentwickelt werden könnten, um nicht nur über das Ausmaß der Defizite von Lernenden, sondern auch über Art und Bedingtheit derselben zu berichten.

In 2001 the "Pisa-shock" caused the so-called "empirical turn" in educational policy and educational research. To be precise, the turn should in fact be named quantitative instead of empirical: "Large scale assessment"-approaches of competence diagnosis, measuring competencies of large groups of participants and evaluating the results statistically, e.g. Rasch-scaled, came to the fore, suppressing former qualitative research approaches like "conceptual change" (e.g. Duit, 1996, 2000). The aim of this paper is not to discuss the advantages and disadvantages of the respective research paradigms again. Instead the potential of using data of a large scale assessment for interpretative, didactical purposes will be evaluated by referring exemplarily to a quantitative test. Potential further developments of psychometric tests will be sketched, focusing on analysing the types and the causes of deficits of learners rather than only identifying the dimensions of these deficits.

1 Hintergrund

Die in den Jahren 2001 ff. durch die Bildungspolitik ausgerufene „empirische Wende" in der Bildungsforschung verstand sich auch als Kritik an den häufig theorielastigen Diskursen an den erziehungswissenschaftlich Fakultäten deutscher Universitäten, verkannte aber, dass Traditionen qualitativ-performanzorientierter Bildungsforschung existieren, die zwar zumeist mit kleinen Teilnehmerzahlen (typischerweise Klassengröße) operieren, denen das Attribut „empirisch" jedoch keinesfalls abgesprochen werden kann.

Diese qualitativen *Erhebungs*verfahren können grob in zwei methodologische Kategorien unterteilt werden:
1. *Entwicklungsprozessorientierte* Ansätze (z. B. v. Aufschnaiter et al., 2000, Bremer, 2004, 2005), bei denen Lern- oder Aufgabenbearbeitungsprozesse der Probanden mit an der objektiven Hermeneutik orientierten Methoden analysiert werden. Beide Ansätze verfolgen die Lernprozesse der Probanden über längere Zeiträume, im Fall der *Bedeutungsentwicklungsprozesse* von v. Aufschnaiter Schüler oder Studenten über mehrere Stunden, bei der der Messung der *Kompetenzentwicklung* nach Bremer werden die Lösungen von Auszubildenden bei der Bearbeitung komplexer Aufgaben im Längsschnitt der 3-jährigen Ausbildung mehrfach erhoben. Bei der Analyse von *Bedeutungsentwicklungsprozessen* steht die Frage im Fokus, ob und wie es den Lernenden gelingt, aus einzelnen Beobachtungen (*Objekten*) regelhafte Zusammenhänge (*Eigenschaften*) zu bilden. Dem Paradigma der *Kompetenzentwicklungs-*, vielleicht besser *Professionalisierungs*prozesse folgend, werden die Probanden mit komplexen Aufgaben konfrontiert, die sie erst am Ende ihrer Ausbildung vollständig, d. h. auf einem standardisierten Bearbeitungsniveau beherrschen müssten. Analysiert wird, welchem Zugang zu den Aufgaben der Lösungsansatz der Auszubildenden entspricht, von dem *naiven* oder *uninformierten* Zugang eines Fachfremden über *performative* (regelbasierte) und *kompetente* (regelwählende bzw. -modifizierende) Zugänge bis zu der *professionellen* Lösung eines Experten, die u. a. auch nicht unmittelbar fachliche Aspekte wie die Wirtschaftlichkeit berücksichtigt.
2. *Defizitorientierte* Ansätze (z. B. Stavy & Tirosh, 2000, Strike & Posner, 1982), bei denen die Antworten von Lernenden auf speziell konstruierte Aufgaben dahingehend analysiert werden, ob sie spezifische Fehlermuster aufweisen. Der *intuitive rules*-Ansatz von Stavy et al. untersucht, ob alltägliche, intuitive, Regelmäßigkeiten unzulässig verallgemeinert werden, beispielsweise die Erfahrung „viel hilft viel" im Chemieunterricht, wo Reaktionen durch Zugabe von zu vielen Einheiten eines Stoffes unterbrochen werden können oder die Regel „Wenn A größer wird, wird auch B größer", die für die Temperatur T und die reziproke Dichte ρ bei der bekannten Dichteanomalie des Wassers bei 4 Grad Celsius nicht gilt. Der *Fehlvorstellungs-* oder *Präkonzept*-Ansatz ermittelt anhand offener oder multiple-choice Aufgaben, welche Konzepte bei Lernenden bei den Lösungen von Testaufgaben aktiviert werden. Während die ursprünglichen Ansätze („Cold Conceptual Change", vgl. z. B. Strike & Posner, 1982) von dem Vorliegen genau eines Konzeptes ausgingen, das im Falle der Fehlerhaftigkeit „ersetzt" werden müsse, haben sich seit den 1990ger Jahren weichere Ansätze durchgesetzt, die eine „Erklärungsvielfalt" (z. B. Hartmann, 2004) postulieren, innerhalb derer durch Lernprozesse eine

Wie falsch ist falsch?

"Entwicklung" stattfinde. Klassische Beispiele von Präkonzepten entstammen der schulischen Physik, beispielsweise die Vorstellung, dass mit dem Schließen eines Stromkreises die Elektronen am Schalter zu fließen anfangen und in Reihe geschaltete Lampen daher nacheinander zu leuchten beginnen oder das Konzept der "clashing currents", wonach nach Schließen des Schalters Ladungsträger in beide Richtungen fließen um sich beim "Verbraucher" (Energieumwandler) zu treffen.

Den soweit skizzierten Ansätzen ist mit dem an anderer Stelle in diesem Band ausführlich dargestellten psychometrischen Paradigma gemein, dass sie – vorerst – als konstatierend zu bezeichnen sind; es werden Wissens-, Konzept- oder auch Kompetenzstände erhoben. Inwieweit die jeweiligen Überlegungen zur Entwicklung fachdidaktischer Ansätze zur Erleichterung weiterer Lernprozesse übertragbar oder zumindest analogisierbar sind, lässt sich anhand des Formates der Aufgaben einfach kategorisieren:

> "Ein psychometrisch optimales Item lässt sich einer *ganz bestimmten Zelle* der Kompetenzmatrix zuordnen." Schecker & Parchmann (2006)

Dieser Forderung entsprechen die Aufgaben der *entwicklungsprozessorientierten* Ansätze sicherlich nicht, während die eben dargestellte Aufgabe des Stromkreises sich wie folgt in die in Abbildung 1 dokumentierte Matrix der Bildungsstandards Physik einordnen ließe: Durch Schließen des Stromkreises findet ein *Energie*transport statt (Basiskonzept), *Fachwissen* (Kompetenzbereich) muss zur richtigen Lösung der Aufgabe *angewandt* werden (Anforderungsbereich).

Abbildung 1: Operationalisierung der Bildungsstandards in der Physik (KMK 2005, visualisiert nach Schecker & Parchmann, 2006)

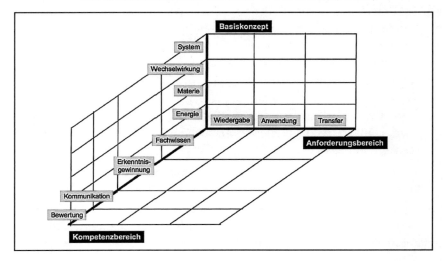

Ein weiterer Grundansatz raschbasierter Testungen ist die dichotome Auswertung der Antworten der Teilnehmer: Diese werden zumeist mit „1" (richtig) oder „0" (falsch) codiert und im Folgenden nach den Regeln der probabilistischen Testtheorie ausgewertet. Zum einen ignoriert dieser Ansatz die Arbeiten von Oser und anderen zum negativen Wissen bzw. einer angemessenen Fehlerkultur:

> „Dass sich Menschen beim Lernen verändern und dass sie dabei sowohl Fehler machen als auch Irrtümer begehen, ist eine Selbstverständlichkeit. Darin enthalten ist aber die Tatsache, dass dieses Falsche einen entscheidenden Beitrag sowohl für die Nachhaltigkeit als auch die Sicherheit des Wissens darstellt." (Oser & Spychiger, 2005)

Zum anderen vergibt die Selbstbeschränkung auf die Kompetenz*diagnostik* die Chance, Ansätze zur Überwindung der diagnostizierten Defizite zu entwickeln. So ist es beispielsweise bei der oben skizzierten Forschung zu Präkonzepten ein integraler Bestandteil, auch an Ansätzen ihrer Überwindung bzw. Weiterentwicklung zu arbeiten: Ausgehend von den Fehlkonzepten, die innerhalb einer Probandengruppe durchaus variieren und nach Typen differenziert aufgelöst werden können, gilt es, ein Lehrkonzept zu entwickeln, dass es den Lernenden ermöglicht, ein elaborierteres Konzept zu entwickeln. Kennzeichnend für die frühen oder kalten Ansätze des Conceptual Change (CC) ist die Ersetzungsperspektive – aber auch die späteren Anreicherungs – oder Umstrukturierungsperspektiven (z. B. Vosniadou, 1999) erheben den Anspruch, nicht nur zu diagnostizieren, sondern auch – um im medizinischen Sprachgebrauch zu bleiben – Ansätze einer Therapie zu liefern. Bereits 1982 formulierten Strike & Posner folgende Kernpunkte, die eine erfolgreiche Konzeptentwicklung ermöglichen:

- Die Lernenden müssen mit den bisherigen Vorstellungen unzufrieden sein;
- die neue Vorstellung muss ihnen verständlich sein;
- sie muss von vornherein plausibel sein;
- sie muss schließlich fruchtbar sein.

Diese „Therapie" soll jedoch keinesfalls als einfach oder auch nur logisch dargestellt werden, sie erfordert einige Vorbereitungen und führt selbst bei – aus Expertensicht – eindeutigen Fehlkonzepten häufig nicht zum Erfolg, wie Häußler et al. in einer Untersuchung praktischer Interventionen konstatieren mussten:

> „Meist gelingt es dem Unterricht nur, bis zu ‚Hybriden' von vorunterrichtlichen und wissenschaftlichen Vorstellungen vorzudringen." (Häußler et al., 1998, S. 233)

Nichtsdestotrotz ist nach Ansicht des Autors die Informiertheit über die Art des negativen Wissens eine, wenn auch nicht hinreichende, notwendige Bedingung für erfolgreiches gruppenspezifisches Lehrhandeln.

2 Methode und Datengrundlage

Theoretische Grundlage des Projekts KOM-ING[2], dessen empirische Ergebnisse für diesen Beitrag analysiert wurden, ist ein Kompetenzmodell, welches die Inhaltsbereiche Statik, Festigkeitslehre und Dynamik der Technischen Mechanik (TM) unterscheidet und annimmt, dass Studierende in jedem dieser drei Bereichen in der Lage seien sollten, je vier kognitive Prozesse zu beherrschen, die für das gesamte Ingenieurstudium von zentraler Bedeutung sind (vgl. Musekamp et al. 2013): Sie müssen reale Objekte auf mechanische Modelle abstrahieren (i), diese in Form von mathematischen Gleichungen formulieren (ii), die gewonnenen mathematischen Äquivalente lösen (rechnen) (iii) und schließlich die Ergebnisse auf ihre Richtigkeit und Nützlichkeit hin evaluieren (iv). Die Auswertungen dieses Beitrags beziehen sich nur auf den ersten der drei Bereiche, die Statik.

Die durch das TM-Modell definierten Teilfähigkeiten wurden für diesen Bereich durch einen Leistungstest mit 20 (von 80) offenen Testaufgaben je Studierendem operationalisiert. Die Items wurden per „Incomplete bloc design" auf 16 Testhefte verteilt, jedes Heft enthielt je fünf Aufgaben zu jedem der vier kognitiven Prozesse (i) – (iv). Die Aufgaben wurden am Ende des Wintersemesters 13/14 mit 800 Studierenden des ersten Semesters an sieben deutschen Hochschulstandorten summativ getestet (Haupterhebung des KOM-ING Projekts, siehe Musekamp, Spöttl & Mehrafza in diesem Band); die Studierenden hatten zur Beantwortung der Fragen eine Doppelstunde Zeit. Die Antworten der Studierenden wurden eingescannt und von Experten der TM in einem 3-stufigen Raster bewertet: (1) richtig; (½) vernünftige Ansätze; (0) komplett falsch.

Unter pädagogischen Gesichtspunkten sind die mit (½) bewerteten – manchmal sogar auch die mit (0) bewerteten Lösungen – der Studierenden von besonderem Interesse; lassen sich hier Hinweise für Präkonzepte oder Fehlvorstellungen finden, die sich als inhaltliche Basis für didaktische Interventionen nutzen ließen?

3 Ausgewählte Ergebnisse

In diesem Abschnitt werden ausgewählte „halbrichtige" oder auch komplett falsche Lösungen der Studierenden zu je einer Aufgabe jeder der 4 kognitiven Prozesse (i) – (iv) analysiert.[3] Da der Test tendenziell zu schwierig war, liefert

---

2   Dieses Vorhaben wird aus Mitteln des Bundesministeriums für Bildung und Forschung unter dem Förderkennzeichen 01PK11012A gefördert. Die Verantwortung für den Inhalt dieser Veröffentlichung liegt bei den Autoren.
3   Der Autor dankt Frank Molzow-Voigt für die Unterstützung bei der Interpretation der Lösungen der Studierenden.

ca. die Hälfte der Items keine Lösungsansätze, deren nähere Analyse möglich gewesen wäre: Die Studierenden antworteten gar nicht oder rieten nur.

Abbildung 2: Eine Abstraktionsaufgabe und die Lösungen zweier Studierender dazu

(i) Reale Objekte abstrahieren

Wenn die Kraft P auf den Griff der Baumschere aufgebracht wird, übt sie eine Normalkraft F auf den Zweig in E aus. Zeichnen Sie das Freikörperbild des Griffs mit unterer Schnittkante (Skizze mit Kräften und Abmessungen)! Alle Verbindungen sind reibungslose Gelenke.

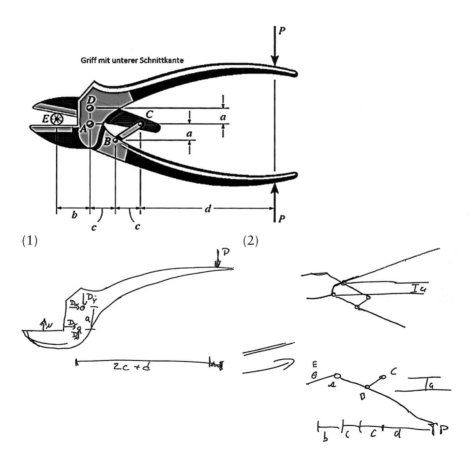

Der erste Studierende (1) bezieht sich zwar korrekt auf die untere Schnittkante, zeichnet jedoch eine schematische Darstellung der Schere anstatt des gefragten Freikörperbildes. Die Skizze des zweiten Studierenden (2) lässt sich bei gutem Willen als Freikörperbild interpretieren, ein Bezug auf die untere Schnittkante und die Skizze der wirkenden Kräfte unterbleibe aber. Diese beiden Lösungen sind durchaus repräsentativ; das Konzept „Freikörperbild" wurde von den meisten Studierenden nicht verinnerlicht bzw. wird mit anderen Darstellungsformen vermischt. Hier böte es sich an, das Konzept erneut und anhand einfacher Objekte zu lehren.

Abbildung 3: Eine Formulierungsaufgabe und die Lösungen zweier Studierender dazu

(ii) Mathematische Gleichungen formulieren

Vier Lagerarbeiter wollen zusammen eine große homogene Kiste hochheben. Sie stellen sich an allen vier Seiten der Kiste auf, ergreifen je ein befestigtes Seil und ziehen paarweise mit unterschiedlichen Winkeln zur Horizontalen (α und β). Stellen Sie eine Gleichung auf, mit der man berechnen kann, wie schwer die Kiste sein darf (W_{max}).
Bekannt sind α, β und die Kraft von jedem Arbeiter (F_i).

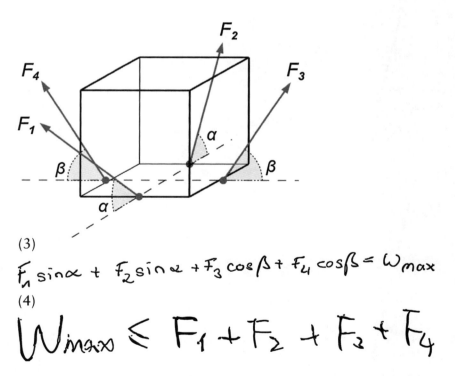

(3)
$$F_1 \sin\alpha + F_2 \sin\alpha + F_3 \cos\beta + F_4 \cos\beta = W_{max}$$

(4)
$$W_{max} \leq F_1 + F_2 + F_3 + F_4$$

Diese relativ einfache Aufgabe wurde von ca. der Hälfte der Studierenden richtig beantwortet ($W_{max} = (F_1+F_2) \sin\alpha + (F_3+F_4) \sin\beta$), ein weiteres Viertel

212 A. Saniter

der Studierenden, wie die Lösung (3) illustriert, nutze zwar richtigerweise trigonometrische Funktionen, jedoch die falschen – und das letzt Viertel der Studierenden bearbeitete die Aufgabe gar nicht – oder grob überschlägig (4). Die Schwierigkeiten mit der richtigen Winkelfunktion rühren vermutlich daher, dass α und β nicht gegen die -zu bestimmende- Vertikale sondern gegen die Horizontale gegeben waren.

Abbildung 4: Eine mathematische Aufgabe und die Lösungen zweier Studierender dazu

(iii) Mathematische Äquivalente lösen

Zeichnen Sie die Komponenten des Kraftvektors F in den zwei dargestellten Richtungen g_1 und g_2 ein!

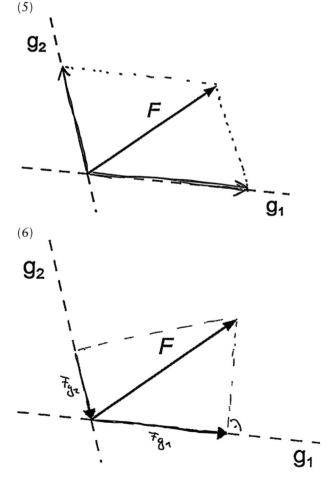

Diese sehr einfache Aufgabe aus dem Anforderungsbereich Mathematik wurde von fast allen Studierenden, denen sie vorgelegt wurde, bearbeitet. Ca. 2/3 der Teilnehmer beantworteten die Frage richtig, wie bei (5) dokumentiert. Das letzte 1/3 bestimmte den Betrag jedoch nicht parallel zur jeweils anderen Komponente sondern rechtwinklig zur zu bestimmenden Komponente, Lösung (6) dokumentiert zusätzlich noch einen Vorzeichenfehler bei F_{g2}. Als mögliche Ursache kann angesehen werden, dass das Zerlegung von Vektoren in Komponenten im Orthogonalsystemen gelernt wurde – wo die Parallelverschiebung und der rechte Winkel zur anderen Koordinate zusammenfallen.

Abbildung 5: Eine Evaluationsaufgabe und die Lösungen zweier Studierender dazu

(iv) Ergebnisse evaluieren

Ein Sportler ist fähig mit seinen Beinen insgesamt eine Kraft von 300 N aufzubingen. Er behauptet das System mit 10 kg Hängemasse so halten zu können, dass das Verbindungsstück AB und damit auch die Kraft F_{AB} horizontal sind ($\theta = 0$), aber die Winkel α und β unverändert bleiben. Alle Rollen und Gelenke sind reibungsfrei.
Kann er das machen, was er behauptet? Begründen Sie Ihre Aussage!
Gegeben: $m = 10\,kg$, $\alpha = 75°$, $\beta = 45°$

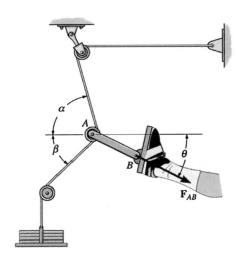

(7)

Nein!

Da masse in
entgegengesetzter Richtung
xx zieht!

(8)

Nein, da die Seile
nur in ihrer Verlaufsrichtung
belastet werden können
wenn also Θ = 0° wäre
müsste sich die Kraft von
300N gleich auf beide
Seilstücke verteilen ⇒
beide hätten einen Winkel
von 60°

Diese Aufgabe wurde nur von ca. der Hälfte der Studierenden bearbeitet, die Antworten „Ja" und „Nein" verteilten sich bei dieser Hälfte etwa pari-pari. Die dokumentierten Antworten zweier Studierender (7), (8) beantworten die Frage zwar mit „Nein" richtig, statt der richtigen Begründung (Horizontal & Winkel halten ist bei beweglichen Rollen nicht möglich), verwechselt die Antwort (7) jedoch Zug- und (mögliche) Schubrichtung und Antwort (8) verkennt, dass horizontaler und vertikaler Abstand der beiden anderen Rollen zu Rolle A nicht identisch sind.

4 Ausblick

Wie exemplarisch für die vier Items des letzten Abschnitts gezeigt, bieten die realen Antworten der Studierenden bei ca. der Hälfte der insgesamt 80 Items ausreichend falsche oder halbrichtige Lösungen, die bei der Umwandlung des Testes in ein multiple choice Format als – für Studierende – plausible Distraktoren Verwendung finden könnten. Inwieweit es sich dabei jeweils um verfestigte Fehlvorstellungen (wie bei der Orientierung am rechten Winkel im Beispiel zu (iii)) oder eher um Verwechslungen bzw. Unsicherheiten (wie bei der Verwendung der falschen trigonometrischen Funktion im Beispiel zu (ii)) handelt, kann hier vorerst dahingestellt bleiben. Wesentlich ist, dass die Fehler über die sieben teilnehmenden Standorte nicht gleichverteilt sind, d. h. es je Standort spezifische Schwächen und Stärken der Studierenden gibt. In der jetzigen summativen Form, ob mit offenen oder mit multiple choice Items, kann das Instrumentarium nur jeweils am Ende des Semesters den Lehrenden einen bilanzierenden Rückblick auf die Leistungsstärke der jeweiligen Kohorte bieten – eine Funktion, die auch von den Klausuren erfüllt wird. Daher sollte in Erwägung gezogen werden, das Instrumentarium in Teilen formativ einzusetzen: Am Ende einer Lehreinheit, beispielsweise zu Freikörperbildern, wird den Studierenden eine Handvoll geschlossener Items wie das aus Beispiel (i) vorgelegt, der Lehrende erhält sofortiges Feedback über eventuelle Fehlvorstellungen oder Wissenslücken und kann ggf. in der folgenden Vorlesung oder dem folgenden Seminar sofort darauf reagieren. Dieses Potenzial lässt sich am Beispiel (iii) einfach explizieren: Tritt der Fehler (6) bei einer Studierendengruppe verstärkt auf, so liegt das, wie skizziert, vermutlich daran, dass die Zerlegung von Vektoren üblicherweise in Orthogonalsystemen gelehrt wird – eine Übung der Zerlegung auch in geradlinigen, nicht-orthogonalen Koordinatensystemen würde den Studierenden vor Augen führen, dass die Parallelverschiebung und der rechte Winkel zur jeweils anderen Achse nur in Orthogonalsystemen zusammenfallen und es ihnen so erleichtern, die Komponenten in Richtung der Achsen eines gegebenen Vektors in beliebigen Koordinatensystemen zu bestimmen.

Literatur

Bremer, R. (2004). Erfassung beruflicher Kompetenzentwicklung und Identitätsbildung im Milieu großindustrieller Berufsausbildung. In: Dehnbostel, P. & Pätzold, G. (Hrsg.), Innovationen und Tendenzen der betrieblichen Bildung. Stuttgart: Franz Steiner Verlag, 252–262.

Bremer, R. (2005). Lernen in Arbeitsprozessen – Kompetenzentwicklung. In: Rauner, F. (Hrsg.). Bielefeld: Handbuch der Berufsbildungsforschung.

Duit, R. (1996). Lernen als Konzeptwechsel im naturwissenschaftlichen Unterricht. In: Duit, R. & v. Rhöneck, C. (Hrsg.), Lernen in den Naturwissenschaften. Kiel: IPN, 145–162.

Duit, R. (2000). Konzeptwechsel und Lernen in den Naturwissenschaften in einem mehrperspektivischen Ansatz. In: Duit, R. & v. Rhöneck, C. (Hrsg.), Ergebnisse fachdidaktischer und psychologischer Lehr-Lern-Forschung. Kiel: IPN, 77–103.

Hartmann, S. (2004). Erklärungsvielfalt. Studien zum Physiklernen, Band 37. Dissertation, Berlin: Logos.

Häußler et al. (1998). Naturwissenschaftsdidaktische Forschung. Perspektiven für die Unterrichtspraxis. Kiel: IPN.

KMK, Sekretariat der Ständigen Konferenz der Kultusminister der Länder in der Bundesrepublik Deutschland (Hrsg.) (2005). Bildungsstandards im Fach Physik für den Mittleren Schulabschluss. München: Luchterhand.

Musekamp, F.; Mehrafza, M.; Heine, J.-H.; Schreiber, B.; Saniter, A.; Spöttl, G. (2013). Formatives Assessment fachlicher Kompetenzen von angehenden Ingenieuren. Validierung eines Kompetenzmodells für die Technische Mechanik im Inhaltsbereich Statik. In: Zlatkin-Troitschanskaia, O.;

Nickolaus, R. & Beck, R. (Hrsg.), Kompetenzmodellierung und Kompetenzmessung bei Studierenden der Wirtschaftswissenschaften und der Ingenieurwissenschaften. Lehrerbildung auf dem Prüfstand, Sonderheft 6. Landau: VEP, 177–193.

Oser, F. & Spychiger, M. (2005). Lernen ist schmerzhaft. Weinheim und Basel: Beltz.

Schecker, H. & Parchmann, I. (2006). Modellierung naturwissenschaftlicher Kompetenz. Kiel: ZfDN, Jg.12, 45–66.

Stavy, R. & Tirosh, D. (2000). How Students (Mis-) Understand Science and Mathematics: Intuitive Rules. New York: Teachers College Press.

Strike, K. A. & Posner, G. (1982). Conceptual change and science teaching. European Journal of Science Education, 4, 231–240.

v. Aufschnaiter, S.; v. Aufschnaiter, C. & Schoster, A. (2000). Zur Dynamik von Bedeutungsentwicklungen unterschiedlicher Schüler(innen) bei der Bearbeitung derselben Physik-Aufgaben. Kiel: Zeitschrift für Didaktik der Naturwissenschaften, Jg. 6, 37–57.

Vosniadou, S. (1999). Conceptual change research: State of the art and future directions. In W. Schnotz, W., Vosniadou, S. & Carretero, M. (Hrsg.), New perspectives on conceptual change. Amsterdam: Elsevier.

Benjamin Anders, Rebecca J. Pinkelman,
Manfred Hampe, Augustin Kelava

Development, assessment, and comparison of social, technical, and general (professional) competencies in a university engineering advanced design project – A case study

Engineering programs serve primarily to develop the theoretical and technical knowledge of students. In the context of these programs, professional "soft" skills (e.g. social and team competencies; ability to approach and evaluate complex design projects) are not explicitly taught nor trained. However, these skills are important for students to be successful, especially in joint project work. The development of appropriate competency models and measurement techniques is needed to determine these competencies and their relationships with each other and to performance. An assessment of an Advanced Design Project (ADP) at the Technical University Darmstadt with mechanical engineering and chemistry students who worked together in groups to solve a defined design task within two weeks was conducted. The results of the ADP study show that social competencies influence group performance. In particular, they affect the acquisition and application of technical knowledge within a group. Groups with members who have better professional skills tend to produce higher quality design work.

Studienprogramme der Ingenieursausbildung dienen primär dazu, das theoretische und technische Wissen der Studierenden zu entwickeln. Im Rahmen dieser Programme werden nicht explizit professionelle „weiche" Fähigkeiten (soziale Kompetenzen; Teamkompetenz; Fähigkeit zur Bewertung komplexer Design-Projekte) gelehrt oder eingeübt. Diese Fähigkeiten sind für die Studierenden jedoch wichtig, um (speziell in gemeinsamer Projektarbeit) erfolgreich zu sein. Die Entwicklung von angemessenen Kompetenzmodellen und Messverfahren ist erforderlich, um diese Kompetenzen und ihre Beziehung untereinander und gegenüber Leistung zu bestimmen. Es wurde eine Untersuchung im Rahmen eines Advanced Design Projects (ADP) an der TU Darmstadt mit Maschinenbau- und Chemie-Studierenden durchgeführt, die gemeinsam auf Gruppenebene eine vorher definierte Konstruktionsaufgabe innerhalb von zwei Wochen bearbeiten sollten. Die Ergebnisse des ADP zeigen, dass soziale Kompetenzen einen Einfluss auf die gezeigte (Gruppen-)Leistung haben. Sie beeinflussen im Speziellen den Erwerb und die Anwendung von Fach-(Konstruktions-)Wissen innerhalb einer Gruppe. Gruppen mit Mitgliedern, die über höhere berufliche, auch „weiche" Qualitäten verfügen, neigen dazu, Konstruktions-(Design-)Resultate mit höherer Qualität zu produzieren.

1 Introduction

As project work is becoming more prevalent in comparison to independent work, in particular in the engineering fields, the need for incoming professionals competent in project and group management skills is increasing. According to a study of the German Association for Project Management (GPM) and the EBS Business School (Gleich et al., 2012), almost 50% of the working week in the area of senior management and top management is spent on project work. In addition, the German Bank Research (2007) has predicted in 2020 a scenario analysis in which the project economy will provide 15% of the value for the whole German economy.

This transition from independent projects to a more project based work environment has led to deficiencies in incoming professionals, therefore there is a need to implement intensive design projects that incorporate technical, social, and professional skills into their curriculum and be able to measure the students' resulting competency. Previous studies have shown a few key problems that have developed in the context of engineering education. Today, engineers need to have strong, field-specific technical knowledge and skills along with project and group management, communication, and teamwork skills as well as being able to perceive social, environmental, and economic concerns in the context of their chosen field. Unfortunately, current assessment of these competencies has not determined if students are indeed competent in these areas (Henshaw, 1991; Lang et al., 1999). Therefore, there is a need for engineering students to acquire and apply social, personal, and team-related competencies in group project work and for the development of new assessments to determine the acquisition of these competencies.

Group project work or collaborative learning describes work in small groups with members supporting each other in the learning process, constructing new knowledge, exchanging knowledge, reflecting on the learning objectives, and applying concepts where the teacher is not the main driving force for learning (Hasselhorn & Gold, 2006). Another aspiration of collaborative learning is to strengthen students' cross-curricular competencies with respect to group work (De Lisi & Golbeck, 1999). Problems can arise in group work due to lack of motivation and cooperation of members. For active, collaborative, and self-directed actions of group members, five characteristics of the group are needed: individual responsibility of the individual, social competencies of group members, positive interdependence of group members, supportive interaction behavior of group members, and reflection on the group work process (Johnson et al., 2007). Johnson & Johnson (1990) emphasized that supportive interaction behavior of group members is imperative. Accordingly, social and professional competencies, along with technical competency, are pre-requisites of the group members for successful group work (Huber, 2008).

Social competence is regarded as a person's potential (Ford, 1985) but does not automatically lead to competent behavior despite its presence (Holling & Kanning, 1999). Goldfried & D'Zurilla (1969) define competency as a behavior that maximizes positive consequences and minimizes the negative ones whereas Holling & Kanning (1999) suggest that competence should be separated from competent behavior arguing that existing competence is no guarantee of competent behavior. The core of socially competent behavior is seen as a compromise between adaptation and assertiveness (Riemann & Allgöwer, 1993).

In the field of engineering, social competency, especially the ability to communicate, is important (Riemer, 2002). Social competencies of individual learners influence social, motivational, and cognitive processes in group work situations, and thus, the success of learning as a result of cooperative learning (Huber, 2008). Social competency in respect to extraversion, locus of control, self-control, and self-confidence correlated positively with level of income and furthering education (Blaschke, 1986), and Kanning (2009) reported positive correlations between self-reported job satisfaction and pro-sociality and self-control. Therefore, social competence is important for professional success.

As a part of social competence, personality variables have an impact on performance with extraverted students scoring higher and were perceived as more active in pursuing knowledge (Dobrick & Hofer, 1991; Steinmayr & Spinath, 2007). Wentzel (1991) reported that social competency of students in regards to pro-sociality, trustworthiness, and interpersonal problem-solving skills was correlated to their success in school. Students with higher social competencies are more able to gain additional resources from their interactions with others, and these competencies promote task-and work-related interactions with others thus increasing their learning and group work success (Jerusalem & Klein-Heßling, 2002).

General or professional competence has been defined as a high level of motivation, use of intelligence to solve problems and make decisions, teamwork, management and leadership of others, communication, planning and management of a project and resources, innovation, and a strategic view of the larger picture of the project (Robinson et al., 2005; Turley & Bieman, 1995). Competency in these professional areas, along with social and technical competencies, have been shown to lead to better engineers and final design projects and has been linked to higher future job performances (Peschges & Reindel, 1998; Turley & Bieman, 1995).

This study is the first attempt to define, measure, and determine competencies of students as they progress through an intensive, two-week design course. The specific aims are fourfold, to develop an assessment method that accurately assess the competency in the areas of social, technical, and professional (will also be referred to as general) skills, to measure these competencies over the course of two weeks, to determine the relationships between the different factors and their relative importance and critical competencies, and to develop a model that can be further applied to future classrooms and project designs.

2 Methodology and Methods

2.1 Composition of students and project design

Sixty-three students were enrolled in a two-week, intensive design course (Advanced Design Project (ADP)) with 9 from Mechanical Engineering at the Technical University of Darmstadt, (TUD), 16 from Chemistry at Provadis University in Frankfurt, and 38 from Chemistry at TUD. Students were broken into 10 groups consisting of 6-7 students from each of the three departments, and each student was assigned a number to identify which group and department they belonged to.

The student groups were tasked with designing a bio-ethanol plant. This was done in cooperation with the company, Südzucker, which provided key data for the design project. Each group was to develop a process structure and to design for a capacity of 50,000 tons of bio-ethanol per year purified for human consumption. Each group also presented their findings to their peers, tutors, professors, and Südzucker at the end of the project.

2.2 Development of the assessments

2.2.1 Definition of competency

Three areas of competency in the ADP course were studied: general, social, and technical. General competency (in the area of professional skills) was further broken down into and defined by three areas: team competency, finding and evaluating variants, and recognizing and solving complex design problems (See Appendix A). Team competency was defined as having the knowledge, skills, and ability to solve complex problems and produce excellent solution(s) within the structure of a team. Finding and evaluating variants was defined as having the ability to discover and design multiple solutions to a given problem and to effectively evaluate those solutions to determine the best solution. The area of recognizing and solving complex design problems was defined as having the ability to see the overall picture of a complex design problem and breaking it into smaller, more manageable parts to solve while keeping the overall problem in view.

For this study, social competence is defined by Ford (1985) as the skills and abilities of people showing a certain characterizing behavior. Competence is more similar to a potential that does not behave the same in every instance, and it is from the observations of behavior across different situations that the competence of a person may be determined. Social competency is also divided into three areas: perceptual-cognitive (e.g. self-attention), motivational-emotional (e.g. emotional stability) and behavioral area (e.g. enforcement capability) as described by Kanning (1999; 2002).

Technical competence was based on the technical-methodological aspect classified by Erpenbeck & Rosenstiel (2003) and subdivided into a simplified tripartite structure of basic, process, and substantiation knowledge (Tenberg, 2011) with an extension to deeper knowledge (see Appendix B). A higher technical competence is required to correctly answer deeper knowledge questions compared to basic knowledge questions.

2.2.2 General competency

Team competency questions were adapted from the Comprehensive Assessment of Team Member Effectiveness (CATME) assessment (Loughry et al., 2007), and self-assesses students' ability to contribute to a group project, communicate well within the group, resolve conflicts, and plan, schedule, and assess the group's progress. Finding and evaluating variants competency was self-evaluated by students to measure their ability to find and evaluate different solutions to their problem(s) and use of criteria to critically evaluate their progress and design. Recognizing and solving complex design problem competency was also self-assessed and measures aptitude in carefully defining the overall problem and sub-problem(s), developing alternative perspectives and solutions, identifying and developing criteria for elimination of infeasible combinations of sub-solutions, and use of networks and flow charts to keep track of design variables and their interrelationships (Appendix A).

2.2.3 Social competency

Social competency was measured using the inventory of social competencies (ISK, Kanning, 2009) and the Ten-Item-Personality-Inventory (TIPI, Gosling, Rentfrow & Swann, 2003; German version: Muck, Hell & Gosling, 2007). The short version of the ISK was determined to be a sufficient measure, and it assesses four second-order factors: social orientation, offensivity, self-control, and reflexibility. The short ISK version contains 33 items. TIPI was used to assess personality variables, includes ten items, and assesses extraversion, conscientiousness, agreeableness, emotional stability, and openness to new experiences.

2.2.4 Technical competency

Assessment of technical competency was determined by the development of questions aimed at testing the students' specific knowledge of the engineering, chemistry, and design of the project. Eighty-two questions were designed to assess the four knowledge levels: basic knowledge, process knowledge, substantiation knowledge, and deeper knowledge (Appendix B).

2.2.5 High school and ADP grades

High school scores in Physics, Chemistry, and Mathematics were self-reported by the students. Final ADP grades based on individual and group efforts were also collected.

2.2.6 Method of assessment

General competency in the areas of team skills, finding and evaluating variants, and recognizing and solving complex design problems was assessed six times over the course of the ADP project. Competency in each area was averaged every day over the questions in each section to calculate the average competency in all three areas each time the assessment was completed. Competency was scored on a 1-5 Likert scale with 5 being strong (strongly agree) and 1 weak (strongly disagree). The distribution of roles in each group was also compared for team competency. High school scores are a reverse scale from 1-5 compared to competency with 1 being the highest score and 5 the lowest score possible.

Social competency and the personality variables were assessed twice, once each week, as both a self- and peer-evaluation of their respective group members. Students assessed two of their group members each week for a total of four for the entire course. In the self-assessment of social competency, a four-point Likert scale was used with points of strongly disagree, slightly disagree, slightly agree, and strongly agree with 4 being strong (strongly agree) and 1 weak (strongly disagree) competency. The peer assessment employed a five point scale with a middle point of neither disagree nor agree due the possibility of unfamiliarity of certain social aspects with a strong competency as 5 (strongly agree) and 1 as weak (strongly disagree). The five-point Likert scale was scaled to match the four-point self-assessment for comparison. The personality variables were collected through self- and peer-assessment using a five-point Likert scale. Paired attributes of personality with the same meaning (based on the Big Five) were given to the participants, which were evaluated using the Likert scale. The scale endpoints were "not at all" and "extremely" with a strong competency as 5 (extremely) and 1 weak (not at all). Consequently, the ten items of the TIPI were assessed over the entire project period.

Technical competency was assessed daily by 10 either engineering or chemistry questions. Two questions from the previous day were asked the next day to help measure an increase in technical knowledge. A total of 100 multiple choice questions were asked over the length of the course with 82 unique questions with only one distinct answer from 3-6 answers.

2.3 Analysis methods

Outliers and normality were determined using box plots, Shapiro's-Wilks test of normality, and studentized residuals. Minor outliers were determined to be normal in the dataset. Homogeneity of variances was determined by Levene's test of homogeneity. Welch's ANOVA was used for a more robust test of equality of means, and Games-Howell post-hoc test determined differences between groups. A mixed ANOVA method (general linear model with repeated measures) and ANCOVA with the initial average high school score as a co-variate was used to compare groups over the length of the course. MANCOVA using the average high school score and the initial competencies (assessed on the first day) was also performed along with linear regression, and correlations (Pearson and Spearman) for data analysis. SPSS version 22 (SPSS IBM, New York, NY) statistical software was used for all statistical measures.

3 Results

In the following sections, the major results of the ADP project course will be compiled and broken into different competency areas followed by the integration and relationship between the areas of general, social, and technical competency.

3.1 Initial group comparison

High school scores for Physics, Chemistry, and Mathematics were self-reported by 43 of the students. These scores were averaged for each student as an average measure of the student's academic achievement and were then compared between groups as an initial assessment of the groups. There was no statistically significant difference between the groups ($F_{(9, 33)} = .890$, $p = .544$ and a partial $\eta 2$ of .195) or between the different departments ($F_{(2, 33)} = .137$, $p = .872$, and a partial $\eta 2$ of .007). The mean of the whole class was $1.73 \pm .89$ (mean ± standard deviation).

3.2 General competency

3.2.1 Team competency

There were no statistical significant differences between the assessments of the students' competency in team skills from the beginning of the course compared over the two-week length of the design project ($F_{(9, 28)} = .343$, $p = .886$, and a partial $\eta 2$ of .12). In general, the students assessed had an above average (greater than three) team competency over the duration of the course with a value of 3.914 ± .045 (mean ± standard deviation). There were slight differences between groups. Groups 1, 7, and 10 typically had the highest competency in team skills. Between the departments (Mechanical Engineering (TUD), Chemistry (TUD), and Chemistry (Provadis)) there was not a statistical significant difference in team competency over the length of the course or between the departments (F (2, 35) = .676, p = .642, and a partial η2 of .019). Distribution of group roles among leader, secretary, specialist, and mediator was also self-reported by the students. Most groups typically had at least one member perform each role with multiple members as specialists and members as was expected. Groups 2 and 5 reported multiple leaders several times over the length of the ADP course whereas the other groups reported only one.

3.2.2 Finding and evaluating variants

There were no statistically significant differences between assessments completed over the length of the course for the area of competency for finding and evaluating variants between groups (F (9, 28) = .779, p = .567, and a partial η2 of .031) and departments (F (2, 35) = .474, p = .795, and a partial η2 of .015). Average competency was 3.510 ± .054. There was a small difference between groups with groups 7 and 10 having a higher competency and 1, lower. There was a difference between the TUD and Provadis Chemistry departments with TUD typically scoring higher.

3.2.3 Recognizing and solving complex design problems

Similar to competency in team skills and in finding and evaluating variants, there was no statistically significant difference in competency in recognizing and solving complex design problems over the duration of the two-week course (groups: F (9, 28) = 2.121, p = .66, and a partial η2 of .070 and departments: F (2, 35) = 1.334, p = .252, and a partial η2 of .037). The average competency of the class was 3.405 ± .082. Interestingly, the average for the last question measuring the use of networks and flow charts to keep track of design variables and their relationships was 1.247 ± .007. As for the previous two areas of competence, groups 7 and 10 typically had a higher competence and group 1, lower. Among the three departments, Chemistry (TUD) had a higher overall competence than Mechanical Engineering (TUD) and Chemistry (Provadis) except for the last question where competencies were similar.

3.2.4 Overall Competency

Overall competency by group and department over the entire two-week course is shown by Figure 1. Group 7 has the highest competency in all three areas whereas group 2 has the lowest. The three departments have similar competencies in all three areas. Most groups report a higher than average competency in all three areas (greater than 3) except for in recognizing and solving complex design problems in groups 2 and 5. There was no significant difference in final grades between either the ten groups or the three departments. Groups 1, 6, 7, and 8 had the best scores (1-5 scale with 1 being the best score the student can receive) whereas groups 2, 4, 5, and 10 had the lowest scores. There was also no correlation seen between the overall competencies and final grades of the groups (team: Spearman's $\rho = .010$, $p = .938$; finding and evaluating variants: Spearman's $\rho = -.056$, $p = .682$; and recognizing and solving complex problems: Spearman's $\rho = .161$, $p = .220$). Interestingly, competence in team skills and finding and evaluating variants was positively correlated with a Spearman's $\rho = .436$ and $p = .001$. Using MANCOVA to determine differences between the final competencies and grade at the end of the course between the groups with the average high school scores as a covariate, there was a slightly significant result between groups with the covariate having little impact on general competencies and final grade ($F (9, 33) = 1.415$, $p = .083$, and partial $\eta 2$ of .285 and effect of high school average grade covariate: $F (9, 33) = 1.867$, $p = .143$). The initial competencies (day 1 assessments) in team skills and recognizing and solving complex problems had an effect on the final competencies and grades as covariates (high school average score: $F (9, 3) = 1.035$, $p = .411$; initial team competency: $F (9,33) = 3.218$, $p = .032$; initial finding and evaluating variants competency: $F (9, 33) = .168$, $p = .377$; and recognizing and solving complex problems: $F (9, 33) = .316$, $p = .069$) and there was a significant effect between groups ($F (9, 33) = 1.653$, $p = .027$, and partial $\eta 2$ of .373). Groups 7 and 8 had the highest final grade and highest competencies whereas Groups 4 and 5 had lower grades and lower competencies. There was no statistically significant results between the department's final competencies and grades with either set of covariates (high school average score covariate: $F (2, 40) = 1.456$, $p = .151$, and partial $\eta 2$ of .144 and effect of high school average score covariate: $F (2, 40) = 2.306$, $p = .077$; initial competencies and high school average score covariates: $F (2, 40) = 1.192$, $p = .319$, and partial $\eta 2$ of .137 and effect of high school average score covariate: $F (2, 40) = .902$, $p = 0.467$, effect of initial team competency covariate: $F (2, 40) = 2.472$, $p = .068$; effect of initial finding and evaluating variants competency covariate: $F (2, 40) = 1.782$, $p = .160$; and effect of recognizing and solving complex problems competency covariate: $F (2, 40) = 3.685$, $p = .015$).

Figure 1: Comparison of overall general competency over the entire course between groups and departments.

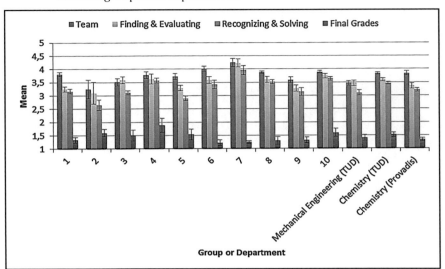

3.3 Social competency

The number of correctly answered engineering questions was significantly correlated with the self-assessment of extraversion (TIPI; r = -.287, p = .045), the peer-assessment of offensivity (ISK; r = .402, p = .023) and the peer-assessment of conscientiousness (TIPI; r = .467, p = .007). Surprisingly, no significant correlation of the ADP final grade with the other assessed variables was found. The highest correlations of the ADP final grade were with the peer-assessment of reflexibility (ISK; r = -.343, p = .118) and the self-assessment of social orientation (ISK; r = .340, p = .121). In addition, correlations of the self- and peer-assessed variables were determined and should be a verification of the assessed social competencies and personality variables. Significant correlations were found between the self- and peer-assessments of offensivity (ISK; r = .540, p = .001; Figure 2) and extraversion (TIPI; r = .572, p = .001; Figure 3). The only significant correlation between social competencies and one of the collected high school grades was seen between the Physics grade and the peer-assessment of conscientiousness (TIPI; r = -.487, p = .034). These data suggest that better and thus smaller grades (especially in Physics) are associated with a high value in conscientiousness from the peer-assessment.

When calculating possible significant differences in any of the four secondary factors of the social competencies between the two weeks, no significant results were found. Also, no significant results were found between the first and second week in the assessment of the five personality variables. Openness to new experiences (p = .118) and conscientiousness (p = .152) and had the lowest p-values.

Figure 2: Comparison of social competencies between self- and peer-assessments

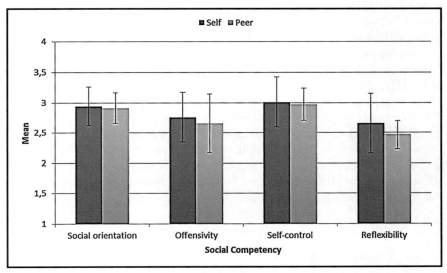

Figure 3: Comparison of personality variables between self- and peer-assessment

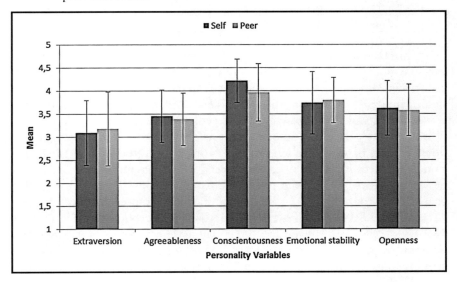

3.4 Technical competency

A linear regression (stepwise) of the target variable (number of correct answers to the ADP engineering questions) leads to five models. Each of the five regression models was significant regarding the suitability of contribution to the target variable (M1: $R2 = .262$, $p = .030$; M2: $R2 = .472$, $p = .008$; M3: $R2 = .653$, $p = .002$; M4: $R2 = .795$, $p = .000$; M5: $R2 = .880$, $p = .000$). It should be emphasized that in order to predict the number of correct answers to the ADP engineering questions, both social competencies (ISK) and personality variables (TIPI) were predictive. The order of the variables included by models 1-5 was: conscientiousness (TIPI, self-assessment), agreeableness (TIPI, self-assessment), self-control (ISK, self-assessment), extraversion (TIPI, peer-assessment) and the Chemistry grade from high school (Table 1). The Chemistry grade is a good predictor in this case study due to the emphasis on chemistry in the project and engineering questions. For the other variables included in the regression model (e.g. mean scores of high school grades in Mathematics, Physics, and Chemistry as well as the individual high school grades in Mathematics and Physics), no significant contributions to the elucidation of the target variable could be detected.

Table 1: Standardized beta-coefficients of the regression model

Regression variables	Standardized beta-coefficients
Conscientiousness (self-assessment)	.836
Agreeableness (self-assessment)	-.652
Self-control (self-assessment)	.467
Extraversion (peer-assessment)	-.361
Chemistry high school grade	.314

In addition, a hierarchical regression (stepwise) was calculated for the target variable, number of correct answers to the ADP engineering questions, with group membership as the control variable group. The regression model was significant ($F (1, 28) = 6.992$, $p = .013$, $R2 = .200$), and the only variable that was included was the peer-assessment of conscientiousness (TIPI).

Data showed that the number of correct answers to the engineering questions differed between the ten groups. A one-way ANOVA showed significant differences in the number of correctly answered engineering questions between at least two of the ten participating groups ($F (9, 41) = 2.420$, $p = .026$). Groups 1 and 2 differed significantly from each other (mean = 71.14 and 49.80, respectively, $p = .003$) as well as groups 1 and 9 (mean = 71.14 and 50.80, respectively, $p = .004$). There were no significant differences between groups 3 and 5 (mean = 61.00 and 60.50, respectively, $p = .946$) and groups 7 and 10 (mean = 71.50 and 70.33, respectively, $p = .901$). However, there was also no significant correlation between the number of correct answers to the engineering questions and the final grade (r = .188, p = .143; Figure 4). The correlation between the number of correct answers to the engineering questions and the average of the high school scores showed no significant results (r = -.120, p = .455; Figure 4). However, the group with the best high school score had the least number of correct engineering questions.

Figure 4: Comparison of correctly answered engineering questions and final grades and average high school score

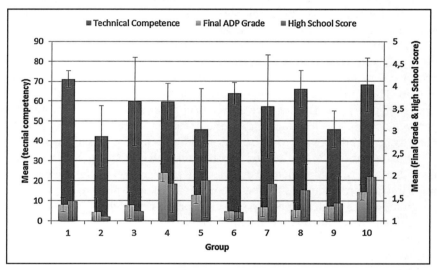

3.5 Integration of social, technical, and general (professional) competencies

Using regression and correlation models, there is a relationship between social competency and team competency (model $F(18, 11) = 2.508$, $p = .061$, $R2 = .804$, and adjusted $R2 = .483$). The model is significant for self-assessed reflexibility (standardized coefficient = .483 p = .035), self-assessed agreeableness (standardized coefficient = -.850 p = .005), self-assessed conscientiousness (standardized coefficient = .858 p = .001), peer-assessed social orientation (standardized coefficient = -.875 p = .010), peer-assessed offensivity (standardized coefficient = -1.351 p = .003), peer-assessed reflexibility (standardized coefficient = .523 p = .043), and peer-assessed extraversion (standardized coefficient = .796 p = .041). There was no statistically significant relationship between social competency and finding and evaluating variants (model $F(18, 8) = 1.098$, $p = .471$, $R2 = .712$, and adjusted $R2 = .063$) and recognizing and solving complex problems (model $F(18, 11) = .692$, p = .764, R2 = .531, and adjusted R2 = -.236). There was also no correlation between technical and the general competencies (team: Spearman's ρ = .101, p = .442; finding and evaluating variants: Spearman's ρ = .066, p = .630; and recognizing and solving complex problems: Spearman's ρ = .071, p = .588).

4 Discussion

On average, groups 7, 8, and 10 had higher competencies in the general (professional) competencies of team skills, finding and evaluating variants, and recognizing and solving complex design problems and a higher final grade in the ADP course compared to other groups, in particular, groups 2, 4, and 5 which typically had lower competencies and a lower final grade. Groups 2 and 5 also reported more than one leader compared to the other groups, as mentioned previously, thus a factor in the lower general competencies. These results link the higher professional competencies with a better final design project. The positive correlation of social competency and team competency is expected due to the inherent social nature of teams and the need to be socially aware to be able to function effectively as a team.

As stated above in the results section, the calculated regression models provided significant predictor variables for predicting a good performance in technical competency. The social competencies and personality variables predominated as determined by self- and peer-assessment. These predictor variables were supplemented by the Chemistry high school score. Thus, it can be concluded from the data that the "soft" competencies had a strong impact on the performance of individual students' technical competency.

This leads to the further conclusion that social competencies and personality variables make a significant contribution to the acquisition of knowledge, and more specifically in the application of knowledge (Huber, 2008). These findings also lead to the consideration of the integration of social competencies and personality variables into the study plan. It should be noted that students at the beginning of their study usually have a nearly completed primary and secondary socialization (Hurrelmann, 2002), which makes an impact on the formation of these personal variables difficult, but during the tertiary phase some changes may be possible.

Accordingly, an approach with the social competencies can contribute to group success (Johnson & Johnson, 1990). These competence facets are usually learned on the basis of example situations or can be encouraged through these. At an early stage of the school or study education, an accurate training of social skills should be promoted. An adequate education in social competencies through school education cannot be assumed. Especially when considering future competitiveness of German engineering, social and professional competencies should be taken into account, not just technical competencies, to achieve an excellent standard. These competencies for the application of technical knowledge should be strengthened.

As no change (either increase or decrease) was seen in competency (in all areas of social and general competencies) over the two-week course and there was no correlation between technical competency and the final grade as hypothesized, further development of the assessment method is needed. It has previously been shown that student's self-assessment does not directly correlate to their actual understanding of given material and competence in that subject with students scoring themselves higher than their work warranted (Furmanski et al., 2006; Ward et al., 2002). External assessment such as peer and teacher assessments may be used to verify self-reported competency by students. Rewriting assessment questions with more explicit wording in line with the higher levels of Bloom's taxonomy (Bloom, 1956) and explicitly defining and calibrating the scale may lead to better understanding and self-assessment by students. (Ward et al., 2002). The duration of the course (two weeks) may have been too short to initiate and find significant changes in competencies. There may have been significant changes among individual student in the aspects of social and general competencies along with the personality variables, but these changes could not be detected at the group or overall level of the sample. Consequently, for future data assessments in similar projects, a longer project period should be sought or projects should be selected that provide a longer project time. Also, it may have been possible that more time was spent working independently instead of as a group by the students, thus the development of social competencies and their own and others' perception of social and professional competencies and personality variables was restricted. Questions measuring the technical competency of students need to be more closely aligned with the criteria for the final grade as assessed by the instructors and tutors to produce a better predictive model for the final grade of the various groups and individual students.

5 Conclusions

In conclusion, it is important for the preparation of future generations of engineers, especially in their daily work, to promote social competencies and related learning integration into existing engineering study projects. The theory outlined in the above sections and personal interviews with academic staff of Mechanical Engineering, as well as results of interviews with engineering experts (personal communication, 2013), suggest that social competencies and the expression of personality variables are factors in the success of an engineer and should not be underestimated. Therefore, our aim is to encourage offering of courses (new or existing) to improve and develop social and professional competencies and personality variables while participating in a study project (Green & Green, 2005; Brüning & Saum, 2006; Huber, 2008). These may enable the awareness of interaction within a group, the reflection of own actions, and the detection of possible strengths or deficits by students.

As earlier learning and raising awareness of the need for these competencies would also lead to more sustainable learning in upcoming projects, potentially enhance group interaction, and thus, significantly increase the project success (Rose-Krasnor, 1997; Schmidt-Denter, 1999; Kanning, 2003). For example, in the Mechanical Engineering department at TUD, a first semester course, EMB (Introduction to Mechanical Engineering), is required that helps students learn and further develop their competencies in these areas and thus allowing students to apply and refine their gained knowledge through the rest of their studies, projects, and careers.

Bibliography

Blaschke, D. (1986). Mitteilungen aus der Arbeitsmarkt- und Berufsforschung. Stuttgart: Kohlhammer.

Bloom, B. S. (1956). Taxonomy of educational objectives: The classification of education goals: Handbook I. Cognitive Domain. New York, Toronto: Longmains, Green.

Brüning, L.; Saum, T. (2006). Erfolgreich unterrichten durch Kooperatives Lernen. Strategien zur Schüleraktivierung. Essen: NDS-Verlag.

De Lisi, R.; Golbeck, S. L. (1999). Implications of Piagetian theory for peer learning. In A. M. O'Donnell & A. King (Eds.), Cognitive perspectives on peer learning. Mahwah, NJ: Lawrence Erlbaum, pp. 3–37.

Deutsche (German) Bank Research. (2007). Deutschland Im Jahr 2020, Neue Herausforderungen für ein Land auf Expedition.: Retrieved from http://www.dbresearch.de/PROD/DBR_INTERNET_DE-PROD/PROD 0000000000209595.pdf

Dobrick, M.; Hofer, M. (1991). Aktion und Reaktion. Die Beachtung des Schülers im Handeln des Lehrers. Göttingen: Hogrefe.

Erpenbeck, J.; von Rosenstiel, L. (2007). Einführung. In Erpenbeck, J., von Rosenstiel, L. (Eds.), Handbuch Kompetenzmessung. Erkennen, verstehen und bewerten von Kompetenzen in der betrieblichen, pädagogischen und psychologischen Praxis. Stuttgart: Schaeffer-Poeschel, pp. XVII-XXVI.

Ford, M. E. (1985). The concept of competence: Themes and variations. In H. A. Marlowe & R. B. Weinberg (Eds.), Competence development. Springfield: Thomas Publishers, pp. 3–49.

Furmanski, J.; Kane, S. R.; Gupta, S.; Pruitt, L. A. (2006). Work in progress: Problem-based learning and assessment of competence in an engineering biomaterials course. In: ASEE/IEEE Frontiers in Education Conference.

Gleich, R., Wagner, R., Wald, A., Schneider, C., & Görner, A. (2012). Studie: Mit Projekten Unternehmen erfolgreich führen: Ergebnisbericht. Knowhow. Nürnberg: GPM.

Goldfried, M. R.; D'Zurilla, T. J. (1969). A behavioral-analytic model for assessing competence. In C. D. Spielberger (ed.), Current topics in clinical and community psychology, Vol. 1. New York: Academic Press, pp. 151–196.

Gosling, S. D.; Rentfrow, P. J.; Swann, W. B., Jr. (2003). A Very Brief Measure of the Big Five Personality Domains. In: Journal of Research in Personality, 37, 504–528.

Green, N.; Green, K. (2005). Kooperatives Lernen im Klassenraum und im Kollegium. Das Trainingsbuch. Seelze-Velber: Kallmeyer.

Hasselhorn, M.; Gold, A. (2006). Pädagogische Psychologie. Erfolgreiches Lernen und Lehren. Stuttgart: Kohlhammer.

Henshaw, R. (1991). Desirable attributes for professional engineers. In Agnew, J. B. & Creswell, C. (Eds.) Broadening Horizons of Engineering Education, 3rd Annual Conference of Australasian Association for Engineering Education. 15–18 December, 1991.University of Adelaide, pp. 199–204.

Holling, H.; Kanning, U. P. (1999). Hochbegabung: Forschungsergebnisse und Fördermöglichkeiten. Göttingen: Hogrefe.

Huber, A. A. (2008). Kooperatives und kollaboratives Lernen in der Schule. In J. Zumbach & H. Mandl (Eds.), Pädagogische Psychologie in Theorie und Praxis. Ein fallbasiertes Lehrbuch. Göttingen: Hogrefe, pp. 311–321.

Hurrelmann, K. (2002). Einführung in die Sozialisationsforschung. Weinheim: Beltz.

Jerusalem, M.; Klein-Heßling, J. (2002). Soziale Kompetenzen – Entwicklungstrends und Förderung in der Schule. In: Zeitschrift für Psychologie, 210, 164–174.

Johnson, D. W.; Johnson, R. T.; Smith K. A. (2007). The state of cooperative learning in postsecondary and professional settings. In: Educational Psychology Review, 19:15-29.

Johnson, D. W.; Johnson, R. T. (1990). Social skills for successful group work. In: Educational Leadership, 47:29-33.

Kanning, U. P. (1999). Die Psychologie der Personenbeurteilung. Göttingen: Hogrefe.

Kanning, U. P. (2002). Soziale Kompetenzen von Polizeibeamten. In: Polizei und Wissenschaft, 3:18-30.

Kanning, U. P. (2003). Diagnostik sozialer Kompetenzen. Göttingen: Hogrefe.

Kanning, U. P. (2009). Inventar Sozialer Kompetenzen (ISK). Göttingen: Hogrefe.

Lang, J. D.; Cruise, S.; McVey, F. D.; McMasters, J. (1999). Industry expectations of new engineers: A survey to assist curriculum designers. In: Journal of Engineering Education, 88(1), 43–51.

Loughry, M. L.; Ohland, M. W.; Moore, D. D. (2007). Development of a theory-based assessment of team member effectiveness. In: Educational and Psychological Measurement, 67, 505.

Muck, P. M.; Hell, B.; Gosling, S. D. (2007). Construct validation of a short Five-Factor Model instrument: A self-peer study on the German adaptation of the Ten-item Personality Inventory (TIPI-G). In: European Journal of Personality Assessment, 23(3), 166–175.

Peschges, K.-J.; Reindel, E. (1998). Project-oriented engineering education to improve key Competencies. In: Global Journal of Engineering Education, 2(2), 181–186.

Riemann, R.; Allgöwer, A. (1993). Eine deutschsprachige Fassung des "Interpersonal Competence Questionnaire" (ICQ). In: Zeitschrift für Differentielle und Diagnostische Psychologie, 14, 153–163.

Riemer, M. J. (2002). English and communication skills for the global engineer. In: Global Journal of Engineering Education, 6(1), 91–100.

Robinson, M. A.; Sparrow, P. R.; Clegg, C.; Birdi, K. (2005). Design engineering competencies: future requirements and predicted changes in the forthcoming decade. In: Design Studies, 25:123-153.

Rose-Krasnor, L. (1997). The nature of social competence: A theoretical review. In: Journal of Educational Psychology, 95, 240–257.

Schmidt-Denter, U. (1999). Soziale Kompetenz. In Ch. Perleth & A. Ziegler (Eds.), Pädagogische Psychologie. Grundlagen und Anwendungsfelder. Bern: Huber, pp. 123–132.

Steinmayr, R.; Spinath, B. (2007). Predicting school achievement from motivation and personality. In: Zeitschrift für Pädagogische Psychologie, 21, 207–216.

Tenberg, R. (2011). Vermittlung fachlicher und überfachlicher Kompetenzen in technischen Berufen. Theorie und Praxis der Technikdidaktik. Stuttgart: Steiner.

Turley, R. T.; Bieman, J. M. (1995). Competencies of exceptional and nonexceptional software engineers. In: Journal of Systems and Software, 28(1), 19–38.

Ward, M.; Gruppen, L.; Regehr, G. (2002). Measuring self-assessment: Current state of the art. In: Advances in Health Sciences Education, 7, 63–80.

Wentzel, K. R. (1991). Relations between social competence and academic achievement in early adolescence. In: Child Development, 62, 1066–1078.

Appendix-Developed Assessments

A. Assessment of general (professional) competencies.

Team Competency
1. Which of the following team roles did you participate in?
   a. Group leader
   b. Recorder/secretary
   c. Specialist
   d. Member
   e. Mediator

   Scale: Rank on a scale of 1-5 (1-strongly disagree, 2-disagree, 3-neither disagree nor agree, 4-agree, 5-strongly agree)
2. Do you have the knowledge, skills, and abilities to contribute quality work to the team project in a timely manner
3. Does your team collectively have the knowledge, skills, and abilities to produce an excellent solution in a timely manner
4. Able to effectively and efficiently communicate your needs/wants/desires/advice/information in a timely member to/with other team members
5. Able to mediate and resolve conflicts with team members
6. Help the team plan and schedule its work and progress
7. Periodically assess whether the team's progress was as expected

Finding and Evaluating Variants
1. When evaluating different solutions for your problem, do you consider what criteria will be used to choose between the various solutions.
   Scale: Rank 1-5 (1-not at all; 2-rarely; 3-some times; 4-often; 5-very often)
2. Variants are evaluated as they are thought of.
   Scale: Rank 1-5 (1-not at all; 2-rarely; 3-some times; 4-often; 5-very often)
3. Did you find and evaluate different solutions for your problem? (yes/no)
   a. If yes, how many?

Recognizing and Solving Complex Design Problems
Scale: Rank 1-5 (1-not at all; 2-rarely; 3-some times; 4-often; 5-very often)
1. To avoid asking the wrong question, care was taken to define each problem carefully before attempting to solve it.

Assessment of social, technical, and general competencies 237

> 2. Did you look at the problems from alternate perspectives and generate multiple solutions.
> 3. Once a solution has been chosen, a plan was developed to implement the solution and perform it correctly and to completion
> 4. How often did you break complex problem into more manageable sub-problems, then work through sub-problems one by one until complete design problem is solved?
> 5. Did you identify tasks, major decisions, and their interconnections as a basis for elimination of infeasible combinations of sub-solutions and for evaluation of the remainder?
> 6. Did you use networks and flow charts to keep track of design variables and relationships between them?

B. **Assessment of technical competence (examples of each level of knowledge)**

I. **Basic knowledge**
   1. What are the main products in the fermentation of glucose?
   2. What is the average on-stream time in the chemical industry?
   3. What is the most common yeast strain for glucose fermentation?
   4. What is the meaning of the acronym MAK?
   5. What is the so-called pinch temperature?

II. **Process knowledge**
   1. In what order does the project progress of a plant increase?
   2. By what process can higher alkanes be obtained from synthesis gas?
   3. How can you recognize the setting of a stationary state during a kinetic simulation?
   4. What is important for a homogeneously catalyzed reaction?
   5. What is recorded in function diagrams?

III. **Substantiation knowledge**
   1. What happens if at the beginning of the fermentation very high sugar concentrations are used?
   2. What condition must be met that a system of equations is solvable?
   3. In what way is it possible to link the streams of two units in a mass balance matrix?
   4. How can you increase the energy efficiency of the separation unit?
   5. What is the course of the condensation line from a T-enthalpy diagram?

IV. **Deeper knowledge**
   1. What is the composition of the water/ethanol azeotrope?
   2. Which of the following product is the main by-product of the ethanol production from glucose?

3. How can you minimize the ethanol loss in the system?
4. What is the advantage of using soil columns compared to packed columns?
5. What is the selectivity of the glucose to ethanol conversion?

Autorinnen und Autoren / Authors

Albers, Albert
o. Prof. Dr.-Ing. Dr. h. c., Leiter des IPEK – Institut für Produktentwicklung des Karlsruher Instituts für Technologie (KIT).
Arbeitsschwerpunkte: Berufliche Anforderungen an Ingenieure; Lehrkonzepte für den Maschinenbau; Maschinenkonstruktion und Produktentwicklung; Produktentstehungsprozesse.

Anders, Benjamin
Dipl.-Psych., wissenschaftlicher Mitarbeiter am Hector-Institut für Empirische Bildungsforschung der Universität Tübingen.
Arbeitsschwerpunkte: Kompetenzdiagnostik und -modellierung; Diagnose sozialer Kompetenzen und kognitiver Leistung; Multidimensionale Item-Response-Modelle.

Behrendt, Stefan
B.Eng. M.Sc., Akademischer Mitarbeiter in der Abteilung Berufs-, Wirtschafts- und Technikpädagogik (BWT) am Institut für Erziehungswissenschaft (IfE) der Universität Stuttgart.
Arbeitsschwerpunkte: Kompetenzmodellierung und -messung in Ingenieurstudiengängen.

Breitschuh, Jan
Dipl.-Ing., Akademischer Mitarbeiter am IPEK – Institut für Produktentwicklung des Karlsruher Instituts für Technologie (KIT).
Arbeitsschwerpunkte: Effiziente Kompetenzdiagnostik in der Maschinenkon-struktionslehre und der Produktentwicklung; Fachdidaktik im Maschinenbau.

Brückner, Sebastian
Dipl.-Hdl., wissenschaftlicher Mitarbeiter des Lehrstuhls für Wirtschaftspädagogik von Prof. Olga Zlatkin-Troitschanskaia an der Johannes Gutenberg-Universität Mainz.
Arbeitsschwerpunkte: Empirische nationale und internationale Berufsbildungs- und Hochschulforschung.

Dammann, Elmar
Dipl.-Gwl. Dipl.-Ing. (FH), Akademischer Mitarbeiter in der Abteilung Berufs-, Wirtschafts- und Technikpädagogik (BWT) am Institut für Erziehungswissenschaft (IfE) der Universität Stuttgart.

Arbeitsschwerpunkte: Kompetenzmodellierung und -messung in Ingenieurstudiengängen.

Förster, Manuel
Jun.-Prof. Dr. rer. pol., Dipl.-Hdl., Juniorprofessor für Wirtschaftspädagogik an der Johannes Gutenberg-Universität Mainz.
Arbeitsschwerpunkte: Empirische nationale und internationale Hochschulforschung, Kompetenzen in den Wirtschaftswissenschaften; Implementation von Reformen im Berufsbildungssystem.

Hampe, Manfred J.
Prof. Dr.-Ing., Dipl.-Ing., Dipl.-Chem., Leiter des Fachgebiets Thermische Verfahrenstechnik am Fachbereich für Maschinenbau der Technischen Universität Darmstadt.
Arbeitsschwerpunkte: Stoffübertragung an fluiden Phasengrenzen; Flüssig-flüssig-Extraktion; Diffusion; Trocknung; Adsorption; Mikroplant-Technik; Geschichte der Verfahrenstechnik.

Heinze, Aiso
Prof. Dr. rer. nat., Direktor der Abteilung Didaktik der Mathematik am Leibniz-Institut für die Pädagogik der Naturwissenschaften und Mathematik (IPN) und Professor für Didaktik der Mathematik an der Christian-Albrechts-Universität zu Kiel.
Arbeitsschwerpunkte: Bedingungsfaktoren des Lehrens und Lernens von Mathematik in Kindergarten, Schule und Hochschule, Lernen aus Fehlern im Mathematikunterricht, Kompetenzentwicklung bei Grundschulkindern zur adaptiven Anwendung von Rechenstrategien, Lehrerprofessionsforschung.

Kelava, Augustin
Prof. Dr. phil. nat., Dipl.-Psych., Professor für Empirische Bildungsforschung am Hector-Institut für Empirische Bildungsforschung der Universität Tübingen.
Arbeitsschwerpunkte: Quantitative Forschungsmethoden; Nichtlineare latente Variablenmodellierung; Semi- und Nichtparametrische Verfahren; Kompetenzmodellierung bei Studierenden der Ingenieurwissenschaften; Kohärenz psychophysiologischer Signale bei der Emotionsregulation.

Mehrafza, Mostafa
Dr.-Ing., Akademischer Rat im Fachgebiet Technische Mechanik, Strukturmechanik c/o Bremer Institut für Mechanical Engineering (bime) an der Universität Bremen.

Arbeitsschwerpunkte: Lehre der Technischen Mechanik, Modellierung von Materialverhalten, Simulation des (thermo)mechanischen Verhaltens metallischer Werkstoffe mittels Finite Elemente Methode, Kompetenzmodellierung und -messung in der Technischen Mechanik, Didaktik der MINT-Fächer an der Hochschule (für ausländische Bewerber).

Musekamp, Frank
Dr. phil., MBA, Wissenschaftlicher Mitarbeiter der Abteilung Arbeitsprozesse und Berufliche Bildung am Institut Technik und Bildung (ITB) der Universität Bremen.
Arbeitsschwerpunkte: Kompetenzmodellierung und -messung in technischen Domänen; (Hochschul-)Didaktik; Evaluation von Ausbildungsberufen; Geschichte und Gestaltung der beruflichen Bildung; Berufsorientierung von Jugendlichen und jungen Erwachsenen; Forschung im Kfz-Service.

Nickolaus, Reinhold
Prof. Dr. phil., Direktor der Abteilung Berufs-, Wirtschafts- und Technikpädagogik (BWT) am Institut für Erziehungswissenschaft (IfE) der Universität Stuttgart und Leiter der Gemeinsamen Kommission für die Lehramtsstudiengänge (GKL).
Arbeitsschwerpunkte: Lehr-Lernforschung im Bereich gewerblich-technischer Berufsbildung, Nachhaltigkeit und Berufsbildung, Transfereffekte von Modellversuchen, Lehrerausbildung, Kompetenzmodellierung und Kompetenzentwicklung in der akademischen und nichtakademischen Berufsausbildung.

Pearce, Jacob
BA(Hons), BSc., Research Fellow in the Assessment & Reporting and Higher Education Research Divisions at the Australian Council for Educational Research (ACER).
Key activities: Assessment quality; Learning outcomes assessment; Collaborative assessment; Assessment frameworks; Aptitude tests; Higher education; Educational Improvement; Medical student selection.

Pinkelman, Rebecca
Dr.-Ing, M.Sc., Post-Doktorand im Fachgebiet Thermische Verfahrenstechnik am Fachbereich für Maschinenbau der Technischen Universität Darmstadt.
Arbeitsschwerpunkte: Analyse von technischen und professionellen Kompetenzen von Maschinenbau-Studierenden in Design-Projekten und Analyse eines Chemie-Kurses für Maschinenbau-Studierenden anhand der Entwicklung von Bewertungsmethoden und Anwendung dieser Methoden.

Andreas Saniter,
Dr. rer. nat., Dipl. Phys., Wissenschaftlicher Mitarbeiter der Abteilung „Internationale Berufsbildung, Innovation und Industriekultur" am Institut Technik und Bildung (ITB) der Universität Bremen.
Arbeitsschwerpunkte: Prüfungen zwischen qualitativer Evaluation und Kompetenzmessung; Technikdidaktik; Evaluation und Gestaltung von Ausbildungsberufen; Berufsorientierung von sozial benachteiligten Jugendlichen; Entwicklung des arbeitsprozessorientierten Lernens in anderen europäischen Länder, Lehre in der Technikdidaktik und Mathematik.

Schaper, Niclas
Prof. Dr. rer.pol., Lehrstuhl für Arbeits- und Organisationspsychologie an der Universität Paderborn, stellvertr. Leiter der Stabsstelle für Bildungsinnovationen und Hochschuldidaktik.
Arbeitsschwerpunkte: Kompetenzmodellierung und -messung, Kompetenzorientierung in Studium und Lehre, Weiterbildungsverhalten und -motivation, Anforderungs- und Weiterbildungsbedarfsanalysen, Usability und Akzeptanz bei intelligenten technischen Systemen, Mitarbeiterbindung.

Schlömer, Britta
Dipl.-Ing., B. Sc., M. Ed., Wissenschaftliche Mitarbeiterin der Abteilung Arbeitsprozesse und Berufliche Bildung am Institut Technik und Bildung (ITB) der Universität Bremen.
Arbeitsschwerpunkte: Kompetenzmodellierung und -diagnostik in technischen Domänen; Fachdidaktik der beruflichen Fachrichtung Metalltechnik.

Ştefănică, Florina
Dipl.-Ing., M.Sc., Wissenschaftliche Mitarbeiterin in der Abteilung Berufs-, Wirtschafts- und Technikpädagogik (BWT) am Institut für Erziehungswissenschaft (IfE) der Universität Stuttgart.
Arbeitsschwerpunkte: Kompetenzmodellierung und -messung mathematischer Kompetenzen in Lehramts- und Ingenieurstudiengängen.

Spöttl, Georg
Prof. Dr. phil., Dr. h. c., Dipl.-Ing, M.A., Leiter der Abteilung Arbeitsprozesse und berufliche Bildung am Institut Technik und Bildung (ITB) der Universität Bremen.
Arbeitsschwerpunkte: Didaktik der Metalltechnik; Internationale Berufsbildung; Berufswissenschaftliche Forschung in Aus- und Weiterbildung; Arbeitsprozessforschung; Curriculumentwicklung; Lehr- und Lernprozesse; Forschung im Kfz-Service.

Zlatkin-Troitschanskaia, Olga
Prof. Dr. phil. habil., Inhaberin des Lehrstuhls für Wirtschaftspädagogik an der Johannes Gutenberg-Universität Mainz und Koordinatorin des Forschungsprogramms zur Kompetenzmodellierung und Kompetenzerfassung im Hochschulsektor (KoKoHs).
Arbeitsschwerpunkte: Empirische nationale und internationale Berufsbildungs- und Hochschulforschung, Kompetenzforschung.

Berufliche Bildung in Forschung, Schule und Arbeitswelt
Vocational Education and Training: Research and Practice

Herausgegeben von Matthias Becker und Georg Spöttl

Die Reihe "Berufliche Bildung in Forschung, Schule und Arbeitswelt" hat den Anspruch, in erster Linie Beiträge zu publizieren, die sich mit Forschungsschwerpunkten zur beruflichen Bildung, zur Arbeitswelt und den beruflichen Schulen auseinandersetzen. Diese drei Schwerpunkte sind Gegenstand vielfältiger Untersuchungen, die von einer genauen Betrachtung der Arbeitswelt mittels Arbeitsprozessanalysen bis zur Auseinandersetzung mit Fragen einer erfolgreichen Gestaltung von Lernen und Lehren reichen. Forschungsergebnisse, die zu diesem Spannungsfeld beitragen haben erste Priorität in der Reihe und werden von Wissenschaftlern eingebracht, die schon viele Jahre in deren Gebieten arbeiten.

Band 1 Gert Loose / Georg Spöttl / Yusoff Md. Sahir (eds.): "Re-Engineering" Dual Training – The Malaysian Experience. 2008.

Band 2 Matthias Becker / Georg Spöttl: Berufswissenschaftliche Forschung. Ein Arbeitsbuch für Studium und Praxis. 2008.

Band 3 Martin Fischer / Georg Spöttl (Hrsg.): Forschungsperspektiven in Facharbeit und Berufsbildung. Strategien und Methoden der Berufsbildungsforschung. 2008.

Band 4 Joachim Dittrich / Jailani Md Yunos / Georg Spöttl / Masriam Bukit (eds.): Standardisation in TVET Teacher Education. 2009.

Band 5 Matthias Becker / Martin Fischer / Georg Spöttl (Hrsg.): Von der Arbeitsanalyse zur Diagnose beruflicher Kompetenzen. Methoden und methodologische Beiträge aus der Berufsbildungsforschung. 2010.

Band 6 Georg Spöttl / Jessica Blings: Kernberufe. Ein Baustein für ein transnationales Berufsbildungskonzept. 2011.

Band 7 Martin Fischer / Matthias Becker / Georg Spöttl (Hrsg.): Kompetenzdiagnostik in der beruflichen Bildung – Probleme und Perspektiven. 2011.

Band 8 Simone R. Kirpal (ed.): National Pathways and European Dimensions of Trainers' Professional Development. 2011.

Band 9 Torsten Grantz / Frank Molzow-Voit / Georg Spöttl / Lars Windelband: Offshore-Kompetenz. Windenergie und Facharbeit – Sektorentwicklung und Aus- und Weiterbildung. 2013.

Band 10 Joanna Burchert / Sven Schulte: Die Nutzung des Internets in der dualen Ausbildung. Eine berufspädagogische Betrachtung auf Basis empirischer Forschungsergebnisse. 2014.

Band 11 Georg Spöttl / Matthias Becker / Martin Fischer (Hrsg.): Arbeitsforschung und berufliches Lernen. 2014.

Band 12 Frank Musekamp / Georg Spöttl (Hrsg./eds.): Kompetenz im Studium und in der Arbeitswelt/Competence in Higher Education and the Working Environment. Nationale und internationale Ansätze zur Erfassung von Ingenieurkompetenzen/National and International Approaches for Assessing Engineering Competence. 2014.

www.peterlang.com